国家社科基金重大项目"加勒比文学史研究（多卷本）"
（21&ZD274）阶段性成果

杭州师范大学加勒比地区研究中心"加勒比译丛"项目成果

加勒比译丛

总主编 周 敏

Food, Text and Culture

餐桌上的加勒比

食物、文本与文化

in the Anglophone Caribbean

[英] 萨拉·劳森·韦尔什（Sarah Lawson Welsh） 著

周 建 译

ZHEJIANG UNIVERSITY PRESS

浙江大学出版社

·杭州·

图书在版编目（CIP）数据

餐桌上的加勒比：食物、文本与文化 ／（英）萨拉
·劳森·韦尔什著；周建译. -- 杭州：浙江大学出版
社，2025. 6. --（加勒比译丛 ／ 周敏总主编）.
ISBN 978-7-308-26373-3

Ⅰ. TS971.207.5

中国国家版本馆CIP数据核字第2025K1M441号

餐桌上的加勒比：食物、文本与文化

［英］萨拉·劳森·韦尔什 著 周 建 译

出 品 人	吴 晨	
总 编 辑	陈 洁	
丛书策划	黄静芬	
责任编辑	黄静芬	
文字编辑	刘泓吕	
责任校对	张闻嘉	
封面设计	林智广告	
出版发行	浙江大学出版社	
	（杭州市天目山路148号 邮政编码310007）	
	（网址：http://www.zjupress.com）	
排 版	杭州林智广告有限公司	
印 刷	杭州宏雅印刷有限公司	
开 本	880mm×1230mm 1/32	
印 张	13.125	
字 数	310千	
版 印 次	2025年6月第1版 2025年6月第1次印刷	
书 号	ISBN 978-7-308-26373-3	
定 价	68.00元	

浙江省版权局著作权合同登记图字：11—2025—034

总　序

　　加勒比地区，这片镶嵌在大西洋与加勒比海之间的群岛，是全球历史上最为复杂而独特的文化交汇点之一。它不仅涵盖了大安的列斯群岛、小安的列斯群岛和巴哈马群岛，还包括中南美洲沿海的一些国家和地区。自 15 世纪末哥伦布抵达以来，加勒比地区逐渐成为欧洲列强竞相争夺的前沿地带、非洲奴隶贸易的主要枢纽，以及美洲原住民命运剧变的见证者。经过几个世纪的历史变迁，这里成了全球资本主义体系的关键环节，形成了丰富多元、极富创造力的独特文化生态。

　　加勒比的独特性首先体现在其是多元文明交汇与互动的核心区域。欧洲殖民体系的扩张、非洲人口的被迫迁徙、印第安原住民的抵抗斗争，以及后殖民时代民族认同的重塑，共同塑造了这片海域的历史轨迹。加勒比不仅见证了殖民体系的暴力压迫，更成为全球反抗、革命和文化创新的重要阵地。海地革命不仅推翻了法国殖民者的压迫统治，开创了世界第一个由奴隶建立的独立国家，更以其历史壮举深刻影响了此后全球去殖民化的进程，成为世界历史转型中的重要节点。它在思想上鼓舞了反殖民斗争的参与者，并为拉美独立运动提供了一定的借鉴，但同时也引发了

i

拉美克里奥尔精英阶层①对社会秩序的警惕，使他们在推动独立时更加谨慎。加勒比各国的独立进程不仅改变了地区政治格局，也为世界范围内的反殖民斗争和社会变革提供了经验和启示。

更为重要的是，加勒比不仅是殖民遗产的承载者，更是全球文化创造力的重要贡献者。在多元文化的交汇、碰撞、融合与创新之下，这片土地孕育出以混杂与交融为特征的"克里奥尔化"（Creolization）文化形态。克里奥尔化是指不同文化元素在加勒比地区相遇、融合，并衍生出独特文化形态的过程。这一过程不仅体现在语言的演变中，如克里奥尔语的诞生与发展，还广泛渗透于宗教、音乐、文学等多个领域。欧洲的宗教与艺术、非洲的音乐韵律与传统仪式、美洲原住民的神话传说与自然观，以及后期移民潮带来的亚洲文化，与当地文化交织共生，最终形成了一种充满活力、独具特色的"克里奥尔文化"。加勒比文化，正如爱德华·格利桑（Édouard Glissant）所言，是一种"关系中的文化"（culture of relation）。这一文化形态并非建立在单一根源的认同之上，而是在非洲、欧洲、美洲、亚洲多重文化谱系的交汇、碰撞与融合中生成。它体现了一种开放的、动态的、差异互涉的文化逻辑，打破了西方中心主义所坚持的"同一性"范式，转而走向"关系性"的身份建构。这种关系中的文化，展现出强大的创造力和包容性，为全球文化发展提供了独特的启示。

这一点在文学方面的体现尤为明显。来自加勒比地区的德里克·沃尔科特（Derek Walcott）、V. S. 奈保尔（V. S. Naipaul）等作家均获得了诺贝尔文学奖，他们的作品探讨殖民历史、流散经

---

① 克里奥尔精英阶层通常指在殖民社会中，虽然不属于欧洲本土贵族，但在殖民地内部依靠政治、经济、文化资源占据相对优势地位的那一群体，常是殖民地出生的白人、混血种人，某些情况下也包括非洲裔中地位较高者。

验、身份认同等问题，挑战西方主导的话语体系。需要强调的是，加勒比文学的成就不仅在于获得了被西方文坛掌控的文学奖项，还在于凭借着对不同艺术和文化、不同思想和传统资源的吸收与借鉴，将加勒比地区的文脉在重重困难中保存下来，并构成了当代学术研究不可或缺的思想资源。例如斯图亚特·霍尔（Stuart Hall）、爱德华·格利桑、弗朗茨·法农（Frantz Fanon）等学者以批判理论和后殖民思想深刻影响了全球知识体系。加勒比地区未被殖民主义同化的文化之根，不仅为加勒比文学的繁荣及其在国际文坛影响力的提升奠定了基础，而且为加勒比文化主体性的建设提供了维系的纽带。

正是在这一背景下，我们推出了国内首套致力于展现加勒比地区的文学文化及社会历史等诸方面的"加勒比译丛"，希望通过这一系列译作，引导中文世界更深入地了解加勒比文化、历史和思想。这套译丛的编撰，不仅是对加勒比文化资源的整理，也是中国学界对全球南方文化对话的一次主动参与。加勒比作为全球化的前沿区域，其历史经验和文化创造力，对于我们理解现代世界体系、后殖民议题、多元文化交汇等问题，具有不可替代的重要性。然而，长期以来，加勒比研究在国内处于相对边缘的地位，其历史和文化往往被归入欧美殖民史的附属研究，而缺乏独立且必要的学术关注。对于中国而言，研究加勒比不仅是拓展全球史视野的关键环节，更是深化全球南方知识体系交流的重要举措。加勒比的历史经验为全球南方提供了一种去殖民化与文化复兴的模式，其克里奥尔文化的包容性、多元性和创造性，为全球文化研究提供了新的范式。在全球知识体系重构的背景下，加勒比提供了一种不同于西方主导模式的全球文化叙事，它既强调去殖民化的知识生产，也展现了文化融合的创造性路径。与此同时，中国与加勒比地区在国际政治、经济和文化交流上的联系正在不断加深，这也为加勒比研究在中国的发展提供了现实的契机。

"加勒比译丛"的编撰不仅是为了将加勒比的文化、文学与理论著作翻译成中文，使之进入中国读者的视野，更是为了通过这一系列作品，促进中国学界与加勒比的对话，推动全球南方的知识共建。我们希望通过这些文本，为中文世界打开一个理解加勒比的窗口，使加勒比的思想资源融入中国学界的理论探索，从而在全球南方知识体系的构建过程中，发挥更为重要的作用。

在全球变革的时代背景下，加勒比文化为我们提供了极具启发性的思考路径：如何在全球体系中保持文化韧性？如何从历史创伤中寻求主体性重建的可能？如何在全球化进程中坚守自我，同时积极融入世界？如何在全球知识体系中确立全球南方的发声权？这些问题不仅关乎加勒比，也关乎中国，乃至整个全球南方的未来。习近平主席在全球文明倡议中强调："坚持文明平等、互鉴、对话、包容，以文明交流超越文明隔阂、文明互鉴超越文明冲突、文明包容超越文明优越。"①加勒比的历史经验及其文化主体性的建构，正体现了这一主张，即全球南方应在文化和知识体系中确立主体性，与全球文明展开平等对话，而非被动接受西方主导的现代性叙述。希望"加勒比译丛"能作为一个起点，让加勒比的故事、思想与经验，在更广阔的语境中被理解、传播与共享，并激发新的思想共鸣。

周　敏

2025 年 2 月于杭州新明半岛听涛阁

---

① 习近平出席中国共产党与世界政党高层对话会并发表主旨讲话. 人民日报，2023-03-16(1).

目　录

致　谢

本书的灵感来自我的伴侣——大厨和美食家理查德·埃弗里－克莱顿（Richard Every-Clayton）——在北安普敦郡金斯索普市的阿德莱德女王酒吧的优雅环境中提出的一个建议。多年后，这本书终于得以问世。我衷心感谢他一直以来的陪伴与支持，感谢他为我布置餐桌，陪伴我走过这段烹饪冒险的每一程。理查德，谨以此书献给你。感谢你在我写作这本书的漫长冬日里，用你对烹饪的热情和一道道美味佳肴滋养了我。

献给我的母亲弗朗西斯·劳森（Frances Lawson）和已故的祖母弗朗西斯·萨姆勒（Frances Samler），她们总是做得一手好菜，竭尽所能地将我抚养成人。献给我的父亲大卫·劳森（David Lawson），他热情好客，慷慨大方，每当有人在用餐时光造访，总是毫不犹豫地邀请对方一同用餐。这份待客之道，令我终生难忘。

献给我的女儿伊莫金·韦尔什（Imogen Welsh）。很高兴看到你成长为一位见多识广、勇于尝试的美食家，对饮食文化，尤其是饮食伦理充满兴趣。更令我欣慰的是，我终于不再需要无休止地为你准备意大利面、香蒜沙司和火腿了（偶尔为了换换口味，甚至还得加上香蕉和鳄梨）。

在家乡，我要感谢好邻居麦克杜格尔（McDougall）一家，他们对饮食和悠闲时光有着独到的见解。我喜爱以美食为主题的电影之夜，以及与家人一同举办的"共享锅"聚会，尽管我们的食物搭配有时远超传统"杂烩"的范畴。感谢你们带来的阳光、善意、机智与欢乐。

在英国，我要感谢我的同事亚历克斯·博蒙特（Alex Beaumont）博士，他欣然阅读了我最初的出版计划，并提出了宝贵的意见。同时，也要感谢约克圣约翰大学对我以下项目的资助：2018 年在巴巴多斯举办的"厨房漫谈"口述历史项目，以及分别于 2017 年和 2018 年举办的"烹饪文化：食物与后殖民时代"和"烹饪文化：继续对话"专题研讨会。还要感谢"书写加勒比"课程的优秀学生们，我从他们身上学到了许多。我的好友德夫·迪（Dev Dee）一直以来都慷慨大方，为我引荐了巴巴多斯一些极为重要的家族联系人。谢谢你，德夫。对于加勒比专业书商大卫·德鲁尔（David Dreuer），我深表感激。他不仅提供了许多早期的历史文献，还慷慨地分享了他收藏的大量早期西印度明信片。大卫，谢谢你提供的所有资料，谢谢你与我的交谈，也谢谢你那些暖心的茶水！还要感谢艾莉森·唐内尔（Alison Donnell）赠送的珍贵生日礼物——耶尔伍德（Yearwood）夫人食谱的原创副本。更要感谢我们对加勒比文学、饮食及相关一切的共同热爱，这份热爱一直在激励着我。特别感谢我以前的学生凯特·贝克（Kate Baker），她善解人意，每当谈到加勒比话题时，总能以其风趣幽默的方式让我开怀大笑。

在加勒比地区，我要感谢来自特立尼达岛的凯伦·苏克兰姆（Karen Sookram）对"厨房漫谈"项目的支持。在巴巴多斯，感谢所有给予我支持的朋友们，你们的帮助让我的研究工作富有成果且令人难忘。感谢伊恩·琼斯（Ian Jones）和塞西莉·琼斯博士（Dr Cecily Jones）：感谢他们提供雅致的"梦境"公寓；感

x

谢塞西莉慷慨借阅的大量加勒比历史藏书。正是因为你们，巴巴多斯成了我的"第二故乡"。此外，我还要特别感谢马奎塔·苏格里姆（Marquita Sugrim）和她亲爱的母亲帕特里夏·苏格里姆（Patricia Sugrim）。她们带我前往（位于巴巴多斯首都布里奇顿的）奇普赛市场，让我结识了那里的摊主［尤其感谢斯蒂芬妮（Stephanie）和文森特（Vincent）的慷慨招待，还有拉斯·克洛伊（Ras Chloe）提供的美味康奇（conkie）］。她们还带我去位于布里奇顿的坦普尔场街区的拉斯特法里（Rastafarian）社区，介绍我认识了拉斯·邦扎（Ras Bonza）和其他朋友，并邀请我参加了星期四晚上的爱心活动，为城市中的流浪者和饥饿的人们提供餐食。她们还安排我与巴巴多斯驻联合国粮食及农业组织代表莱斯特拉·弗莱彻·保罗（Lystra Fletcher Paul）博士进行了一次宝贵的会面。保罗博士同时也是约西亚·哈罗（Yoshia Harrow）和康拉德·哈罗（Conrad Harrow）所经营的有机农场的代言人，哈罗有机产品给人留下了深刻的印象。感谢海滨咖啡馆的苏珊·沃尔科特（Susan Walcott），她带我体验了一场别具一格、令人难忘的岛屿"探险"之旅。她的美食与陪伴都让我倍感珍惜。同样，也要感谢索菲亚·刘易斯（Sophia Lewis），她渊博的历史文化知识和热情好客给我留下了深刻的印象。还要感谢玛西娅·巴洛斯（Marcia Burrowes）博士和肖恩特尔·托马斯（Chauntel Thomas），她们的友谊、专业的导游服务和精湛的摄影技术让我受益匪浅。我要特别感谢肖恩特尔，她费尽周折，在短时间内帮我找到了罗斯玛丽·帕金森（Rosemary Parkinson）那套厚重的两卷本《巴巴多斯邦邦》，还贴心地提供了一个帆布包，让我能把书带回家！在行程计划初期，布鲁斯·亨尼斯（Bruce Hennis）和玛西娅·亨尼斯（Marcia Hennis）给予了我很大的支持，感谢他们在百忙之中抽出时间帮助我。感谢巴巴多斯博物馆和历史学会主任亚历山德拉·卡明斯（Alessandra Cummins）博士主持了我关于耶尔伍德夫人《西印度及其他食谱》（Yearwood，1911，1932）的讲座；感谢巴巴多斯希尔斯通纪念图书馆管理员哈丽特·皮尔斯（Harriet Pierce）提供的宝贵研究协助，让我得以找到早期的资料。还要感谢塔拉·伊尼斯（Tara Innis）博士慷慨分享她关于耶尔伍德夫人的研究成果，使我受益匪浅。此外，也感谢西印度大学凯夫希尔校区西印度特藏部门的卡莱尔·贝斯特（Carlyle Best）先生的热心帮助。

感谢两位加勒比历史学家，凯伊·霍尔（Kaye Hall）和亨丽丝·阿尔廷克（Henrice Altink）慷慨授权，允许我在本书中使用他们的照片。

最后，我要感谢所有与我探讨过食物话题的朋友们，无论是正式的还是非正式的，包括：桑德拉·达里乌斯（Sandra Darius）、格洛丽亚·古丁（Gloria Gooding）、凯伦·苏克兰姆、安妮特·梅耶斯（Annette Mayers）、康拉德·哈罗和约西亚·哈罗、凯伊·霍尔和帕特里夏·霍尔（Patricia Hall）、索菲亚·刘易斯、肖恩特尔·托马斯、安东尼·亨特（Anthony Hunte）、苏珊·沃尔科特、拉斯·克洛伊、拉斯·邦扎、凯瑟琳·威尔逊（Catherine Wilson）、菲利普·南顿（Philip Nanton）、安德烈娅·丹尼尔（Andrea Daniel）、马奎塔·苏格里姆和帕特里夏·苏格里姆母女、布鲁斯·亨尼斯和玛西娅·亨尼斯、彭妮·海曼（Penny Hymen）、西印度大学的玛西娅·巴洛斯博士和塔拉·伊尼斯博士、米勒出版社的萨利·米勒（Sally Miller）、鲜奶公司的安娜丽·戴维斯（Annalee Davis）、联合国粮食及农业组织的莱斯特拉·弗莱彻·保罗博士、巴巴多斯产品局的莎妮丝·泰勒（Shanise Taylor），以及每天清晨在（卡莱尔湾）布朗海滩游泳的巴巴多斯女士们，你们都太棒了！我怀念那里的美景，也怀念我们清晨关于食物的闲谈！

本书部分内容基于我早期的研究形成，并经过了大幅扩展和修订。这些研究如下所示：

'Caribbean Cravings: Food and Literature'. In *The Routledge Companion to Literature and Food*. Edited by Lorna Piatti-Farnell and Donna Lee Brien, 194-208. London & New York: Routledge, 2018.

'"If I Could Mix Drinks Like My Grandfather I Would Be Worth Marrying": Reading Race, Class and Gender in Mrs H Graham Yearwood's *West Indian and Other Recipes (1911 and 1932)*'. In 'Special Focus: Culinary Cultures: Food and the Postcolonial', *Journal of Postcolonial Writing* 54, no. 4 (2018).

'Jamie Oliver's Jerk Rice Is a Recipe for Disaster—Here's Why'. *The Conversation*, August 2018. https://theconversation.com/jamie-olivers-jerkrice-is-a-recipe-for- disaster-heres-why-101879.

'Performing Cross-Cultural Culinary Discourse: The Case of Levi Roots'. In *Caribbean Food Cultures: Culinary Practices and Consumption in the Caribbean and Its Disaporas.* Edited by Wiebke Beushausen, Anne Bruske, Ana-Sofia Commichau, Patrick Helber, and Sinah Kloss, 153-174. New York: Transcript Verlag/Columbia University Press, 2014.

'"A Table of Plenty": Representations of Food and Social Order in Caribbean Writing: Some Early Accounts, Caryl Phillip's *Cambridge* and Andrea Levy's *The Long Song*'. In *Entertext*, special issue on *Caribbean Literature and Culture: 'Opening Out the Way(s) to the Future'* (2013), 73-96. Edited by Sandra Courtman and Wendy Knepper.

引　言

> 就食物而言，唯一可以确定的是，它从来都不仅仅是食物。[1]
>
> 我们称之为本能的记忆，挥之不去的感受。[2]

　　加勒比文学作品中充满了关于备餐、烹饪和进食的场景，这些场景通常出现在厨房、酒馆、食品商店以及被称为"院子"的户外家庭空间等公共场所。这些作品中也常常出现叙事者和故事讲述者，他们展现了声音和叙事如何成为重要的能动性和抵抗力量的源泉（例如，抵抗奴隶制等压迫性政权）。与食物相关的叙事可以用来建立与文化根源和祖先的联系，传承集体智慧，以及确认个人或群体的身份。有时，这些叙事阴郁而令人不安，例如特立尼达岛出身的美国作家洛丽塔·赫尔南德斯（Lolita Hernandez）那些萦绕不去的关于食物、死亡、欲望和超自然现象的故事。[3] 在赫尔南德斯的故事中，烹饪过程常常会唤起被压抑的过往；这正是她所说的"本能的记忆，挥之不去的感受"的一部分。[4] 赫尔南德斯认为，"卡拉萝（Callaloo，这里指一种特色一锅煮菜肴，含有类似菠菜、名为'卡拉萝'的绿叶蔬菜）恰好是对这一切的绝佳隐喻"，但她同时也提醒道，"并非所有人都能接受它"。[5] 即便是在英语加勒比地区的文化大背景下，食物与叙事之间也存在着显著而频繁的联系。这种联系并非偶然。本书

是首次关于英语加勒比地区食物、文本与文化的研究。它探讨了
丰富多样的口头和书面传统文化形式，展示了加勒比地区食物的
制作和食用如何与叙事紧密相连、相互启发，并最终形成独特的
文化实践。本书对食物和文本的重点分析，不仅加深了我们对两
者之间联系的理解，也阐释了加勒比地区独特的历史和文化。历 xiv
史上，加勒比地区作家通过描写吃什么、何时吃以及如何吃，来
探索、定义并强化他们不同的文化、种族、种姓、阶级和性别身
份。正如一系列加勒比著作所展现的，喂养、盛宴、禁食以及其
他饮食礼仪和实践等意象，构成了社会凝聚力和文化延续的强大
力量。在探讨"何为加勒比"这个问题时，食物常常成为核心议
题，尤其是在流散和全球化的背景下。食物"旅行"会发生什
么？流散作家又如何通过食物来协商他们的身份？当代加勒比作
家如何处理本土与全球、过去与现在的饮食方式之间的张力？加
勒比烹饪写作是如何阐释"传统"和"正宗"烹饪等概念的？这
些是本书将要探讨的问题。

　　在散文诗《化为己有》中，牙买加作家米歇尔·克里夫
（Michelle Cliff）探讨了外界、访客和游客长期以来对牙买加（以
及泛加勒比地区）的刻板印象及其利弊参半的影响。她的文本采
用游客和当地人之间对话的形式。游客的声音总是占据主导，不
断重复一系列关于加勒比地区的刻板印象。这些刻板印象包括岛
屿的美丽和贫穷、当地人的友善以及当地食物的"异域风情"：
"你们的食物真有趣。/我不知道人们居然吃山羊，还有海龟。/海
龟是什么味道？"/"海龟。"[6]与游客的喋喋不休形成鲜明对比
的是，当地受访者显得内敛而沉默（尽管表达清晰明确），这反
映出这些刻板印象的深远影响——它们"淹没"或压制了本土声
音，同时也展现了此类跨文化交流的复杂性。从很多方面来看，

克里夫的文本都是一个不错的切入点，因为它反映了人们对加勒比烹饪的认识普遍不足，对加勒比地区及其食物的简化构建混淆了加勒比食物独特的起源和历史。事实上，食物意象常常被用来象征整个加勒比地区，例如"香料群岛"的称谓，以及将加勒比地区频繁描绘成充满异域风情和香料的消费天堂。瓦莱丽·洛伊肖特（Valérie Loichot）甚至认为，加勒比地区一直是一个与食物的消费过程（无论在想象中还是现实中）紧密相关的空间。她认为，哥伦布将"加勒比人"（Carib）误听为"食人族"（Canibal）之后，欧洲人以及其他西方殖民者、游客和读者便将安的列斯群岛与原始的进食行为联系起来。无论是食人族的形象，还是被驯化的加勒比地区本身——它的土地、人民和语言——都成了可以被食用的"美味佳肴"："食人岛""香料岛""丰腴的女人""诱人的海滩""辛辣的语言"。[7] 洛伊肖特在此参考了米米·谢勒（Mimi Sheller）的重要研究成果《消费加勒比》（Sheller，2003）。谢勒在这项研究中认为："全球征服机器已经吞噬了加勒比地区的主体性，其过程包括对美洲原住民的种族灭绝、疾病传播、种植园奴隶制、殖民资本主义、旅游业和性剥削。"[8] 这是探讨英语加勒比地区的食物、文本与文化的一个可能切入点。

我们也可以将牙买加作家马龙·詹姆斯（Marlon James）的布克小说奖获奖作品《七杀简史》（James，2014）作为另一个切入点。小说开篇呈现了加勒比地区跨国快餐连锁所提供的"餐食"与"正宗"或"传统"牙买加饮食方式之间的紧张关系。其中，"巴里·迪弗洛里奥"这一章以 20 世纪 70 年代牙买加一家虚构的快餐店"汉堡王——万堡（Whamperer）的故乡"为背景，讲述了已在那里潜伏一年的美国中央情报局特工迪弗洛里奥的故事。迪弗洛里奥来到这家快餐店，因为"这里没人听说过汉堡王……下午三点钟的时候从来不拥挤"[9]。他回想道："我最讨厌美国同胞的一点是，他们每次飞到国外，第一件事就是拼命找美式食物，哪怕是小破餐馆里的也照吃不误。"[10] 与小说中的其他白人角色类似，他自认为正在体验"正宗"的牙买加饮食文化，但小说中的牙买加人物却强烈地质疑了这种所谓的"正宗性"。事实上，这些牙买加人物自身对"正宗"的定义也相当模糊，甚至彼此之间存在分歧。尽管迪弗洛里奥常来这家餐厅吃芝士汉堡，这次他却偏偏挑衅起了女服务员："你从约翰逊政府时期就在这儿工作，竟然没吃过阿奇果烩咸鱼。我可能是第两百万个跟你说这话的人了，宝贝儿，这东西就像炒蛋，不过更好吃。我的孩子都爱吃。我妻子倒是想买曼威奇牌汉堡肉酱、拉古肉酱，哪怕是汉堡调料也行，可是在超市里想找到这些可真够呛。说真的，想找到任何东西都够呛。"[11] 该书探讨的是来访者与本地人、国内与国外、食物充足与短缺、进口食物与本地食物、现代食物与"传统"加勒比家常菜之间的张力。迪弗洛里奥回忆起自己第一次在当地小摊品尝牙买加烤鸡的经历：当时他正坐在车里，结果被摊主拦住了。詹姆斯的绝妙讽刺在于——在一本充满暴力的小说中——这样的遭遇居然以食物买卖而非死亡告终，但整个遭遇中使用的暴力意象暗示着食物与死亡（或死亡威胁）总是紧密相连：

> 那人拿起我这辈子见过的最大砍刀，像切温热的黄油一样切下一块鸡腿肉。他把肉递给我，正当我要吃时，他闭上眼睛摇了摇头。就那样：坚定、平和而不容置疑……他指向一个巨大的罐子……里面装着辣椒酱。我把鸡肉蘸了蘸，一口吞下……仿佛有人往我嘴里倒了糖和汽油，然后点了一根

火柴，呼的一声。[12]

xvi　　当迪弗洛里奥戏谑地问汉堡王收银员"他们有没有想过做烤肉汉堡"时，她不假思索地答道："贫民窟食物？"[13] 对迪弗洛里奥来说，他第一次品尝的烤肉就代表了某种"正宗"的牙买加风味。然而，对收银员来说，意义截然不同：它关联着阶级、种族，以及特定的空间和文化氛围。不过，她的语气也透露出对"游客视角"的一丝戏谑和讽刺——对于身为美国白人且是外来者的迪弗洛里奥来说，"贫民窟"可能具有不同的含义（指的是迪弗洛里奥的美国白人和外来者身份，可能使其将"贫民窟"浪漫化或简单化——译者注）。加勒比及其流散社群的传统饮食习惯正在以各种方式改变或适应新的、日益商品化的模式。迪弗里奥提出做"烤肉汉堡"的建议巧妙地暗示了这一趋势。不同群体赋予食物的不同意义，以及传统与新兴饮食方式之间的张力，是本书关注的核心问题。

　　《七杀简史》中的牙买加人物金姆不仅能烹饪传统牙买加食物，还为自己创造了新的身份，不同的自我——妮娜和米利森特。虽然她为美国白人男友查克烹制了传统牙买加食物（阿奇果烩咸鱼），但他却将这道菜称为"那炒蛋一样的东西"，并质疑"是不是所有牙买加女人都会做饭"。面对这一质疑，金姆做出了意味深长的回应，将家庭烹饪与女性品格联系起来："是的。嗯，所有女人都会，只要她不是一无是处。所以，在蒙特哥湾，没有牙买加女人会做饭。"[14]（蒙特哥湾等牙买加旅游景点存在较多的特殊行业工作者——译者注）食物、性尤其是性别之间的这种关联，也是我们这本书关注的另一个主题。詹姆斯小说的最后一章回到了食物主题，金姆/妮娜/米利森特带着对传统牙买加"家常菜"的强烈渴望离开了她的公寓。她发现自己来到了一家"小餐馆……波士顿牙买加烤鸡店。牙买加烤鸡套餐，热腾腾的，即买即取。两排简易的橙色塑料桌椅，每张桌子上都放着番茄酱、盐和胡椒粉"[15]。走进店里，面对"家乡"菜，各种记忆和情绪涌上心头：

> 柜台上……一个蛋糕盘里的椰子糖让我想起了乡村。我从不喜欢去乡村——那里椰子糖和旱厕太多了。紧挨着的另一个蛋糕盘里装着看起来像土豆布丁的东西。自从 1979 年以来——不对，应该更早——我就没吃过土豆布丁了。我越看它越想吃，而且越想越觉得其中另有深意，我真正想品尝的是牙买加本身，这听起来或许有点神经兮兮……现在我特想整晚飙土话（Patois，指牙买加克里奥尔语，在牙买加被大多数人视为母语——译者注）……也许是因为我正在盯着那些椰子糖，又很想问问他们有没有"都库努"（dukunnu，参见第一章注释 63——译者注）、细玉米粉或驴饼。[16]

最终，她点了所有想吃的东西，即"炸鸡、米饭、豌豆，还有一些炸大蕉和切丝沙拉"。她还询问是否有"炖牛尾"和"咖喱山羊肉"。[17] 让她惊讶的是，酸模汁一年四季都有供应，而不仅仅是作为传统的圣诞饮料。她被牙买加老板问道："女士，您这几年都去哪儿了？现在所有牙买加的东西都是包装好的，随时有卖了。"[18] 这一幕表明，"所有牙买加的东西"，包括食物，都日益商品化了。但这个地方仍然保留着"地道的""牙买加小吃店"氛围，店里还有一位"仿佛我祖母一样充满智慧的人"。[19] 在许多加勒比文本中，食物与祖母/母亲般的智慧紧密相连，但在这里却带有一丝反讽意味。《餐桌上的加勒比：食物、文本与文化》也探讨了烹饪技艺的母系传承以及对家乡菜肴的怀念。但这个场景远非食物乡愁那么令人温馨，因为作者詹姆斯用一则创伤性新闻打断了一切。帮派头目乔西·韦尔什死于牢房火灾，这是另一种更加黑暗且截然不同的"烹饪"。听到这个消息，备受创伤的金姆/尼娜/米利森特在店外呕吐了。那天晚上晚些时候，看着电视上乔西死亡的报道，她回想道："我从没见过一个人被这样烧烤。"[20] 在这里，食物象征着过去、乡愁和童年记忆；然而，矛盾的是，它也反映了对牙买加落后乡村生活的负面印象，更重要的是，它揭示了城市帮派暴力及其带来的死亡。

图 0-1　巴巴多斯蒂罗尔科特宅邸和民俗文化村的烹饪锅和石灶炉
（照片由凯伊·霍尔提供）

加勒比食物

　　我们选择从詹姆斯这部获奖小说入手的另一个原因是，它的故事背景设定在 20 世纪 70 年代的牙买加，并围绕着现实生活中针对雷鬼音乐家鲍勃·马利（Bob Marley）的暗杀企图展开。值得一提的是，牙买加的美食和音乐 [以及以奥运选手尤塞恩·博尔特（Usain Bolt）[21] 为代表的体育成就] 是加勒比地区极为成功的出口产品。[22] 然而，关键在于，尽管牙买加的文化地位举足轻重，但它并不能代表整个加勒比地区。加勒比美食远不只牙买加菜肴，加勒比音乐也远非只有马利和雷鬼音乐（即便有人可能持有异议）。本书试图消除的正是这种对加勒比食物的简化或同质化认知。加勒比地区历史悠久、文化多元，是贸易往来、殖民定居、人口迁徙、文化交融、宗教融合以及克里奥尔化的重要区域，其文化也体现了这种多样性和复杂性。特立尼达裔作家兼画家约翰·莱昂斯（John Lyons）曾这样深入思考特立尼达岛的文化和美食：

　　　　我们的烹饪体现了我们的历史：从西班牙人到来之前便居于此的美洲原住民加勒比人；在 19 世纪初英国人统治之前一度掌控这片土地的法国人；以及那些被迫或自愿来到甘蔗种植园劳作的非洲人、印度人（包括印度教徒和穆斯林）、中国人、葡萄牙马德拉人；还有那些最初来此经商，后来又建立了一些大商号的叙利亚人和黎巴嫩人。所有这些元素共同构成了我们丰富多元的饮食文化。任何一个特立尼达人，都不会因为借鉴、改编甚至吸收这些可能源自邻国的元素，并将其融入自身文化（我们称之为"克里奥尔化"）而感到羞愧。这种充满活力、丰富多彩的文化交融深深植根于"混搭美食"的理念之中。[23]

然而，尽管存在这种"充满活力、丰富多彩的文化交融"，加勒比美食的知名度却远不及泰国菜或南亚菜系。在英国，直到最近，它一直被主要由孟加拉裔或巴基斯坦裔餐馆老板提供的"印度"咖喱所掩盖。除了极少数例外（如朗姆潘趣酒、辣椒酱和牙买加烤鸡），加勒比美食似乎并没有像其他世界美食那样广泛传播。为什么会这样呢？在北美的西印度流散社群之外，人们对加勒比饮食文化的了解常常受到同质化（认为所有加勒比食物千篇一律）和认知匮乏的困扰。特立尼达裔烹饪作家希维·拉莫塔尔（Shivi Ramoutar）在《加勒比的现代性》（Ramoutar，2015）中反思道：

我发现这非常令人惊讶，"加勒比"一词总能引发各种溢美之词……然而，当"加勒比"与"食物"联系在一起时，人们首先想到的往往是刻板印象中的烤鸡配红腰豆米饭（咖喱羊肉通常紧随其后，至于第三名，人们往往绞尽脑汁也想不出来）。我不确定为什么这道菜会成为加勒比菜肴的代表……然而，还有很多其他菜肴足以与其争夺这一中心地位。[24]

近年来，加勒比食物在英国引发争议，被指责存在文化挪用现象。例如，英国明星厨师兼商人杰米·奥利弗（Jamie Oliver）就因其推出的速食米饭产品"劲爆腌烤米饭"而饱受批评。[25]对很多人来说，这样一款荒谬的产品——它既没使用任何传统的烤肉香料，也没采用任何传统的烹饪方法（毕竟米饭无法腌

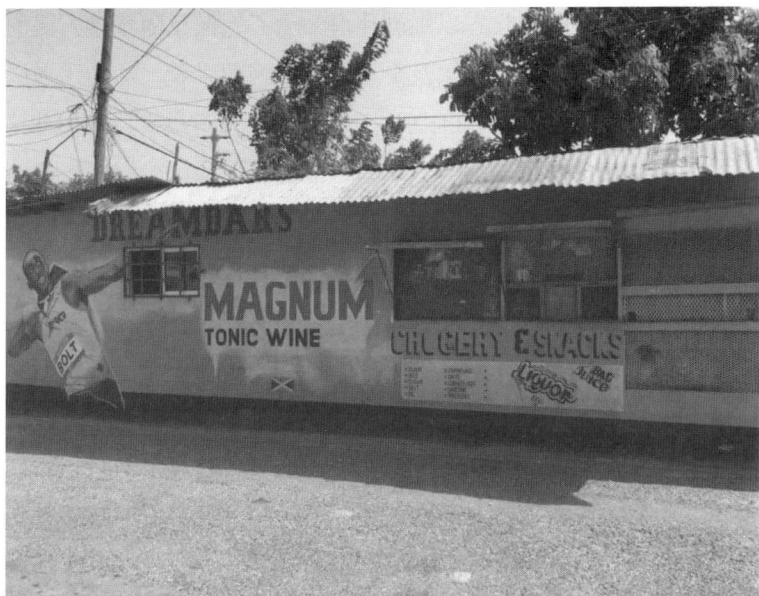

图 0-2　2018 年牙买加，尤塞恩・博尔特杂货店 / 商店
（照片由亨丽丝・阿尔廷克提供）

烤）——竟然因无知或疏忽而上市，暴露出了烹饪文化真实性
和正宗性的深层问题。这场被一些英国评论员戏称为"腌烤门"
（Jerkgate）的争议事件，最终或许能提高人们对这种牙买加烹饪
方法的历史及其文化特性的认识，从而产生积极影响。然而，加
勒比美食可以说是全球影响力最大、历史最悠久的菜系之一，但
在加勒比地区以外，尤其是在北美和欧洲的流散社群之外，仍然
鲜为人知，甚至备受冷落。本书，尤其是最后一章，也将探讨这
一重要问题。

xx

定义加勒比

重要的是，本研究将加勒比视为一个想象的空间，同时又将

其视为一个地理概念。它以加勒比海为中心，但也随着其人民的迁徙轨迹不断延展。从英国及全球北方的视角来看，加勒比地区既"远在天边"，也"近在眼前"。事实上，许多最成功的加勒比作家都居住在英国、美国或加拿大，而加勒比地区的一些最重要的文化传统如今已在全球范围内流行开来。约翰·莱昂斯认为，加勒比地区一直是多民族、多文化的交汇之地。作为跨大西洋文化交融的场所，它那漫长的历史总是伴随着一种特定角色——众多欲望与想象的焦点（这一角色的存在甚至早于这段历史）。它是西班牙殖民者口中的黄金之城埃尔多拉多（El Dorado）的所在地，也是沃尔特·雷利（Walter Raleigh）一直寻觅的目标。同时，它也是《鲁滨孙漂流记》（1719）和莎士比亚笔下岛屿题材心理剧《暴风雨》中"荒岛"原型的所在地。长期以来，加勒比地区一直被描绘成"天堂"般的存在，一个可以（尤其通过甘蔗种植）创造无尽财富的宝地。这种想象延续至今，使加勒比地区在各种涉及"异域他者"的叙事中占据核心地位，这些叙事涉及旅游业、毒品交易、奢华生活方式以及独特的饮食文化等。从这个意义上说，加勒比地区无法被轻易地框定在特定的地理文化边界之内，实际上是超越了自身局限。对于后现代理论家安东尼奥·贝尼特斯–罗霍（Antonio Benítez-Rojo）而言，加勒比地区如同一个不断《重复的岛屿》（Benítez-Rojo，1996），一个充满多元性、差异性和断裂性的流动空间，却又因某些"循环演进"的经历、实践和现象而反常地统一起来。贝尼特斯–罗霍将加勒比视为"无中心也无边界的文化流变群岛"[26]。基于这一理念，本书将展现加勒比如何成为一个"流动的盛宴"，不同种族、文化和饮食（美洲原住民、欧洲人、非洲人、印度人、中国人、中东人等）在此交汇融合，创造出独特的文学和烹饪实践。

食物、文本、文化

那么，食物、文本与文化之间的关系如何呢？英国马克思主义批评家特里·伊格尔顿（Terry Eagleton）认为："食物看似实体，实则是一种关系，文学作品亦是如此。没有作者，就没有文学文本；同样，没有读者，文本也无法成立。"[27] 伊格尔顿进一步指出："语言既是物质事实，也是修辞交流，正如吃饭既满足生物需求，也具有文化意义……食物介于自然与文化之间，语言亦然……它（既是人类的普遍需求，）又像烹饪一样充满了文化的多样性。"[28] 借用英国烹饪作家妮格拉·劳森（Nigella Lawson）的话来说："语言是抽象的，而食物则非常具体。"[29] 法国结构主义批评家罗兰·巴特（Roland Barthes）在其 1957 年的著作《神话学》中明确指出，烹饪和语言都是符号系统。巴特运用符号学（研究符号的科学）的方法，展示了食物如何指称意义，即它作为符号的功能。对巴特（以及伊格尔顿）而言，关键在于食物所传达的不仅是其本身，其传达的甚至可能是超越其本身的其他信息。正如伊格尔顿所说："就食物而言，唯一可以确定的是，它从来都不仅仅是食物。"[30] 简而言之，当我们购买一件商品或享用一顿饭时，我们消费的不仅仅是食物本身，还包括一整套意义系统或意义链。巴特的分析虽然引人入胜且具有说服力，但未能充分分析食物在文化中扮演的更重要的角色，即连接人与人、人与特定地域和空间的功能。结构主义分析框架在研究时间演变（食物和饮食习惯的历时维度）以及食物重要的情感和感官因素方面也存在明显不足。在《论当代食品消费的心理社会学》（Barthes, 1961）中，巴特更明确地阐述了食物在文化中的核心地位。他主张采用更广泛的跨学科方法来研究食物，并强调要认识食物与文化之间密不可分的关系。为了回应可能遇到的批评，巴特写道：

> 诚然，从人类学的角度来看，食物是第一需求……但自
> 从人类不再依赖野生浆果为生，这种需求就已高度结构化。
> 食材、烹饪技术、饮食习惯，所有这些都构成了一个意义差
> 异系统；由此，我们便通过食物进行交流……人们或许仍然
> 将食物视为直接的现实（必需品或快乐），但这并不妨碍它承
> 载着一套交流系统；将某事物构建为符号的同时，仍以一种
> 简单的方式体验它，这并非什么新鲜事。[31]

除了巴特，其他结构主义思想家，如人类学家克洛德·列维–斯特劳斯（Claude Lévi-Strauss），也为我们思考食物的意义，尤其是食物作为交流媒介的功能，提供了更多相关的思路。伊格尔顿认为，烹饪和写作都是交际行为，需要另一个人给予回应：我们写作和烹饪都是为了他人（即使"他人"只是我们自己）。同样，烹饪和写作都共享着生产和消费的词汇，这可以从马克思主义批判框架的特定内容或更广泛的意义上进行解读。在加勒比语境下，"plot"（意为小块土地、情节或密谋——译者注）一词作为农业和叙事术语的双重含义也意义非凡，这一点将在后文详述。

研究方法

本书早期及主要的灵感源自多丽丝·威特（Doris Witt）在《黑色饥饿：灵魂食物与美国》（Witt，2004）以及《从小说到饮食传统：非裔美国文学与烹饪研究的交叉点》（Witt，2007）中

倡导的跨学科研究方法。然而，本研究超越了威特的方法论，采用了多种研究方法和理论视角，具体包括历史学、文学、文化研究、女性主义理论、口述历史、食物研究和后殖民理论。第一章和第二章借鉴了加勒比地区资深社会和经济史学家的研究方法，解读了白人殖民档案，并考察了其他能够勾勒出奴隶生活、饮食和饮食实践的史料。第三章则转向后现代的编史元小说概念，琳达·哈琴（Linda Hutcheon）对这一概念进行了最为系统的理论阐述，其他学者也将其视为20世纪后期及21世纪初世界小说所采用的主要形式之一。第四章和第五章都运用了一些现有的概念，例如林恩·玛丽·休斯顿（Lynn Marie Houston）有关"凑合"的讨论，它既是一种典型的加勒比烹饪方式，也是一种更广泛的家庭实践（其意义可以被解读为女性主义和/或反资本主义）（Houston，2005）。第五章还借鉴了大卫·萨顿（David Sutton）关于食物、传统与记忆的研究（Sutton，2001）并汲取了女性主义口述历史理论的精髓，例如盖格（Geiger，1990）、阿米蒂奇、哈特和韦瑟蒙（Armitage, Hart and Weathermon，2002）以及赫塞-比伯（Hesse-Biber，2007）的理论。第六章对巴巴多斯烹饪书籍的研究借鉴了近期关于20世纪早期加勒比印刷文化的研究成果，例如克莱尔·欧文（Claire Irving）的研究（Irving，2015）。尽管欧文的着眼点是早期的文学杂志而非烹饪书籍，但她的研究有助于凸显早期印刷资料中副文本的作用，并揭示巴巴多斯早期印刷文化中商业与贸易之间的密切联系。第七章是对牙买加裔英国明星厨师李维·鲁茨（Levi Roots）烹饪作品的案例研究。该章运用一系列理论视角探讨了英国流散社群背景下的加勒比食物，包括皮埃尔·布尔迪厄（Pierre Bourdieu）的文化资本理论、米米·谢勒（Sheller，2003）关于加勒比语境下消费政治的理论、朱迪斯·巴特勒（Judith Butler）的表演性理论以及阿尔琼·阿帕杜莱（Arjun Appadurai）关于烹饪写作的论述。

关键概念

杂合性和克里奥化（creolization）等关键概念在后殖民研究中广为人知，事实上，它们经常在更广泛的、与文化相关的后殖民语境下被提及；然而，这些概念在加勒比地区的具体体现却很少在它们与食物的关系中得到探讨。虽然许多饮食传统和饮食历史具有泛加勒比维度，但本研究仅仅关注英语加勒比地区，并不涉及讲法语、荷语或西班牙语的岛屿及相关国家的领地。那将是另一本书的主题。独特性对于任何文学评论家都至关重要，对于口述历史的受访者以及本书讨论的文本创作者而言亦是如此。有鉴于此，我们必须结合加勒比地区的相关文本以及关于食物和消费角色的加勒比理论进行解读。

可以说，在所有这些加勒比理论家之中，最重要的当属非裔加勒比人、巴巴多斯诗人、评论家兼历史学家卡茂·布拉思韦特（Kamau Brathwaite）提出的"纳姆—吃—神灵"（Nam-Nyam-Nyame）概念。弗雷德里克·卡西迪（Frederic Cassidy）在《牙买加语：英语在牙买加的三个世纪》（Cassidy，1961）中解释道：

> 我们仍然可以听到一个用来表示食物的非洲单词"ninyam"（狼吞虎咽）——它显然是"nyam"的重叠形式，相关词汇出现在大多数尼日尔—刚果语系中，通常指肉；但我们也注意到特维语（Twi）中有类似的单词"anyinam"，指的是一种山药。[32]

　　布拉思韦特借鉴了这个仍在加勒比地区广泛使用的源自非洲的词汇，并提出了他的"纳姆"（nam）概念。对布拉思韦特而言，纳姆是美洲原住民和非裔加勒比文化的潜在核心（因此可能具有颠覆性），这个核心在殖民主义和奴隶制中得以保存。值得注意的是，他用带有"消费"意味的术语来定义"纳姆"，将其阐释为"隐匿之名"或"灵魂之源"，以此反抗象征殖民压迫的欧洲人普洛斯彼罗（Prospero，莎士比亚戏剧《暴风雨》中的一个角色——译者注）的吞噬力量。布拉思韦特将纳姆与"吃"（nyam）、"山药"（yam）以及"神灵"（Nyame）联系起来，形成一个语义链，表明食物在文化记忆中扮演着重要角色，维系着与祖先和故土的联系，也是抵抗更大规模的消费过程（指被吞噬和面临消亡的危险）的关键力量。这一概念的核心是布拉思韦特所说的"奴隶们用来策划的圣地"[33]——自留地（provision grounds）。他们在这里找到了"groundation"[34]——这个意为"聚集"的词体现了拉斯特法里教的教义，同时也暗示了精神力量及其与土地的联系，一种至关重要的扎根情节。显然，"plot"一词在这里也具有多重含义，它既指土地规划，又指为生存和反抗而密谋，还指构思新的表达形式，最终创造一种植根于加勒比、超越种植园制度（及其所象征的一切）的文化。这些概念贯穿布拉思韦特的批评和创作[35]，也代表了加勒比语境下有关消费问题的一个重要本土化理论分支。莫琳·沃纳–刘易斯（Maureen Warner-Lewis）还指出，在现代加纳东部和贝宁共和国所使用的非洲语言中，如埃维语（Ewe）和丰语（Fon），"吃"和"战胜"是同一个词。这种用法尤其体现在"吃掉疾病"的表达中，即"战胜疾病"。她认为这一点非常重要，因为"吃不仅仅是物质上的消费，还包括精神上和其他类型的消费"[36]。

xxiv

本书重点探讨加勒比食物与不同类型的加勒比文本（书面和口述文本、文学文本、历史记录、游记、回忆录、烹饪书籍）之间的对话关系，以及在加勒比语境下食物、文本与文化之间更广泛的互动。迄今为止，学术界很少认真关注这个主题，只有少数例外。[37] 大多数关于文学和食物关系的标准学术研究只讨论了英国和美国的经典作家，甚至直到2018年，《劳特利奇文学与食物指南》（该领域的标准参考著作之一）中都还没有任何关于加勒比的章节。[38] 此外，关于加勒比食物的大量研究主要集中在地缘政治的食物史研究（如：Mintz，1985）、单一地区研究（Wilk，2006）或食物制作与消费模式的微观研究。其中大多数属于人类学和定性社会学研究范畴，例如对香蕉和糖的研究，而后者无疑彻底改变了加勒比的生态、历史和文化。而那些确实涉及食物与文本性的研究往往专注于法语加勒比地区而非英语加勒比地区（Loichot，2013；Githire，2014），或者仅仅作为更大规模研究中关于加勒比特定子群体的章节出现，例如印裔加勒比女性（Mehta，2009）。因此，本研究通过聚焦英语加勒比背景下食物与写作的对话关系，为不断发展的食物研究领域做出了原创性贡献。它在现有研究方法的基础上进行了拓展，结合了历史叙事、细致的文本分析和共时性分析（这一点在第五章的"厨房漫谈"中得到了体现）。本研究的核心是食物与写作之间的互动，安努·拉坎（Anu Lakhan）将其称为"食物与文化之间的呼应"（Lakhan，2008）。正如霍米·巴巴（Homi Bhabha）最著名的理论所述，呼应不仅涉及重复（模仿），还包括颠覆（戏仿）——重复即颠覆。[39] 由此看来，关注"食物与文化之间的呼应"，有助于我们理解食物、文本与文化之间相互关联的动态性、流动性，以及它们作为抵抗或批判空间的属性。拉坎的术语的另一层意义在于，它不仅暗示了生产和消费的政治（这两个概念在食物和文本中都很常见），还体现了在食物、文本与文化的关系研究中，一种独特的加勒比口述性和集体性美学。加勒比文化起源于口述传统，而现存的口述形式（例如阿南西故事、歌唱和口头表达）对于理解其饮食文化仍然至关重要。为此，我决定在巴巴多斯与女性受访者进行一系列厨房漫谈，以便为加勒比地区的声音提供一个中心舞台，并通过参与者自己的讲述，深入探究口述文化在传统饮食文化与饮食实践传承中的作用。

本书结构

第一章和第二章探讨了早期"白人作品"中加勒比地区的食物与社会秩序的表现及其作用。这两章分析了不同食物（包括本土食物和进口食物）的呈现方式，同时也讨论了不同群体的饮食习惯（包括白人精英种植园主阶层传说中的奢靡饮食）。此外，这两章还探讨了奴隶自留地在奴隶生存和抵抗中的核心作用。自留地也是加勒比种植园社会内部"小商贩"经济的形成基础，这种经济赋予了奴隶及其后代一定程度的自主权和经济独立性。第一章涵盖了从最早的记载到18世纪末的这段时期。第二章则聚焦于19世纪。第三章对前两章内容进行了补充，探讨了近代英语加勒比地区两部编史元小说中食物与社会秩序的关系。这两部小说分别是安德烈娅·利维（Andrea Levy）的《长歌》（Levy，2010）和卡里尔·菲利普斯（Caryl Phillips）的《坎布里奇》（Phillips，1991）。第三章展示了这些近代虚构文本如何巧妙利用前两章讨论的早期资料，并以令人惊讶且富有反抗意味的方式回应它们。第四章则更侧重于探讨饮食习惯和食物选择如何反映身份政治，以及种族、阶级、种姓和性别在（主要是文学）文本中的体现。本章追溯了口述传统的影响，从早期美洲原住民的记载和通常以食物为中心的阿南西蜘蛛的生存、诡计故事，到近代文本中食物和身份的文学呈现，以及情欲和精神的表达。此外，本章还考察了流散背景下旅行的食物和食物怀旧现象，并通过一系列文学和非文学文本案例，展示了烹饪的去地域化和再地域化过程。第五章"厨房漫谈——加勒比女性谈食物"则另辟蹊径，聚焦于 2018 年对巴巴多斯受访者进行的一系列口述历史访谈。这些受访者的背景多样，涵盖了负责食品、渔业和农业的政府部长、前家政教师、有机认证农场主、信仰拉斯特法里教的"伊塔尔"（I-tal）厨师、市场摊贩、餐馆老板、历史导游、食品慈善机构工作人员、教育工作者以及与小型企业和旅游产品委员会合作的人员。本章运用丰富的定性数据，展现了加勒比口述传统在巴巴多斯这个岛国的食物准备、烹饪和消费中依然占据核心地位，并探讨了传统、正宗性以及本土与全球饮食文化之间的张力等广泛议题如何在不同语境下持续发挥作用。第六章探讨了巴巴多斯一系列烹饪书籍中的种族、阶级和性别问题，内容涵盖了从 20 世纪早期的作品到当代的食谱及其他与食物相关的著作。最后一章是关于牙买加裔英国企业家李维·鲁茨和他的"雷鬼雷鬼"（Reggae Reggae）品牌的案例研究。本章探讨了加勒比流散社群饮食文化商品化的现象，并揭示了在通过"正宗"加勒比风格推广食品和烹饪书籍的过程中，本土与全球力量交织的复杂性。"雷鬼雷鬼"这一案例尤为引人关注。尽管英国自 20 世纪 50 年代以来便有加勒比流散社群，但加勒比饮食及烹饪却未能真正融入英国主流饮食文化。"雷鬼雷鬼"现象究竟是反映了英国民族食物去地域化的积极趋势，体现了一种新的烹饪世界主义，还是应该被视为对"民族"食物的消极物化？鲁茨所构建的这种加勒比菜肴，在全球市场上广受欢迎的同时，是否以新的同质化形式和对"正宗性"的构建，掩盖了加勒比饮食传统的地域差异和历史复杂性？本书最后提出了一个问题——"加勒比食物的未来将何去何从？"并指出，泛加勒比食物这一新现象是加勒比食物日益商品化和"全球化"的产物。这一现象主要存在于加勒比地区之外，却与加勒比本土文化密切相关。

注 释

1. Terry Eagleton, 'Edible Écriture', in *Consuming Passions*, eds. Sian Griffiths and Jennifer Wallace (London: Mandolin, 1998), 208.

2. Lolita Hernandez, Preface to *Making Callaloo in Detroit* (Detroit: Wayne State University, 2014), ix.

3. 尤其是《做卡拉萝》《做炸面包》这两个故事。

4. Hernandez, Preface, ix.

5. Hernandez, Preface, x. 赫尔南德斯在《在底特律做卡拉萝》序言中写道："我写这些故事并非刻意要通过食物来再现我的文化……一切都自然而然。或许可以称之为肠胃记忆。有些东西哽在喉咙里，挥之不去，打嗝时还会冒出一股正宗辣椒酱的味道，夹杂着我最爱的咸鳕鱼沙拉和烤饼的味道。卡拉萝不是人见人爱的食物；它浓稠碧绿，味道难以名状，如同一次闯入陌生丛林的冒险，各种奇异滋味交融，仿佛通往另一个世界的神秘旅程——这一切，都发生在底特律。"（ix-x）

6. Michelle Cliff, 'Make It Your Own', in *Land of Look Behind* (Ithaca, NY: Firebrand Books, 1985).

7. Valérie Loichot, *The Tropics Bite Back* (Minneapolis and London: University of Minnesota Press, 2013), vii.

xxvii

8. Mimi Sheller, *Consuming the Caribbean* (London and New York: Routledge, 2003), n.187.

9. Marlon James, *A Brief History of Seven Killings* (London: OneWorld, 2014), 16.

10. James, *Brief*, 17.

11. James, *Brief*, 17-18.

12. James, *Brief*, 17.

13. James, *Brief*, 17.

14. James, *Brief*, 302.

15. James, *Brief*, 682-683.

16. James, *Brief*, 682.

17. James, *Brief*, 682-683.

18. James, *Brief*, 683.

19. James, *Brief*, 684.

20. James, *Brief*, 686.

21. 即使是尤塞恩·博尔特也与食物建立了直接联系。他近年来开设了一系列以牙买加风味为主题的餐厅，其中一家位于伦敦，于2018年开业。

22. 本书原著付梓之际，联合国教科文组织刚刚宣布将雷鬼音乐等50个项目列入联合国教科文组织《非物质文化遗产名录》。

23. John Lyons, *Cook-Up in a Trini Kitchen* (Leeds: Peepal Tree Press, 2009), 8-9.

24. Shivi Ramoutar, Introduction to *Caribbean Modern* (London: Headline, 2015), 7.

25. 参见: Sarah Lawson Welsh, 'Jamie Oliver's "Jerk Rice" Is a Recipe for Disaster—Here's Why', *The Conversation*, August 2018, https://theconversation.com/jamie-olivers-jerk-rice-is-a-recipe-for-disaster-heres-why-101879.

26. Antonio Benítez-Rojo, *The Repeating Island* (Durham, NC, and London: Duke University Press, 1996), 9.

27. Eagleton, 'Edible', 204-205.

28. Eagleton, 'Edible', 205.

29. Nigella Lawson interviewed on BBC's *The One Show*, 3 October 2018.

30. Eagleton, 'Edible', 208.

31. Roland Barthes, 'Toward a Psychosociology of Contemporary Food Consumption', originally published as 'Vers une psycho-sociologie de l'alimentation moderne' in *Annales: Economies, Societes, Civilisations* 5 (September-October 1961), in *Food and Culture: A Reader*, 2nd ed., xxviii eds. Carole Counihan and Penny Van Esterik (London and New York: Routledge, 2008), 21-22.

32. Frederic Cassidy, *Jamaica Talk: Three Hundred Years of the English Language in Jamaica* (Basingstoke and London: Macmillan, 1961), 189.

33. Kamau Brathwaite, 'Caribbean Cultures: Two Paradigms', in *Missile and Capsule*, ed. Jürgen Martini (Bremen, Germany: University of Bremen, 1983), 52.

34. Brathwaite, 'Caribbean Cultures', 52.

35. 尤其是：'Name Tracks' in *The Arrivants* (Oxford: Oxford University Press,1973), 56-64.

36. Maureen Warner-Lewis, *Central Africa in the Caribbean* (Kingston: University of West Indies Press, 2003), 149.

37. 参见：Plasa (2011), Mannur (2009), Roy (2010), and Loichot (2013).

38. 参见：Sarah Lawson Welsh, 'Caribbean Cravings: Literature and Food in the Anglophone Caribbean', in *The Routledge Companion to Literature and Food*, eds. Lorna Piatti-Farnell and Donna Lee Brien (London and New York: Routledge, 2018),191-206.

39. Homi Bhabha, 'Of Mimicry and Man: The Ambivalence of Colonial Discourse' in *The Location of Culture* (London and New York: Routledge, 1994), 85-92.

第一章

饥荒、喂养与盛宴

——奴隶的食物、自留地与种植园主的餐桌

坎蒂丝·古彻（Candice Goucher）在她全面而深入的研究著作《刚古代！刚古代！加勒比美食全球史》（Goucher，2014）中指出了一个令人意外的事实：除了补给清单之外，受过教育的奴隶主和殖民者很少记录非裔加勒比地区的饮食历史。[1] 然而，本章研究的文本资料证明情况并非如此。公平地说，早期白人文献确实很少关注奴隶带到加勒比地区的非洲饮食文化。然而，这些文献也的确记录了早期的奴隶饮食以及他们保留的非洲饮食习惯。本章探讨早期文献记述的加勒比地区奴隶食物的性质和来源、种植园主阶级的饮食习惯以及其他群体的饮食实践。本章重点关注"外部视角"，即白人欧洲种植园主和旅行者对加勒比地区的描述——之所以选择这一视角，既是刻意为之，也是受限于史料，因为绝大多数早期记录都出自他们之手。[2] 由于大多数奴隶没有受过教育，甚至在很多情况下，奴隶主还禁止他们识字，因此我们

只能依赖源自非洲的丰富的口述文化传统，如劳动号子[3]、谚语、阿南西故事以及口头和吟唱韵律，来寻找被奴役者的声音。这些口述传承的资料在很多方面都更加脆弱，也更难保存，因为只有对社群重要或有用的内容才更有可能被流传下来。现代口述历史的研究将是第四章的重点。

由于历史上奴隶以及大多数西印度群岛居民的饮食依赖于北美和欧洲的食品进口，任何干扰贸易和商品流通的冲突（例如1775年至1783年的美国独立战争）或其他因素（例如1804年奴隶贸易的废除）都可能对加勒比地区的食物供应造成毁灭性的打击。这一变化带来的一个后果是，"直到奴隶制废除前的最后几年，奴隶群体都普遍无法维持自身的繁衍生息"[4]。北美是向西印度群岛殖民地出口咸鱼和谷物的主要地区。与此同时，奴隶贸易的持续进行也促进了新鲜食品的进口。然而，随着奴隶贸易的废除，这些食品进口也随之中断，奴隶的饮食状况变得更加脆弱，容易受到粮食短缺和自然灾害的影响。的确，关于奴隶制的研究已经证实，"奴隶群体普遍营养不良，且易患各种与营养不良相关的疾病。食物供应存在季节性波动，并且奴隶们在飓风、干旱和重大战争后还常常面临长期饥荒。北美的作物周期也影响着加勒比地区的食物供应"[5]。本章指出，为了缓解这种脆弱性并补充奴隶的饮食，一项重要的举措是开辟自留地。这些自留地通常位于种植园五英里到十英里开外的边缘地带，用于供奴隶自行种植粮食作物。然而，并非所有岛屿都有意愿或有足够的土地为奴隶提供这样的条件。[6]

在设有自留地的地区，这些土地不仅成为奴隶抵抗的重要场所，还孕育出一个充满活力的内部经济体系。奴隶们可以在那里种植粮食作物、进行交易，并赚取金钱购买其他商品。牙买加批评家西尔维娅·温特（Sylvia Wynter）在其开创性论文《小说与历史，自留地与种植园》（Wynter，1971）中也提出了类似的观点。而约翰·帕里（John Parry）则更进一步，认为加勒比的历史"应该也讲述山药（和木薯）的故事……它们与糖和烟草一样重要"[7]。玛丽亚·克里斯蒂娜·富马加利（Maria Christina Fumagalli）也表达了类似的观点。她认为：

> 如果说种植园是加勒比现代性的核心，那么自留地就相当于园艺领域的抵抗。最初，种植园主认为自留地对自身经济有利，但自留地很快为奴隶们提供了一个绝佳机会，他们学会了如何生产和分配商品、管理资本、发展自己的经济生活，并融入市场体系。在融合本土作物与来自欧洲和非洲作物的过程中，加勒比地区的早期农民逐步学会了创造并适应一种以克里奥尔化为基础的全新生存经济模式。[8]

其他评论家则从生态批评的角度探讨了自留地的作用，认为"尽管种植园的单一作物经济迎合了外部市场需求，并成为早期加勒比历史书写的主要视角，自留地的作物多样性却在满足加勒比奴隶制社会各阶层饮食需求方面发挥了至关重要的作用，同时也为文化考古学研究提供了更加广阔的基础"[9]。

因此，本章详细探讨了自留地在补充奴隶饮食方面的作用和表现，追溯其发展历程：从非正式的初始阶段，到牙买加及其他西印度群岛殖民地最终确立相关法律，规定了奴隶主有义务为奴隶提供并维护自留地。本章还探讨了这些文本中所记录和体现的食物社会等级（例如，本地食物与归化食物或进口食物之间的等级差异）、饮食观念以及饮食实践等。同时，本章还展示了这些食物文化如何最初反映（外来的）欧洲文化和烹饪身份，并随后通过食物及对岛屿身份或更广泛"加勒比性"的认同，逐渐演变为更具克里奥尔特色的文化身份。本书对历史文本的分析分为两章：第一章探讨了从早期直至 18 世纪末的文本，彼时"糖"真正成为西印度群岛殖民地最有利可图的经济作物；第二章分析了 19 世纪的变革，特别是 1804 年英国废除奴隶贸易以及 1834—1838 年英属殖民地最终废除奴隶制所引发的社会变化。

注意事项

本章讨论的所有文本都不是对现实的简单再现，在记录饮食传统和实践时也并非中立客观。作为史料，它们内容丰富、引人入胜，但也因为各自的立场、偏见以及不同程度的可信度而存在一定问题。一些早期文献展现了典型的"美丽新世界"式的殖民主义意识形态，尤其体现在对新大陆探索的描述中；而一些后期记录，例如历史学家爱德华·朗（Edward Long）和布莱恩·爱德华兹（Bryan Edwards）的著作，则是支持奴隶制的宣传作品，反映了他们在种植园经济中的既得利益。殖民地辉格党人朗在其"个人信奉的英格兰自由主义和坚持的奴隶制道德合理性"[10] 之间摇摆不定，最终他依靠一系列由来已久且带有明显种族主义色彩的非洲人刻板印象来为奴隶制辩护。受过良好教育且持有改革立场的爱德华兹在其著作开篇声称自己"并非奴隶制的拥护者"。然而，尽管他承认现有制度和社会秩序存在诸多深刻的缺陷，最终他仍然坚定地支持奴隶制，认为这是满足种植园经济劳动力需求的最佳途径。诸如此类的矛盾使得这些文本在宣称其真实性和代表性方面变得非常棘手。像约瑟夫·斯特奇（Joseph Sturge）

和托马斯·哈维（Thomas Harvey）这样的后期评论者，在 19 世纪早期撰写相关作品时，显然是为了证明废除奴隶制后"学徒制度"的失败；他们的主要关注点在于研究并报告刚刚获得解放的黑人群体的生活状况和福祉。一些文本，例如纽金特（Nugent）夫人和卡迈克尔（Carmichael）夫人的记录，可以被归类为"家庭史"，因为它们主要聚焦于统治阶级中克里奥尔白人以及种植园主的物质文化和日常生活习俗。虽然所有这些文本都存在局限性，但它们依然是我们能够获取的最具启发意义的历史资料之一。

外部视角：早期欧洲文献

加勒比地区食物的早期书面记录主要由白人定居者、监工、种植园主以及各种身份的欧洲访客所撰写。这些人以政府官员、行政人员、旅行传教士、植物学家、慈善家、作家或艺术家的身份来到加勒比地区，记录了他们对"西印度群岛"的观察和印象。其中一个重要的文献来源是《加勒比文集》（Thomas，1999）。这部文集收录了 1657 年至 1777 年创作的加勒比早期文学作品，涵盖了多种体裁；既包括詹姆斯·格兰杰（James Grainger）于 1764 年创作的长篇田园诗《甘蔗》（该诗详细描述了甘蔗种植和制糖工艺），也包括这一时期一些自由有色人种的作品。

16 世纪 90 年代雷利和达德利在加勒比地区的经历

西班牙人征服并控制加勒比地区近两百年，直到 18 世纪中叶才逐渐失去主导地位。早在1595年，沃尔特·雷利爵士受命开始对西班牙控制的特立尼达岛以及南美洲部分地区，尤其是圭亚那，展开突袭，希望找到传说中的"黄金之城"——埃尔多拉多。在第一次远征之后，雷利写道，他很欣赏美洲原住民，认为他们是豪饮者和"狂欢者"，他还提到女性原住民咀嚼浸泡过的木薯，然后用牙齿挤压出来，以加速发酵过程。一年后，他出版了充满奇幻色彩的著作《发现庞大、富饶、美丽的圭亚那帝国》[11]。雷利因将马铃薯和烟草引入英格兰而闻名欧洲。然而，这一切实际上是通过英国在弗吉尼亚（北美最早的永久性英国殖民地，建立于1607年）的殖民者间接实现的。历史记载，雷利的确是第一个在欧洲种植马铃薯的人，也是他将马铃薯首先引入爱尔兰，之后又带到英格兰。

在雷利获得委任之前，罗伯特·达德利（Robert Dudley）曾航行至特立尼达岛，试图将其纳入英国的统治。他的记录是关于加勒比地区饮食的最早见闻记述之一。他提到美洲原住民登船时带来的礼物，包括"鸡、猪、香蕉、马铃薯、菠萝和烟草，（并观察到）这片土地肥沃，盛产水果，到处是珍禽异兽"。[12] 与其他欧洲列强，尤其是英国和法国不同，西班牙人并不专注于发展种植业，而更倾向于征服和贸易。这也是17世纪20年代以后，英国和法国能够成功在加勒比地区建立殖民地的一个关键因素。荷兰人对贸易的兴趣更甚于殖民，但值得注意的是，他们是最先将甘蔗种植技术从巴西引入加勒比地区的。随后，法国和英国的殖民地也开始种植甘蔗，最早出现在巴巴多斯。这一决策彻底改变了该地区及其未来发展的面貌。

"极其肥沃的土地"：早期关于巴巴多斯的记述

约翰·史密斯（John Smith）船长的《真实旅行：1593 年至 1629 年，约翰·史密斯船长在欧洲、亚洲、非洲和美洲的冒险和观察》（Smith，1630）是关于巴巴多斯岛最早的白人记录之一。在描述该岛最初几年的殖民情况时，史密斯以生动的笔触描绘了岛上奇特的植物以及相对常见的动物：

> 这座岛屿……大部分土地非常肥沃，遍地都是野猪，也有一些海龟和种类繁多的优质鱼类，还有许多大池塘，栖息着野鸭……曼奇尼尔苹果散发着诱人的甜香，大小与螃蟹相似，但却有剧毒……岛上还有许多高大的刺槐树……它的豆荚里充满了可以用来做面包的粉末，在紧急情况下可作为食物。一种类似松树的树木，果实硕大如甜瓜……足够两三个人食用……岛上还有很多李子树，果实又大又黄……野生无花果树（"无花果"在加勒比地区常被用于指代一种香蕉——译者注）也很多……番石榴（别名芭乐——译者注）的树结出梨子大小的果实……此外，岛上有三种不同的棕榈树，还有木瓜、刺梨……酸浆果，其果核像李子一样大，果实吃起来十分美味……南瓜遍地都是……葫芦很大，足以制作两个瓶子；切开后可以做成好用的碟子和盘子……此外还有高粱、木薯、菠萝、大蕉……烟草，以及玉米、豌豆和其他豆类。[13]

到 1627 年，更多的殖民者和他们主要来自爱尔兰的仆人已在巴巴多斯定居，并建立了种植园，种植"大蕉、马铃薯和木薯供本地消费，烟草和棉花供出口"[14]。1627 年 5 月，亨利·鲍威尔（Henry Powell）船长和他带领的约三十名阿拉瓦克人（Arawak，属于美洲原住民——译者注）从圭亚那的埃塞奎博地区来到巴巴多斯，他们带来的"不仅是主要作物的种子和插条，还有木薯、印第安玉米、山药、红薯、豆子、大蕉、香蕉、橙子、柠檬、青柠、菠萝和甜瓜等，这些作物此前在巴巴多斯从未出现过"[15]。美洲原住民前来帮助并教导英国人如何种植这些作物。他们是这些作物在巴巴多斯的最初种植者。在 1639 年的一封信中，托马斯·弗尼（Thomas Verney）提到，红薯是"我们在这片土地上最好的食物，既适合我们自己，也适合仆人，尤其适合他们，因为他们在一两个月后不再需要其他食物，只要有煮熟的红薯和用它们做的莫比饮料就满足了——我们所说的莫比，就是将煮熟的红薯压榨后得到的汁液"[16]。这提醒我们，新定居者对食物口味的变化是渐进的，而且往往不是单向的。布里登博夫妇（Carl and Roberta Bridenbaugh）认为：

> 很多时候，当欧洲人面对热带地区的各种困境束手无策时，他们常常从土著（美洲原住民）那里找到了答案，尽管他们很少承认自己的生存和最终对新环境的适应得益于那些被他们轻视的印第安人。圣克里斯托弗岛（即圣基茨岛）和巴巴多斯的第一批白人从加勒比人和阿拉瓦克人那里学会了如何用发酵的红薯制作一种叫作"莫比"的饮料。利根认为它的味道很像新酿的莱茵葡萄酒。捣碎的块根汁液有一个重要特性，那就是几个小时内就能完成发酵，第二天就可以饮用。在当时单调的饮食下，主人给白人仆人喝"莫比"，有时还会加一点"饮料"，后者是由泉水、白糖和橙汁调制而成；而黑人只得到了"清水"。[17]

当时的几位评论家，包括亨利·科尔特（Henry Colt）爵士，注意到英国定居者对岛上野猪的肆意捕杀。他们大吃大喝，甚至用猪肉喂狗，因为他们还不习惯如此丰富的肉食。这加剧了巴巴多斯在 1630 年至 1631 年的饥荒。[18] 直到 1647 年，"大多数种植园主每周吃肉不超过两次，自由民的饮食也同样单调乏味、营养不均衡，与提供给仆人的食物相差无几"[19]。关于巴巴多斯贫穷白人仆人的有限饮食，吉尔·谢泼德（Jill Sheppard）评论道："人们不禁要问，为什么仆人不能利用显然唾手可得的食材？此外，十年前约翰·史密斯船长所描述的丰富的鱼类、肉类和水果都到哪里去了？"[20] 其中一个原因是，新鲜鱼类很少被用于种植园的膳食，因为它们"在捕捞后六小时内就会腐败变质，因此渔民急于将鱼卖给印第安桥的酒馆，而不是冒险将它们运到仍然没有道路通达的种植园"[21]。

"丰盛的宴席"：理查德·利根《巴巴多斯岛真实而准确的历史》（1657）记载的安托万·比埃特神父以及种植园主们的餐桌

许多早期记述中一个显著且反复出现的特点，是对种植园主奢华宴席的描写。拉里·格拉格（Larry Gragg）认为：

> 正如巴巴多斯的种植园主渴望在家乡重建英式家庭生活一样，他们也同样热衷于效仿斯图亚特时期贵族的好客生活方式。他们喜欢举办热闹的聚会，享用美酒佳肴。他们之所以乐于营造这种融洽的氛围，不仅是为了展现慷慨，更是为了提升社会地位，彰显他们的财富和权力。简而言之，宴请

帮助种植园主巩固了社会地位。炫耀性消费与他们的社会地位相匹配。[22]

图 1-1　巴巴多斯蒂罗尔科特宅邸和民俗文化村的大宅餐厅
（照片由凯伊·霍尔提供）

许多种植园主拥有足够的财富来展示他们的社会地位。理查德·邓恩（Richard Dunn）认为，这使得他们能够过上"比英国同阶层人士更为奢华的生活"[23]。此外，在巴巴多斯等岛屿上，尤其是在 17 世纪 40 年代英国内战爆发后，许多英国流亡

8

者涌入，设宴款待成为"岛屿精英阶层在政治分歧中增进友谊的一种方式"[24]。流亡的保皇党人理查德·利根（Richard Ligon）于1647年抵达巴巴多斯，此时距离首批英国人登陆该岛已过去了二十年。他在岛上停留了三年，购买了半个糖厂，之后返回英格兰并出版了他的《巴巴多斯岛真实而准确的历史》（Ligon，1657）。利根意识到了种植园主盛大宴会的关键作用，他自己和其他人都曾受邀参加过这些宴会。巴巴多斯的种植园主尤其热衷于"给像亨利·科尔特这样的贵族……利根以及备受尊敬的神父安托万·比埃特（Antoine Biet）等重要访客留下深刻印象"[25]。1631年，科尔特在巡视该岛时，在富有的种植园主詹姆斯·福特的餐桌上享用了如下盛宴："猪肉、阉鸡肉、火鸡肉、普通鸡肉……印第安小麦、木薯和卷心菜等"[26]。而利根在岛上最具权势的种植园主之一詹姆斯·德拉克斯（James Drax）家中做客时，体验到的宴席则更为奢华：

> 第一轮上的菜是十四种不同做法的牛肉，水煮、火烤、焙烤等等。"撤下第一轮菜后"，第二轮菜随即上桌，包括"土豆布丁，苏格兰火腿肉片……水煮鸡，以及烤羊肩……小牛里脊肉（佐以橙子、柠檬和青柠）"，还有精选的火鸡、鸭肉和兔肉。接下来的第三轮菜则有咸肉、牡蛎、鱼子酱、凤尾鱼、橄榄、各式蛋挞、奶油蛋糕、芝士蛋糕，还有香蕉、大蕉、梨、苹果、西瓜和菠萝等水果。为了搭配这些丰盛的菜肴，德拉克斯提供了本地饮品——莫比和朗姆酒，以及白兰地、"红葡萄酒、莱茵葡萄酒、雪利酒、加那利酒、红萨克葡萄酒、菲奥葡萄酒，以及所有来自英格兰的烈酒"[27]。

　　需要认识到的是，自欧洲人初次接触加勒比地区以来，该地区的欧洲人就一直依赖从英格兰、爱尔兰和北美进口的商品。尽管加勒比地区最终以其糖浆和蔗糖出口而闻名，但欧洲人和欧裔克里奥尔精英仍然依赖各种进口食品，无论是用于供应给仆人和奴隶，还是用于他们自己的餐桌。邓恩认为，"对于 17 世纪在西印度的英国人而言，食物和饮料的供应是一个重大问题。他们在英格兰习惯种植的作物大多无法在加勒比地区生长，而加勒比地区盛产的作物又往往不合英国人的口味"[28]。

　　至 1650 年或 1660 年左右，在巴巴多斯这样的小岛上，种植园主对进口食品的依赖已成常态，因为岛上有限的土地几乎全部用来种植利润丰厚的甘蔗。[29] 富有的种植园主们也始终偏爱"腌制的英式牛肉和新英格兰鲭鱼，而非新鲜的热带农产品"[30]。从利根的例子中，我们也可以看到商品和烹饪理念的跨大西洋双向流动。利根访问沃尔朗上校的海滨种植园时，发现那里新鲜肉类匮乏，但鱼类品种却极为丰富，"我所见到的就有：鲻鱼、鲭鱼、鹦嘴鱼、鲷鱼——红鲷和灰鲷、马鲹、大海鲢、螃蟹、龙虾、金黄九棘鲈以及各种我们叫不出名字的鱼"。此外，进口食品也唾手可得，"世界各地运到岛上的珍奇美味都会被收集起来送到这里……各种葡萄酒、橄榄油、橄榄、酸豆（腌刺山柑）、凤尾鱼、鱼子酱"[31]。格拉格同样提到，"安托万·比埃特似乎对无休止的宴会和饮酒应酬颇感无奈。虽然他也参与其中，但他并不'享受这些社交活动，因为在这些场合，人们必须以一种极端的方式豪饮'。尽管他本人并不赞同这种过度行为，但比埃特承认，他的许多朋友都觉得这种生活非常惬意"[32]。比埃特观察到，"没有哪个国家像英格兰一样苛待奴隶，但除极少数情况外，黑奴的饮食与白人仆人——甚至许多自由民——一样好，有时甚至更好，因为他们的饮食是定量供应的"[33]。

值得注意的是，利根并非仅仅被动地享用种植园主家中的丰盛菜肴，他还积极影响并改变了巴巴多斯种植园主的饮食习惯。布里登博夫妇称利根为"一位真正的美食家（而且是非常早期的美食家）兼营养学家，他教会了最富有的种植园主和商人如何欣赏精美且经过精心烹制的食物"[34]。他们认为，"德拉克斯上校是最早成功被利根引导'学习烹饪艺术'的种植园主之一——利根为他设计了'炖菜''各种美味的炖肉'以及'其他法式菜肴'，并建议他从荷兰和英格兰进口优质食材，同时将美味的西印度群岛水果与其他食物融入菜肴之中"[35]。在社会底层，利根还在"印第安桥旅馆教白人厨师油炸鲜鱼，或者在没有优质黄油的情况下如何用醋煮鱼；他还说服许多种植园主为其仆人和奴隶提供一些肉类与鱼类，以平衡他们以玉米粥和大蕉为主的饮食"[36]。利根也试图改善种植园主的饮食习惯，劝诫他们"过量饮酒有害健康"[37]。他记录下自己"学会了如何用当地的木薯制作出美味的饼皮"[38]，并认为他对改善西印度生活的最大贡献是"帮助白人和黑人调整口味，适应新世界的食物"[39]。然而，尽管进口食品和饮料是重要的身份象征，但这种饮食习惯的转变只能是循序渐进的。

10

"一种他们称之为辣椒锅的罕见汤"：爱德华·沃德和《他们的食物》（1696）

从外部视角来看，牙买加食物的"恶臭"曾是英国记者爱德华·沃德（Edward Ward）的讽刺游记《牙买加之行》（Ward, 1696）的主题。这本关于加勒比地区的游记，以戏谑的口吻模仿了"美洲殖民地报告中常见的宣传性旅行叙述"[40]。沃德通过异化和疏离手法，构建了一种令人困惑甚至反感的加勒比食物和饮食文化形象，这是当时欧洲对加勒比地区描述的一个缩影：

他们的食物

他们最主要的食物是清炖海龟，如同带壳的蟾蜍。海龟瘦肉颜色苍白，如同患黄疸病的少女的肌肤，而脂肪则呈现出牛粪的颜色。外地人吃了这种肉容易腹泻，从而帮助排出体内毒素……他们的牛肉没有肥膘，羊肉干瘦无汁，禽类干瘪得像老妇人的乳房，又如同挂在老马臀部的车辕一样坚韧。

当地有许多种鱼，名字都源于印第安语，它们没有鳞片，形状像蛇。这些鱼吃起来像河鲱一样干涩，比陈年的鲱鱼或老鲮鱼（鳕鱼的一种——译者注）还要有嚼劲。如果配上油腻的黄油，味道会更加浓烈腥膻，如同鹅油加上腐臭的凤尾鱼。

他们会制作一种极为罕见的汤，称作"辣椒锅"……三大勺下肚，我的嘴立刻辣得跟着了火一样。我赶紧吞下一大碗辣根，又喝下一加仑像是用火药调制的烈性白兰地。（就像守财奴渴望金币一样）我从未如此迫切地想喝一口水来冷却我的舌头……

他们有橙子、柠檬、青柠以及其他水果，这些水果的酸味和当地人尖酸乖戾的性格不相上下，与其说是上天的恩赐，不如说是诅咒。因为吃了这么多酸的东西，会在肠道里产生腐蚀性的黏液，而这正是导致那种致命且难以忍受的干燥腹痛病的主要原因；这种病会在两到三周内让人瘫痪，不得不依靠黑人搀扶才能行走。[41]

沃德在这里的策略是将自己与他所讽刺的白人种植园主阶级的烹饪实践与口味区分开来。加勒比地区的食材和菜肴无一例外地被认为比欧洲食物逊色：它们与欧洲的饮食规范大相径庭；过于坚韧[42]、油腻、辛辣或酸涩，难以适应那些更温和、更"精致"的欧洲味蕾。然而，如果从主流叙事的反面解读，沃德的叙述也透露出一种反向叙事——一个透过食物讲述的国家或地区故事，一个部分建立在当地居民饮食习惯之上的身份认同。在这种解读下，饮食实践反映了加勒比地区更广泛的社会接触和变迁模式，既展现了殖民者的适应过程，也在一定程度上呈现了奴隶如何适应新环境的饮食方式。沃德的厌恶与其他记载形成了对比，他的记载反映了不同群体如何应对彼此以及熟悉与陌生的饮食和饮食习惯，展现出好奇、接受、拒绝、融合、跨文化交流和克里奥尔化等多种反应。实际上，换个角度来看，沃德的这段话也可以被视为早期克里奥尔白人身份的标志，展现出某些文化上更偏向加勒比而非欧洲的特征：例如对本地龟肉的偏爱，以及对美洲原住民和非洲人传承下来的辣椒锅的喜爱。沃德提到，"龟壳盛龟肉"作为一道美味佳肴被摆上最奢华的种植园贵族餐桌，这一情景触及了早期牙买加文化的象征[43]，揭示了早期克里奥尔白人身份的定义和实践方式。

大约七十五年后，一位苏格兰贵妇珍妮特·肖（Janet Schaw）在安提瓜岛和圣克里斯托弗岛（即圣基茨岛）的种植园主家中品尝到了西印度群岛的海龟，并对其赞不绝口。她将这道"珍馐"与在英格兰吃到的海龟做了比较："如今我几乎每日都吃海龟肉。在家时我根本吃不惯，但在这里却爱不释口，因为两地的海龟实在天差地别。在英格兰，我们只能吃到老海龟，因为幼龟无法承受长途运输；即使这些老海龟，它们也常常饿得骨瘦如柴，或者只能吃到粗劣的食物。而这里的海龟则鲜嫩肥美，都是现捕的。它们所吃的食物也同样精致讲究，如同品尝它们的美食家一样挑剔。"[44] 她还提到安提瓜岛人：

> 他们嘲笑我们把海龟做成各种繁复的菜肴。他们只做两种：海龟汤和烤海龟壳。海龟汤通常用老海龟熬制，海龟会被切块拿到市场上售卖，就像我们买肉一样……至于烤海龟壳，那才是一道绝顶美味！海龟的精华都封存在壳内烧烤；这里的绿色脂肪，比我以前吃过的任何油脂都要细腻得多，简直难以言喻。如果一位真正懂得品味的伦敦市议员能体会到此地与伦敦的差别，他一定会专程乘船过来。我想，他或许会在离开餐桌之前，就踏上通往天国的旅程。[45]

到了 1825 年，另一位到访加勒比地区的旅行家亨利·纳尔逊·柯勒律治（Henry Nelson Coleridge）也将西印度群岛龟肉在餐桌上的地位与它在英格兰作为珍馐的地位进行比较："在西印度群岛，海龟是寻常食物，烹饪方式简单却美味……而到了英国的宴席上，正如城里人所说，'吃过一次海龟，终身难忘'。一旦品尝过海龟，便再难对其他食物提起兴致……其烹饪方法也更加精细复杂……它成了一种难得的珍馐。"[46]

汉斯·斯隆的《牙买加自然史》（1707，1725）

《旅行写作 1700—1830》的编者写道："18 世纪的自然历史和景观美学话语贯穿加勒比地区的旅行写作，常常掩盖了该地区一些不那么吸引人的特征，尤其是奴隶制。"[47] 这一点在汉斯·斯

043

隆（Hans Sloane）的两卷本游记中得到了充分体现，他于1687年以新任牙买加总督的医生的身份前往马德拉群岛和加勒比地区。斯隆是一位狂热的博物学家，他绘制并记录了加勒比地区的许多动植物物种，他的藏品后来成为伦敦英国博物馆的基石。他是一位备受尊敬的人物，于1727年接替艾萨克·牛顿（Isaac Newton）成为英国皇家学会会长。他"将分类学与我们今天所谓的民族志相结合"来描述他遇到的奴隶和克里奥尔人，"（并且）视奴隶制为理所当然"。[48]他对加勒比地区饮食文化的描述引人入胜，尤其是因为他详细记载了奴隶在船上的饮食情况。关于一艘来自几内亚的奴隶船，斯隆写道："船上环境肮脏不堪，挤满了人。我听说，那些黑人以花生为主食，这是一种类似豆子的食物，果实生长在地下。他们从几内亚远道而来，每日以这些坚果或印第安玉米为食，一日两次，分别在上午八点和下午四点煮食，每人配给一品脱水。"[49]

在牙买加，斯隆记录了从欧洲进口的"各种服饰……面粉、饼干、牛肉、猪肉……（以及）以产地岛屿命名的……马德拉葡萄酒"，而牙买加则出口"糖（主要是粗糖）、靛蓝、原棉、生姜、甜椒、多香果或称牙买加胡椒"，以及通过与西属西印度群岛的秘密贸易出口的"洋菝葜、可可豆、胭脂虫等"。[50]他还观察到，英国殖民者在建造"厨房，或烹饪室时……总是将其设置在远离住宅的地方，以免厨房的热气和油烟影响居住的舒适度……他们的住宅中没有烟囱或壁炉，只有厨房才配备这些设施。'烹饪室'这个词在这里特指他们的烹饪场所，这是一个航海术语，与该地区的其他词汇类似"[51]。关于奴隶的饮食，斯隆写道："他们用一个陶罐（泥土锅）来煮食物，通常是山药、大蕉或土豆，配上一点咸鲭鱼，用几个炮弹果葫芦当作杯子和勺子。"[52] 他还注意到，食物是奴隶葬礼仪式的一部分，葬礼上会将"朗姆酒和食物"[53] 等物品放入坟墓中。斯隆还评论了不同族群的饮食偏好。在他看来，那些"来自东印度或马达加斯加的人……饮食过于杂乱，在自己的国家习惯吃肉，因此在这里水土不服，常常病亡"[54]。

奥利芙·西尼尔（Olive Senior）指出，我们应该感谢斯隆"发明了牛奶巧克力饮品"[55]。尽管阿兹特克人（Aztecs）曾将可可豆和辣椒混合制成巧克力饮料，哥伦布早在 1502 年就将巧克力引进西班牙宫廷，但这种饮料在欧洲并不受欢迎，因为它被认为过于苦涩。斯隆"在牙买加接触到了巧克力，但他觉得当地的巧克力饮料'令人反胃'"[56]。于是，他改用加糖的牛奶来煮可可豆，制成了一种新饮料。回到伦敦后，他将这种饮品卖给了一名药剂师，该药剂师将其命名为"汉斯·斯隆牛奶巧克力"，以此进行推广，并宣传其"温和养胃，对治疗各种消耗性疾病有奇效"[57]。随着可可加工技术的进步和巧克力棒在 19 世纪 40 年代的首次出现，全球对巧克力产品的需求应运而生。斯隆的原始配方被英国巧克力公司吉百利收购，并在 1849 年至 1885 年以"汉斯·斯隆牛奶巧克力"的品牌进行销售。[58] 至今，在牙买加，"巧克力"（chocolate 或 chaklata）一词不仅指代这种饮品，也常用来指代一天中的第一餐，传统上是"巧克力茶"或"可可茶"，即热巧克力饮料。

盛宴与饥荒：托马斯·西斯尔伍德的"牙买加日记"
（1750—1786）

托马斯·西斯尔伍德（Thomas Thistlewood）的日记是人们了解早期牙买加的重要史料。这位年轻的英国人于 1750 年抵达牙买加。西斯尔伍德最初在西摩兰的弗吉尼亚庄园担任监工，1751 年移居到滨海萨凡纳城外的埃及庄园，并在那里一直待到 1767 年。在此期间，他积累了足够的资金用于购买奴隶并将其出租，最终购置了自己的一小块土地。西斯尔伍德对牲畜和园艺有着长久的兴趣，并成了当时牙买加出类拔萃的园艺家之一。[59] 尽管他曾去过印度、巴西和西欧的部分地区，但初到牙买加时，他在处理奴隶事务或管理庄园方面完全是个新手，对牙买加种植园主的社会也知之甚少。西斯尔伍德的日记之所以引人注目，是因为他在近四十年时间里详细而定期地记录了他在牙买加的生活，从初次接触这个岛屿及其居民，到他作为自给自足的成功人士而崛起，再到成为富有的种植园主和园艺家。他的社会地位的提升与当时加勒比地区许多人的经历并无二致，但西斯尔伍德在白人精英中尤为特殊，因为他并非出身于拥有世袭财富的地主阶级。

西斯尔伍德的日记因其毫不避讳地记录了他对奴隶施加的残酷体罚而臭名昭著，尤其骇人听闻的是他详细记录了每一次强奸、袭击，以及与自己（有时是他人）的女奴发生性关系的过程。事实上，詹妮弗·布朗（Jennifer Brown）甚至认为，吞噬与被吞噬的主题贯穿了西斯尔伍德日记的许多片段；他将食粪当作一种惩罚（即强迫奴隶食用彼此的粪便），这种骇人听闻的行为只是日记中诸多恐怖内容的一部分。[60] 然而，他的日记也充斥着食物和饮品的细节，因为他也记录自己参加其他种植园主的宴会以及在自己家中招待这些白人精英的情况。在 18 世纪中期到 19 世纪初的牙买加社会，这类宴会既频繁又重要，因为它们是白人精英和种植园主阶级炫耀地位、洽谈生意、交流各自种植园新闻（包括投资机会和奴隶起义的消息）的主要方式。西斯尔伍德对他在自己庄园中接触、食用和种植的食物进行了详细记录，但除了他对食物短缺和奴隶所受苦难的描述外，日记中的其他部分尚未得到充分研究。[61] 然而，他的日记清楚地表明，与其他种植园主一样，他自己的餐桌上通常都摆满了食物（即使谈不上非常丰盛）。

特雷弗·伯纳德（Trevor Burnard）认为"牙买加在各个层面都与西斯尔伍德的故乡林肯郡大相径庭"。西斯尔伍德饶有兴致地记录道："今天午餐时，大家纷纷抓起桌布，抖落上面的碎屑和空盘子，这是牙买加流行的做法。"[62] 除了对岛上精英阶层这种"牙买加式"礼仪和风俗的观察之外，西斯尔伍德的日记还极具史料价值，因为他经常详细列出每餐的食物和饮料，并提供它们的消费背景。刚到牙买加不久，他就列出了自己尝试过的食材和菜肴："1750 年 7 月 10 日，每天早餐我都喝煮羊奶（非常浓稠）；7 月 17 日，吃了一些用大蕉做的都库努[63]，味道很好；午餐吃了辣椒锅，里面有卡拉萝和仙人掌果，还有一些秋葵；晚餐吃了玉米粥，味道像碎燕麦；还煮了一些'卡耶'（cayya）[64] 来搭配牛肉。"[65] 西斯尔伍德使用当地食材可能是出于生计所需，但有趣的是，我们由此可以窥见饮食习惯和饮食文化的克里奥尔化过程。事实上，年轻的乔治·华盛顿（George Washington）在他唯一一次离开美国、访问巴巴多斯期间，曾在日记中提到他所观察到的"巴巴多斯白人采用的非洲习俗"。他写道："所有家庭，不论黑人还是白人，也不分社会经济地位高低，都使用当地的器

15 具，比如猴子罐（用于冷却和储存水）和科纳里罐（用于储存食物）。"[66]

除了记录他为自己的庄园购买的物品，或偶尔记录在他和其他人的宴席上消耗的大量酒水，西斯尔伍德的日记很少具体提及食物的数量。例如，1755年1月4日，他记录道："今天返回时，穿越马隆人的地带，路过萨拉·沃德（Sarah Ward）的家。和她一起吃了早餐，有涂黄油的奶酪吐司和烤大蕉。我们大约中午回到家。"[67] 在1756年4月5日，他写道："晚餐喝了一瓶上好的啤酒，我把它与糖、水混合，再撒上一些肉豆蔻粉。晚餐有烤牛肉、烤火鸡、冷牛舌、奶酪（等等）。"[68] 但对于他自己的奴隶来说，食物却是精打细算的事情。1786年12月，西斯尔伍德计算了喂养（六个）新奴隶的费用："我每天给每个奴隶三品脱米饭……比给他们吃大蕉要贵。"[69] 随后，西斯尔伍德在1786年12月13日再次记录了购买"四百根大蕉……以供给新奴隶"[70]的情况。第二天（星期一），这些奴隶就被安排到田里干活了。

食用根茎与"自留地"

西斯尔伍德的奴隶通常会被分配一小块边缘土地，称为"自留地"（在牙买加称为"polinks"），用来种植淀粉类的根茎类作物和绿叶蔬菜，以补充他们的饮食。与"庄园"（penn）一样，"地"（ground）是从英格兰农民和农场主那里引入的一个概念，等同于牙买加语中的"grung"。在牙买加，"grung"指的是由土地所有者自己耕种的小块土地，比如"mi a go mi grung now"（"我现在要去我的地里"）或者民间故事中的"Bredda Puss was a he up him food fe leff him grung goh home"（"猫兄弟匆匆忙忙吃完食物，离开他的地盘回家")。[71] 西斯尔伍德显然意识到了这些自留地对自己庄园的重要性[72]，他给每个奴隶都分配了一百平方英尺的土地，并允许他们抽出时间进行耕作。

希拉里·麦克迪·贝克尔斯（Hilary McD. Beckles）认为，在巴巴多斯，自留地最初被认为有助于种植园的"自给自足"，这也意味着剩余的农作物会被带到奴隶市场以交换其他商品。由于担心奴隶出售从种植园偷来的食物，巴巴多斯在 1661 年和 1685 年分别通过了相关法律。不过，1685 年的法律对那些没有得到足够食物供应的奴隶表达了一定的同情。[73]17 世纪 90 年代，巴巴多斯议会曾就此进行讨论，最终通过了一系列法律（1708 年和 1733 年），旨在保护白人小农的生计，并控制奴隶的商业活动。[74] 牙买加也通过了类似的法律，但最终政府做出了妥协，因为这种做法利大于弊。实际上，奴隶在建立一个充满活力的内部贸易市场体系中继续扮演着重要角色，奴隶市场也在整个 18 世纪经历了多次立法调整后得以延续。[75]

正如前文所述，自留地除了其商业和生存功能外，还扮演着另一个重要角色。对于奴隶而言，耕作自留地唤起了他们对非洲传统农业方法和食物文化的记忆（例如种植、收获并在"山药仓"中储存山药）。[76] 自留地不仅是维持生存的保障，更是与故土的一种象征性连接。这些"作物使自留地成为非洲的延伸，这也是牙买加唯一一个奴隶可以自主决定种植和收获什么的地方，并且可以通过出售自己养殖的牲畜和种植的蔬菜参与到货币经济中"[77]。自留地也是奴隶发挥自主性、创造力和进行潜在反抗的空间：这些地方是"阴谋"发生的地方，无论字面意义还是隐喻意义上，都可以被视为策划的空间。[78]

然而，在西斯尔伍德的庄园里，奴隶们的自留地并没有为市场提供剩余的农产品，他也没有提到附近有奴隶市场供奴隶通过交易食品来补充他们的饮食。[79] 这意味着，至少在最初，"西斯尔伍德不得不适应奴隶们吃的食物，而不是像他在 1750 年 12 月 12 日那样，通过陆路运输，将大量美食送给附近的瓦萨尔家族，包括二十六只阉鸡、一只烤公鸡、二十只蛋鸡、三只未产蛋的母鸡、十六只小鸡、一只蛋鸭、两只雏鸽、一个甜瓜、十九个番荔枝等"[80]。然而，在 1755 年至 1756 年，西斯尔伍德开始记录食用根茎的匮乏，以及奴隶们为了寻找食物而离开分配给他们的自留地的情况。他在日记中记录了奴隶主的反应和报复。奴隶主认为奴隶的这种行为是对他们主要职责的背叛，而不是为了生存、保持健康劳动力的一种必要策略。例如，1755 年 2 月 25 日，西斯尔伍德"骑马巡视种植园……在午餐时间……看看谁在吃甘蔗（这是一种常见的禁忌行为，尤其是在饥饿和食物短缺时）。发现赫克托和布莱克在偷吃甘蔗，就鞭打了他们"[81]。然而，大约到了 1755 年 6 月 12 日和 13 日，西斯尔伍德似乎对奴隶的饥饿做出了稍微人道的回应。他写道："我给奴隶们每人发了一品脱的诺沃德[82] 玉米，每天三餐，每天还给一条鲱鱼。科沃、库本纳、莫尔、梅利亚等每人每天只有三根大蕉或一品脱玉米。"[83] 然而，这段记录是在食物短缺和干旱的背景下写的，当时牲畜由于缺乏饲料而四处游荡。在之前的记录中，西斯尔伍德提到自己曾多次前往城镇，但由于价格过高，他没有为奴隶购买食物。这揭示了种植园食物短缺的现实：种植园主试图将奴隶限制在特定区域内，而奴隶则完全依赖于配给的食物或在自留地上种植的作物。然而，一个关键的例外是奴隶之间的贸易以及岛屿间奴隶与自由黑人形成的内部市场网络，但这需要奴隶主允许他们离开种植园进行交易。在牙买加，有相当多的证据表明确实发生过这种情况。

17

到 1775 年，西斯尔伍德已经开始将自己庄园生产的食物供应给其他白人精英。1775 年 2 月，西斯尔伍德记录了他向西摩兰的高级治安官约翰·科普（John Cope）提供的食物："多只千鸟、一些豆子、十四根胡萝卜、十二根黄瓜、一大盘西蓝花、芦笋、六个青柠、一个西瓜、成熟的仙人掌果，还有大量的花。"[84] 他还在 1755 年 3 月 15 日的记录中，透露了他举办的一场盛大宴会："约翰·科普、理查德·瓦萨尔、威廉·布莱克等先生与我共进晚餐，一直待到晚上九点。科普先生还在我家过夜。我们品尝了丰盛的美食，包括羊肉汤、烤羊肉、西蓝花、胡萝卜、芦笋、炖泥鳅、烤鹅、木瓜、苹果酱、炖杂碎、瓦萨尔先生送的一些美味生菜、螃蟹、奶酪、甜瓜等等，佐以潘趣酒、黑啤酒、麦芽啤酒、苹果酒、马德拉酒和白兰地等饮品。"[85] 到了 18 世纪 70 年代末，"随着美国独立战争的进行，牙买加和英国其他殖民地的人们都面临着越来越严重的食物和其他必需品短缺"[86]。部分原因是其与英国的贸易受阻，以及失去了与北美殖民地的商业联系，特别是"咸鳕鱼、面粉和谷物等重要商品的供应问题"[87]。历史学家布莱恩·爱德华兹（Bryan Edwards）在回顾 1774 年之前的情况时评论说，这种贸易"并非为了满足虚荣心的怪诞需求，或是助长奢靡腐化的风气，而是为了给饥饿的人们（尤其是奴隶）提供食物……同时（供应木材），用作种植园的建筑材料以及两种主要商品——糖和朗姆酒——的包装材料"[88]。

道格拉斯·霍尔（Douglas Hall）指出，1779 年 6 月的一批货物"似乎至少暂时缓解了牙买加面临的食物短缺"[89]。然而，西斯尔伍德的记录中仅提到他最初收到了一些新鲜黄油，但由于食物短缺导致价格高昂，他放弃了在镇上继续购买食物。1779 年 7 月，他记录了购买大量食物的情况："两个半桶装的腌猪肉……

9 磅培根。两桶面粉……两桶黄油（65 磅和 64 磅）……两桶腌牛肉……三块英国布里斯托尔风味的精炼糖，每块重 26¾ 磅。"[90] 他还收到了大量来自北美的蔬菜种子，随后将它们种植到庄园里。1783 年，西斯尔伍德的庄园变得自给自足，食物供应也更加充足。他记录了庄园出售的农产品，包括"小牛肉、法国豌豆、羊肉、菜豆、野禽、芜菁以及其他物品"[91]。西斯尔伍德的"羊现在有 121 只；但他没有养牛……所以……圣诞节期间没有牛肉供应给奴隶。他给奴隶们每人发了大约 2 磅的咸鱼，以及常喝的朗姆酒，而他自己则去滨海萨凡纳地区的克莱门特·库克·克拉克（Clement Cook Clark）先生家用餐：'一顿丰盛的晚餐，配有红葡萄酒等各种佳酿，应有尽有'"[92]。1784 年，西斯尔伍德记录了一场更加奢华的晚宴（11 月 21 日）。[93] 而在 1785 年至 1786 年期间，他还记录了种植"西蓝花、皱叶甘蓝、卷心菜、花菜、生菜等"以及"杧果、荔枝、马德拉桃和面包果树"。[94]

　　1786 年，西斯尔伍德的奴隶再次经历了一段食品短缺和极度饥饿的时期。1786 年 7 月 20 日，他记录道："阿巴的玛丽抱怨饿极了。给了阿巴一美元以帮助他们。我敢肯定，我从未见过如此严重的物资匮乏。有钱也买不到东西。"[95] 到了 1786 年 7 月 31 日，他又写道："阿巴病了。她（玛丽）饿得不行。给了她一美元。"直到 1786 年 8 月初（2 日），西斯尔伍德才记录了各种食物的价格和供应情况，不过他没有说明是否购买了这些食物以及购买的数量："在滨海萨凡纳，现在玉米每夸脱一比特，大米每品脱一比特，大蕉四根一比特，小的六七根一比特。黄油按桶卖，每磅三比特。精制面粉每桶五英镑。牛肉每桶六英镑，猪肉每桶七英镑。"[96] 不久之后，雨季的到来似乎缓解了西斯尔伍德对奴隶和食物的部分担忧。然而，在极度食物短缺和奴隶持续饥饿的背景下，他在 1786 年 8 月 22 日的记录显得格外刺眼："大约上午 10 点，威廉·贝克福德（William Beckford）先生和詹姆斯·海（James Hey）先生来访，与我共进午餐，一直待到晚上。午餐有炖泥鳅和煎泥鳅，炖螃蟹和煮螃蟹，三盘虾，煮羊腿配酸豆酱（腌刺山柑酱），芜菁，西蓝花，芦笋，烤鸭，一道粗麦粉布丁，奶酪，西瓜，菠萝，柚子，潘趣酒、白兰地、杜松子酒、马德拉葡萄酒、波特酒、陶顿麦芽啤酒。"[97]

食物配给与奴隶饮食

希拉里·贝克尔斯发现，在 18 世纪的种植园账目和其他奴隶管理记录中，"食物配给没有性别区分，只有成年奴隶群体中基于等级或地位的差别"[98]。他指出这种做法的"不合理性"，因为比起家奴，田间奴隶可能需要更多的食物，这些奴隶往往是承担最辛苦工作的群体。贝克尔斯认为："种植园文化的规范表明，奴隶的食物摄入量是一个重要的身份象征，而精英阶层则部分通过更好的饮食来彰显自己的地位。由于在大型种植园中，每五十个女性奴隶中只有不到三名属于劳动精英，因此女性在职位分配中受到歧视，在食物配给方面也处于相对不利的地位。"[99] 贝克尔斯记录道，早在 1657 年，利根就曾提到过这种"配给劣质和不健康食物"[100] 的模式，并且认为配给的食物应该与个人的社会地位相匹配。此外，在种植园经济的初期，奴隶主们"还不了解非洲奴隶的传统饮食习惯"[101]。奴隶们也与白人契约劳工争夺"稀缺或不健康的食物"[102]。据利根记载，男性每周分得两条鲭鱼，女性则得到一条鲭鱼，还有一些大蕉。"如果有牛因为意外或疾病死亡……（白人）仆人吃牛肉，而奴隶只能吃皮、头和内

19

脏。"[103] 这种历史背景部分解释了加勒比地区一些传统菜肴的起源，例如炖牛尾、男士汤（即羊杂汤，被认为有催情效果——译者注）、布丁腌肉、鸡爪和猪蹄，这些菜肴几乎利用了动物的所有部位，没有任何浪费。如果马匹死亡，传统上会把整个尸体分发给奴隶食用。

到 18 世纪中叶，许多种植园开始更为系统地记录奴隶的食物配给。然而，贝克尔斯认为："在大多数情况下，主人们的这些说法往往被夸大，尤其是在 18 世纪 80 年代之后的所谓改善期。"[104] 种植园的食物配给情况因岛屿而异，取决于可利用的空间。在巴巴多斯，奴隶通常比其他岛屿的奴隶得到的谷物和鱼更少。直到 18 世纪下半叶，奴隶饮食才开始在不同的英属加勒比殖民地之间趋于标准化[105]，尽管食物配给仍然受到季节性变化的影响。根据一位 18 世纪 70 年代至 80 年代初居住在巴巴多斯的英国人迪克森（Dickson）的记载，田间奴隶"从未品尝过，或者至少不被允许食用屠宰的牲畜肉、牛奶、黄油或任何新鲜的动物性食物（有时候禽类除外）——只有当这些食物价格低廉时，他们才有可能获得"[106]。然而，贝克尔斯认为，迪克森对奴隶食物质量和营养价值的评估，以及他对奴隶死亡率保持稳定（而非随季节或周期波动）的记录，表明我们有必要对种植园主的陈述持保留态度。[107] 种植园主的"说法可能受到来自宗主国负面评论的影响，通常带有宣传的成分"[108]。由于种植园奴隶制的存在，"在许多种植园，尤其是在经济困难时期，奴隶们被迫从事繁重的体力劳动，例如锄地和除草，而妇女们则不得不自行解决温饱问题，这迫使许多人依靠偷窃来维持生计"[109]。也有证据表明，在一些种植园中，奴隶们只有在食物紧缺时才会得到食物配给，否则他们只能依靠乞讨、偷窃或从邻近种植园"借"食物以维生。[110] 事实上，据称 1774 年发生在巴巴多斯圣菲利普庄园的监工被杀事件，很可能正是由于其拒绝给奴隶配给食物而发生的。

　　关键是，饥饿和食物短缺可能对奴隶的身体造成严重后果，一些评论家所记录的奴隶外貌的季节性变化就是明证。贝克尔斯记录了查尔斯·波顿（Charles Botton）1741 年在巴巴多斯的科德灵顿庄园的观察："由于食物匮乏，奴隶们无力完成日常工作，因此遭受主人的催逼和鞭打，身心俱疲，苦不堪言。他们被迫逃亡，被迫偷窃……这摧垮了他们的意志，并使他们容易感染许多疾病，而这些疾病往往是致命的。"[111] 贝克尔斯总结道："这句话完美地体现了饥饿、惩罚与犯罪这三重困境，奴隶被困其中。奴隶主不断抱怨奴隶偷窃，奴隶抱怨食物不足，纠察逃亡问题的法律官员[112] 则抱怨奴隶主控制不力。"[113] 总而言之，"大多数奴隶在 1838 年解放之前长期忍受着恶劣的食物……平均每天只能从进口食品中摄取约 500 卡路里的热量……并且严重缺乏动物蛋白"[114]。

城市奴隶食物

　　佩德罗·韦尔奇（Pedro Welch）在他对 1680 年至 1834 年布里奇顿的奴隶社会的研究中指出，"城市中的贫困奴隶尤其容易遭受食物不足和营养不良的困扰"[115]。这部分是因为许多贫穷的白人只拥有建房用的土地，没有足够的空间为奴隶提供自留地。然而，韦尔奇也承认，"城市奴隶的生活条件存在很大差异"，例如在城市中，"奴隶们可能比乡村的同胞更容易获得进口水果和新鲜鱼类"。[116] 根据迪克森当时的记载，居住在乡村的奴隶不允许吃"除了飞鱼之外的任何动物食品"[117]。韦尔奇还指出，奴隶有两种补充食物的途径：捕捉地蟹和偷窃食物。当时，许多白人相信奴隶之间存在一个活跃的黑市。[118] 这种观念的出现与政府当局试图限制城市市场上黑人小贩（即所谓的"叫卖小贩"）的活动密切相关。此外，大量证据（以及一些文学作品的创造性演绎）表明，无论是家奴还是白人仆人，都有偷窃食物的行为。[119] 其他类型的奴隶，例如那些被雇佣到不同种植园的奴隶，其饮食和食物供应情况可能差异很大，而且通常更糟；当然，白人记录中声称奴隶能够"像王子一样生活"的说法显然是极度夸张的。[120]

21

面包果、芋头、阿奇果及其他引入的食用植物

面包果是为了给奴隶提供持续营养而引进的最重要食物之一。面包果最早于 1598 年由梅达纳·德·纳伊拉（Mendana de Nayra）"发现"，而在此之前，海盗们就已记录过它的存在。1685 年，航海家威廉·丹皮尔（William Dampier）发现在关岛和其他波利尼西亚岛屿上，人们种植面包果并将其制成一种类似"面包"的食物。正如桑德拉·巴恩斯（Sandra Barnes）所说：

　　它（面包果树）被认为是解决英属西印度群岛奴隶饥荒和营养不良问题的理想粮食作物。18 世纪的一系列飓风摧毁了该地区自留地种植的大蕉、玉米和根茎类作物。此外，由于美国独立战争的爆发，奴隶的食物供应被切断，只有英国船只被允许供应食物。1752 年，威廉·布莱（William Bligh）作为皇家海军"邦蒂号"的船长首次尝试收集面包果，但众所周知，此次航行以失败告终。直到 1793 年，布莱才跟随皇家海军"普罗维登斯号"再次尝试，成功将面包果引入英属

西印度群岛。[121]

面包果于1793年1月被引入圣文森特岛，随后在2月进入牙买加。具有讽刺意味的是，尽管面包果在加勒比地区生长良好且迅速繁殖，奴隶们却将其视为一种陌生而不受欢迎的食物，通常只用来喂猪。直到奴隶解放之后，面包果才逐渐成为自由农民社区，尤其是乡村地区的重要食物来源。然而，即使在解放之后，人们对它的接受度仍然不高，通常只有在"艰难时期"才会食用。[122] 巴恩斯指出，圣文森特岛和牙买加这两个最早引进面包果的加勒比岛屿，都将烤面包果纳入了各自的国菜：圣文森特岛将其与炸马鲹搭配，牙买加则将其与阿奇果烩咸鱼搭配，这一演变耐人寻味。圣文森特岛的一句谚语形象地反映了面包果的重要性："家有一棵面包果树和一个好妻子，我一生就不必再工作了。"

小贩、厨师与仆人

现有关于西斯尔伍德日记的研究主要集中在他与菲芭——一位他在葡萄园庄园遇到的奴隶女性——之间的性关系。菲芭最终为他生了一个孩子。然而，在本研究中，菲芭的重要性远不止于此，她不仅是一位"专家小贩"，即在每周或每月的市场上与其他庄园的奴隶交换食物的女性，还是西斯尔伍德的首席厨师，负责他的饮食，最终也关系到他的生存。菲芭了解主人及其朋友的饮食偏好，这让她在当地市场交易时更具优势。夏洛克和贝内特（Sherlock and Bennett）认为，"'higgler'（小贩）这个词源自英语中的'hack'和'haggle'，意为与摊贩讨价还价。'小

22

贩'是连接偏远小农与市场的桥梁，通常是附近街坊或邻近地区的妇女；小贩会步行收购农产品，然后拿到集市上去卖"[123]。特雷弗·伯纳德认为："菲芭的影响力仅限于厨房，西斯尔伍德认为她的权力不及在农田里干活的奴隶。然而，在厨房里，菲芭可以根据自己的判断惩罚或宽恕奴隶。"[124] 西斯尔伍德对菲芭的性兴趣可能与她在他家中扮演的重要角色有关，因为厨房是种植园大宅中规训体制下服从和颠覆交织的关键场所。除了奴隶经常偷窃食物的现象——这一问题早在 1774 年就已被爱德华·朗抱怨过，在 19 世纪 30 年代，如卡迈克尔夫人和马修·刘易斯（Matthew Lewis）等评论者也进行类似的指责——种植园主们还极为担忧奴隶厨师可能会对他们下毒。[125] 在巴巴多斯的科德灵顿庄园，1781 年，共有十六名女仆和三名男仆，其中三名是厨师："莫尔为白人家庭做饭，安希拉和夸什巴为'黑人和混血儿'做饭。"[126] 然而，到访巴巴多斯的游客也注意到："无论城镇还是乡村，家庭仆人的数量都远远超过了实际工作所需。这种情况可以从仆人的社交和性功能方面来解释。"[127]

19 世纪初，卡迈克尔夫人在描述她在圣文森特岛和特立尼达岛遇到的黑人仆人时写道："在家时，我听过许多关于西印度群岛奢华生活的传闻，听说那里的黑人仆人非常聪明能干。我期待他们不仅能完成任务，还要做得干净利落，甚至有一定的品位；但我在看到那些菜肴时，却惊讶地发现它们毫无章法。我总是忍不住想去整理那些摆放得乱七八糟的盘子。"[128] 她的观察暗示了奴隶可能存在的抵抗行为，这与一些客人携带大量随行仆人，从而无意中为偷窃食物和饮料提供机会的情况相吻合。卡迈克尔夫人还察觉到：

仆人们工作时几乎没有任何安排、合作或协调，唯一的共识似乎就是偷窃。一瓶酒刚打开，就会被某只巧手顺走，毫不担心被发现，也不觉得羞耻，直接从窗户递给外面等候的人。[129] 简而言之，仆人们的嘴里几乎一直塞满了食物；他们都忙着抓住一切机会（偷吃），以至于如果不是绅士们反复大声呵斥，女士们的餐盘恐怕永远也不会被更换。[130]

纳撒尼尔·威克斯的《巴巴多斯，一首诗》（1754）

23

关于巴巴多斯的盈利能力和自然富饶，纳撒尼尔·威克斯（Nathaniel Weekes）的记述引人注目，尽管其中不乏理想化的成分。巴巴多斯是第一个开始大规模种植甘蔗的英属加勒比岛屿。威克斯曾在18世纪中期到访巴巴多斯，他的这首长诗于1754年在伦敦出版。这是从18世纪40年代开始出现的一系列由当地作者创作的文本之一，这些文本旨在重塑并恢复该岛的白人历史和声誉。[131] 在此之前，巴巴多斯常常被视为经济衰退的地方，尤其对新来者而言，这里被认为是对健康危害最大的地方，因为一连串的热病一直困扰着该岛。本诗的第15节开头展现了食物和饮料在诗人积极重塑岛屿形象的过程中所起的核心作用：

> 土地虽小，但价值非凡；
> 你每年究竟产出多少巨额财富？
> 难以置信！……
> 你的贸易如此庞大，
> 而且你的产量还在不断增长。[132]

值得注意的是，文中提到的首批商品便是食物和饮料：

> 腌菜、蜜饯、坚果和果酱，
>
> 全世界都在为你歌唱；
>
> 没有这些馈赠，
>
> 英国的餐桌将会怎样？
>
> 为了增进食欲，你提供杧果、
>
> 岩生的海蓬子、青椒；
>
> 还有那著名的椰菜（椰菜树）；它的母树，
>
> 高耸入云，雄伟的树干直指天空……[133]

在第 16 节，继对柑橘和其他"异域"水果的赞美之后，威克斯转而谈到饮品：

> 那些著名的琼浆玉液（巴巴多斯之水），
>
> 谁人不知？喜爱之人尽管为之喝彩。
>
> 酸模汁以及番石榴的浓郁果酱，
>
> 无与伦比；愿它们永远取代
>
> 你心中的烈酒，让世人为之唾弃。[134]

24 　　在第 35 节，他强烈抨击那些"使感官沉醉、心灵迷乱、血液沸腾的饮品"，并总结道："我厌恶它们，但愿它们从未存在过。"相反，他推崇"清澈、纯净、清冽的泉水"。也许最不寻常的是，他不仅赞美本地和进口的食品，在第 38 节，他还描述了食物的适时保存和制作，并呼吁：

准备吧，家庭主妇们！现在就开始行动，

制作你们的腌菜和蜜饯吧。

大柑橘、香橼和青柠，

还未成熟就需要你们抓紧时间，

需要你们全力以赴；橙子

和菠萝（尽管未被重视），也是极好的水果，

都值得你们辛勤劳作；无论是生的还是熟的，

它们总能制成美味的甜点，

即使国王也赞不绝口。[135]

接下来，他赞美了"甘美的糖"、腰果及一些水果（第39—44节），并更详细地描述了甘蔗的优点和制糖的过程（第55—61节）。关于咸味食物，他也滔滔不绝，提到了山鹬、雉鸡、鹬鸟（沙锥或丘鹬），以及多种海味——鲷鱼、鲻鱼、舵鱼、鳅鳅、海螺、小龙虾、海龟和海胆，海胆至今仍是巴巴多斯的珍馐（第46节）。在第39节以及第47和48节中，他细致地描述了海龟的捕获、处理和烹饪过程，第48节专注于烹饪，而第49节则讲述了上菜和摆盘。他对烹饪过程的描写尤其引人入胜，其详尽程度堪比一份食谱：

厨师被传唤来了；

众人七嘴八舌，急切地表达着

自己的口味偏好；

而他们最后总是不忘补上一句："好好做。"……

四处是忙碌的身影：

有的在削柠檬，有的在切洋葱，

> 有的把黄瓜剁成碎末，
>
> 另一些人则倒入浓郁的马德拉葡萄酒，
>
> 将所有食物混合在一起。（第 48—49 节）

食客们一边饮着烈酒，一边"饥肠辘辘，胃口大开，厨师被频繁的催促和抱怨弄得焦头烂额"（第 49 节）。厨师终于出现，他"哼哧哼哧"扛来一盘"热气腾腾的美味佳肴"。席间，众人对不同的部位和烹饪方式评头品足，各抒己见。这一部分最终以明确的道德说教收尾：

> 节制饮食，切勿暴饮暴食，
>
> 以免伤身。
>
> 食物于我们，攸关生死，
>
> 全在于如何食用。

简而言之，饮食不仅关乎健康，更关乎生死。

爱德华·朗的《牙买加史》（1774）

爱德华·朗和西斯尔伍德是同时代人，但背景迥异。朗出生于英格兰，其家族在牙买加拥有种植园。朗从 1757 年起居住在牙买加，直到 1769 年出于健康原因永久返回英格兰。他成为英国社会名流，并在 1774 年出版了颇具争议的三卷本《牙买加史》，其核心内容包含白人至上主义和种族多元论（该理论主张非洲人有着不同的起源，属于与白人截然不同的物种）。朗的《牙买加史》意义深远，但就该书研究而言，其价值尤其体现在对岛上植物——包括农作物，以及18世纪中后期牙买加白人精英和其他族群饮食习惯的详尽描述。

朗论犹太饮食传统

在《牙买加史》第二卷中，朗评论了牙买加的犹太社群，但字里行间逐渐流露出反犹情绪：

> 这里的犹太人异常健康长寿，尽管他们常吃咸鱼之类的食物，而这类食物通常被认为不利于健康；而且他们大多数人售卖腐败的咸黄油、鲱鱼、牛肉、奶酪和鲸油；这些散发着恶臭的商品堆放在一起，足以污染他们呼吸的空气。远远就能闻到他们的商店散发出来的气味；在这个城市（金斯敦）中被称为犹太人市场的地方，整条街都是他们的房子，不断散发着恶臭。[136]

对朗而言，犹太人的食物不仅奇异陌生，更是令人厌恶。他的措辞揭示了"异类"令人不悦的一面：一种不健康、令人厌恶的"他者"，必须被视为有害的、应当被排斥的存在。尽管如此，金斯敦的犹太人在朗的记述中似乎依然健康长寿，这点或许显得有些自相矛盾。朗特别提到"咸鱼"是这个群体的主要食物，这一点耐人寻味，因为在人们的观念中，腌制鱼干往往被视为低等食物，甚至与"奴隶食物"画上等号。在克里奥尔白人看来，咸鱼远不如鲜鱼高档，然而有趣的是，奴隶们往往偏爱它在烹饪中所呈现的浓郁风味。[137]值得注意的是，咸鱼至今仍是许多当代非裔加勒比食谱中的常见食材，例如牙买加的国菜——阿奇果烩咸

26

鱼。这一食材还在欧洲犹太社区（尤其是葡萄牙）及犹太流散社群的饮食传统中具有悠久的历史。

朗对犹太人的认可似乎仅限于一个方面："这些人自律节制，很少见到酗酒的犹太人。他们尤其偏爱纯净的饮用水，大多数人喝不加任何东西的水；其他人也只是添加极少量的朗姆酒。"[138] 他总结道，这个群体之所以"健康长寿"，要归功于诸多因素，其中之一就是他们"极少饮用烈酒"：

> 他们非常喜爱大蒜，几乎所有酱汁都会用到大蒜，而大蒜被认为是极佳的防腐剂；他们也喜欢喝巧克力饮料。较为富裕的犹太人通常以鱼类为主食；毫无疑问，他们严格遵守的宗教信仰，在一定程度上帮助他们避免了暴饮暴食。我认为，他们的健康长寿以及旺盛的生育能力，或许都应归功于……早睡早起，偏爱大蒜和鱼类，严格遵循摩西律法选择健康的动物性食物，食用大量的糖、巧克力和营养丰富的水果，以及定期进行宗教净化和禁食。[139]

纵观全文，朗的描述更显严谨。他不仅认识到犹太饮食律法（Kashrut）的核心地位，还特别提及鱼类和大蒜对健康的益处。此外，鉴于糖在当时是一种珍贵且象征地位的商品，它出现在健康饮食清单上也在情理之中。

"营养汤"和"烈酒"：
朗论"自由黑人""混血人"和"土生白人"的饮食

朗还评论了"自由黑人和混血人"，认为"他们的饮食相对粗糙，也不那么排斥烈酒；因为无论男女都经常醉酒"。[140] 他如此解释这种现象："但他们的生活方式更为艰辛；他们更多地从事户外活动，这使得他们更具韧性；他们的职业或娱乐活动使他们能够持续运动，从而避免了饮食过量带来的困扰。"[141] 朗用"更具韧性"来形容这些人，在现代听来或许有些不妥，这也表明他深受人种多元论主导的种族主义思想和语言的影响。然而，朗随后描述了这些群体的某些"偏爱"的食物，这在一定程度上使他们与朗自身的种族以及"土生白人"群体更为接近。他描述自由黑人和混血儿的饮食"主要由营养丰富的肉汤组成，其中豆类和其他蔬菜是主要成分。他们也非常喜欢清水和巧克力；他们有吸烟的习惯，并且食用大量本地产的辣椒"[142]。朗对"土生白人"的描述略显简略，但他还是提到："那些不酗酒的（土生白人）也同样健康长寿。"[143] 朗认为："在生活方式上，居住在这里的英国人与他们家乡的同胞并没有太大差异，只是这里的菜肴更加丰富多样，仆人更多，穿着也更奢华。"[144] 他还提到：

> 总的来说，西班牙镇的羊肉比金斯敦的要好，而牛肉则要逊色一些。金斯敦的牛肉来自（牙买加）科克皮特地区肥沃的牧场，那里的肥牛品质在美洲首屈一指。西班牙镇的羊……虽然个头小，但却肉质鲜美，肥而不腻。市场供应也很充足，包括海鱼、河鱼、黑蟹、牙买加牡蛎、各种优质家禽、牛奶、蔬菜和水果，涵盖西印度群岛和北美品种。[145]

"纯正爽口……强身健体"：与军队有关的饮料

与巴巴多斯等其他岛屿一样，当时的牙买加也驻扎着大量军队。朗记录了士兵们的口味和饮食，这是一种融合了欧洲饮食传统和加勒比克里奥尔风味的混合形式。关于饮料，他评论道：

28 　　　对于这些从寒冷地区来到热带地区的士兵来说，最健康的饮料是糖水，可以根据个人喜好适量添加陈年朗姆酒；不过，最受欢迎的饮品是由许多自由的黑人和混血女性制作的一种清凉饮料，以低廉的价格出售给士兵。这种饮料的制作方法是将糖、愈疮木屑[146]和生姜混合在热水中浸泡，然后用一段新鲜采摘并咀嚼过的木棒[147]进行搅拌发酵；由于木棒中含有大量气体，它能迅速产生丰富的泡沫，并赋予饮料一种微苦却十分爽口的滋味。经过冷却和过滤后，这种饮料口感纯正，清爽宜人，而且非常健康。[148]

朗还注意到，像"大蕉、山药和木薯面包"这样的本地种植和制作的食物，不仅"营养丰富、有益健康"，而且"一段时间后，大多数士兵不再偏爱面包或饼干作为主食，而是更喜欢这些食物"，更重要的是，这些食物"价格低廉"。[149]这种饮食习惯的转变引人注目，它表明，选择加勒比克里奥尔食物而非进口的欧洲或北美食物的群体，已不再局限于种植园主阶级，而是扩展到了更广泛的社会阶层。这种被广泛接受、营养丰富且有益健康的饮食，显然给朗留下了深刻的印象，他继续详细描述道："土豆和芋头的营养价值也同样很高。半磅在英国被称为'边角料'的牛肉（由较粗糙的部位组成），搭配这些根茎类食物，以及当地常见的可食用草本植物，例如卡拉萝、秋葵等——这些植物随处可见，供应充足——再添加少许乡村辣椒调味[150]以促进消化，这样一顿饭对于一两个人来说就非常健康且营养丰富了。"[151]

"王子与奴隶"：奴隶的饮食

朗对奴隶饮食的描述耐人寻味。其尽管比西斯尔伍德的描述更详尽，但可靠性可能更低，因为他描绘的景象相对富足。朗过于简单地概括了种植园里奴隶和契约劳工的饮食经历。他声称："玉米、棕榈油和少量臭鱼，是（牙买加）王子和奴隶的日常饮食；只不过，奴隶会尽可能地用'生命之水'（烈酒）和棕榈酒来犒劳自己。"[152]他继续说道："如果他们没有新鲜的肉，每年会分配四桶腌牛肉，还有相应比例的面粉或面包；但通常他们的配给不受严格限制。而工匠和级别较高的劳工则与各自种植园的监工同桌用餐，除非监工决定另设餐桌。这种情况通常出现在规模非常大的种植园，这类地方除了早午餐，很少吃咸肉。"[153]

朗还观察到，几乎所有奴隶都会饲养"猪和家禽"，捕捞"鲜鱼"，种植"水果和根茎类作物"。[154]然而，目前尚不清楚奴隶是否真的会食用除了鲜鱼[155]和根茎类作物以外的其他食物。但大量文献记载表明，根茎类蔬菜，或称"食用根茎"，是奴隶饮食的主要构成。众所周知，奴隶通常被允许在自己的自留地上种植粮食作物，许多记录都描述了奴隶利用星期天打理这些自留地。在其《牙买加史》第三卷中，朗详细列出了岛上的动植物。关于大蕉，他如此评论道："黑奴通常将大蕉和咸鱼、牛肉或猪肉汤一起烹煮，认为这种组合是一种非常滋补强身的食物。"[156]关于鳄梨，他写道："鳄梨是黑奴最喜爱的食物，常常成为那些懒惰、不愿在地里种植其他作物的奴隶的唯一食物来源。"[157] 然而，这种关于奴隶懒惰的刻板印象并不可靠，尤其是考虑到普通奴隶（特别是田间奴隶）所承受的长时间、高强度劳动，这种说法显然需要进一步商榷。[158] 朗对奴隶身体最恶毒、最具种族主义色彩的攻击之一体现在他对食物、烹饪方式和进食方式的描述中。他反复提及早在哥伦布与美洲原住民初次接触之前就存在的关于食人或同类相食的古老谬论，即"黑人曾被发现津津有味地饮用敌人的鲜血。在贝宁、安哥拉和其他王国（这些地方他从未踏足），直到今天，他们还喜欢吃猴子、狗、腐肉、爬行动物以及其他通常被认为不适合人类食用的食物，尽管这些地方并不缺乏猪、羊、家禽、鱼以及各种野味和飞禽"[159]。在这里，朗援引了一系列众所周知的欧洲饮食禁忌，故意将黑人描绘成"异类"和令人厌恶的"他者"。在朗看来，非洲人的饮食方式不符合人性。这种殖民时代的焦虑往往催生出对非洲人刻板印象的构建，认为他们不仅野蛮，甚至具有潜在的性威胁：

> 他们的举止极其粗鲁，饮食习惯很不卫生，几乎生吃各种肉类，即使肉已经腐烂变质、生蛆，也照吃不误……（腐烂的鱼散发出的恶臭）对他们似乎毫无影响，反而显得可以接受，甚至乐在其中。吃饭时，他们用手撕扯肉块，大口塞进嘴里，狼吞虎咽，如同野兽一般。他们不用餐巾、刀叉、盘子，也不用碟子，往往直接蹲在地上就吃。[160]

食物等级：进口与本地

有趣的是，朗记录了牙买加食物供应的季节性变化，以及对进口商品的长期依赖。他写道："当城里人多的时候，市场供应十分充足；而在其他时节，供应则显得较为普通。"[161] 他提到，市场"供应了充足的海鱼、河鱼、黑蟹、牙买加牡蛎、各种优质家禽、牛奶以及来自西印度群岛和北美的蔬菜、水果。面粉大多来自纽约，品质世界一流；面包也非常优质"[162]。然而，他对一些进口商品的质量并不满意，评论道："从爱尔兰的科克与北美进口的黄油实在不敢恭维；当地居民已经习惯了它，即使它有时腐臭得令人作呕，反复清洗也无法去除异味，但他们对此并不介意。"[163] 朗认为这种黄油本可以在当地生产，但正如今天的情况一样，他意识到这种向本地化转变的努力实际上受制于价格与口味："进口黄油价格低廉……而且供应充足，再加上长期以来的使用习惯，这可能是当地居民不太愿意改变的原因。"[164] 这种进口黄油的味道显然并不令人愉悦。"对于一个来到此地的欧洲人来说，刚开始很难适应餐桌上这种刺鼻的东西。我知道许多人刚从牙买加到英国时，也无法忍受新鲜黄油的味道；我还听说过一位女士，她在刚到英国的头几年，经常定期从牙买加订购爱尔兰黄油：因为它与我们长期适应并习惯的口味截然不同。"[165]

"船上的饼干只配喂猪"：珍妮特·肖的《贵妇日记》（1774—1776）

珍妮特·肖是一位来自爱丁堡的贵族妇女。1774 年，她和哥哥亚历山大·肖（Alexander Schaw）一起前往西印度群岛和英

国的南卡罗来纳殖民地。她的匿名日记在多年后才被发现，并于
1921年出版。这部作品具有重要的历史价值，因为它不仅记录了
美国独立战争前后美洲殖民地的生活，也反映了17世纪和18世
纪苏格兰人向新世界移民的浪潮。正如《贵妇日记》20世纪的编
辑所说，"无论这些苏格兰人身在何处……他们都会营造出苏格
兰式的生活氛围"[166]，并热情款待其他苏格兰同胞。肖的日记引
人入胜，详细描述了航行途中船上的食物短缺，以及她所访问的
加勒比岛屿上白人精英的饮食习惯。肖的日记中最有趣的部分之
一是她对罗伯特的描述："罗伯特是肖先生的东印度仆人。当船
上的牲畜和食物被冲入海中，乘客们面临挨饿的风险时，罗伯特
几乎以一种神奇的方式弥补了菜单上的不足。"[167] 罗伯特（有时
被称为"黑人罗伯"）提供了一些不同寻常的东印度菜肴。此外，
罗伯特不仅展现了非凡的适应能力，还在困境中为肖一家及其随
行人员提供了出色的烹饪服务。在肖的旅程描述中，罗伯特救急
做了一锅"极其美味的鸡汤"："罗伯特出去了，没过多久，他就
端着一碗美味无比的鸡汤回来了，这对于饥肠辘辘的人来说是莫
大的安慰；如果你以后再出海旅行，记得罗伯特的食谱……罗伯
特用茶杯把汤分给大家，每人一小杯，大家都还想再要，于是他
的汤几经改良，最终演变成了让所有人都大饱口福的美味。"[168]

在日记的开头部分，肖讲述了他们"很不幸地把面包的供
应任务交给了船东，但船上竟然没有一块饼干能吃，只配喂
猪"[169]。当他们还在苏格兰群岛附近时，船长曾承诺"各种家
禽……还有鸡蛋、上佳鱼干和世界上最好的卷心菜"[170]。但最终
什么也没兑现。随后，船遭遇了一场猛烈的风暴，损失了"我们
的鸡笼和所有家禽……船上的厨房以及所有炊具，还有一桶上
好的腌牛舌和十几只火腿"[171]。因此，"无法做饭，也无法生火，

他们唯一能依靠的食物就是一些生土豆和少量发霉的牛腩"[172]。然而，"我们那位忠诚的男仆"罗伯特及时出现，拯救了大家，他"在风暴来临前，聪明地提前煮了一大块火腿，还备好了一些酒和饼干"。[173]肖发现，乘客实际获得的食物供应与他们要求以及被承诺的相去甚远：

> 最后，我恳求他们告诉我船上到底有什么食物，结果大失所望：整艘船的食物储备仅仅是几桶所谓的牛脖子肉或边角料，还有一些新英格兰猪肉……燕麦、臭鲱鱼，坦白说，最好吃的竟然是土豆。如果我们的货物没有丢失，我们本不会发现船上食物如此匮乏，因为我们原本有足够的食物可以维持下去。但现在我们该怎么办呢？我们的卷心菜、胡萝卜都吃完了，但还有几颗——罗伯特机智地把它们放在一个地方，让它们继续发芽，为我们提供一些绿叶蔬菜和沙拉，这对我们来说是无上的美味。你必须横渡大西洋，才能真正理解我们现在对这些食物的珍惜和享受。[174]

幸运的是，他们发现自己还有一些基本的食物供应，此外还有"船长偶然藏下的一些非常好的鳕鱼干"。肖提到，"玛丽和罗伯特每天用这些食材做出非常美味的菜肴"[175]，而她最喜欢的菜是"炖杂烩"，这道菜是"用咸牛肉做的，先把牛肉用绳子挂在船舷外，晾至气味稍微减轻后，切成小块，放入土豆、洋葱和胡椒，再加适量的水，炖一段时间"[176]。相比之下，肖记录了船上较贫困的"移民"们的饮食，他们的食物包括燕麦片、"变质的猪肉"、"发霉……腐烂……变质的牛胸肉"，以及少量难以入口的"咸水"。[177]

32

在吃了几顿炖杂烩、飞鱼和领航鱼之后[178]，肖对"安提瓜岛原住民的好客和礼貌"深表感激，他们"送来了岛上所能提供的一切……菠萝、柑橘、葡萄、珍珠鸡和上好的牛奶。其中，牛奶是所有食物中……最奢侈的享受。我们喝了茶，晚餐极其丰盛；你必须饿上五个星期才能真正体会到这种享受的意义"[179]。肖还记录了她品尝到一种"他们称之为桑格里酒的饮料，这是一种用马德拉葡萄酒、水、糖和青柠汁调制的非常清爽的饮品"[180]。她描述了在加勒比地区的第一顿晚餐：

> 菜肴种类繁多，包括羊羔肉、禽肉、猪肉以及各类（比目）鱼……这些食物风味各异。肉类的烹调十分讲究，尽管只使用了来自爱尔兰或英国的黄油，但得益于娴熟的烹饪技巧，肉质依然鲜嫩可口。虽然没有海龟肉可供享用，（我们的女主人）对此感到些许遗憾，不过她告诉我，日后我将有机会品尝到大量的海龟肉，甚至可能会吃到厌倦。甜点的精致程度更胜主菜，餐桌上摆满了各类世界上最为美味的水果，让我们尽情享用。[181]

关于饮酒，肖记录了"敬酒"的习俗，即主人与餐桌上的每个人碰杯。她观察到，尽管她的主人喝的是兑水的马德拉葡萄酒，但年轻的女士们只喝"兑水青柠汁"。[182]在一次难得的叛逆中，肖接受了主人的建议，认为年轻女士们的做法实际上是一个"坏榜样"，而且"兑水的马德拉葡萄酒并不会对身体有害"。于是，她决定打破这种看似毫无道理的习俗，与主人碰杯，并喝下了一大杯"我喝过的最美味的马德拉葡萄酒"。[183]

在岛上，肖观察到当地居民的客厅"直接通向街道，门窗始终敞开"，并且"他们的餐桌丰盛无比"。[184] 肖对白人精英奢华的饮食表达了两种看法。她批评了那些不负责任的种植园监工，认为他们"趁着主人疏于管理，自己过得像王子一样，每天享用着即使在英国最奢侈的场合也难以享受到的奢华美食"[185]。至于加勒比地区种植园主们那传奇般的慷慨好客，肖则以一种俏皮的口吻问道："我们为何要责怪这些人奢靡呢？既然大自然如此慷慨地向他们敞开怀抱，赋予了他们能够享有的一切，那么他们若不尽情享受，岂不是辜负了这份恩赐？"[186] 肖认识到奴隶在小商贩市场中扮演的核心角色。他们是"唯一的市场商贩，没有其他人会去卖东西。周四是赶集日，但星期天才是交易最热闹的一天，因为那天他们可以自由支配自己的时间"[187]。奴隶也"饲养家禽，种植水果和蔬菜"，她期待着去参观"一个黑人村落"[188]。对肖来说，奴隶们去赶集"是她见过的最美丽的景象之一"[189]。

"辛辣之物"：J. B. 莫顿的《西印度习俗与礼仪》（1793）

J. B. 莫顿（J. B. Moreton）于世纪之交前往牙买加，并于1793 年出版了他的游记。同年，塞缪尔·奥古斯都·马修斯（Samuel Augustus Mathews）在伦敦发表文章反驳，名为《伪君子，或对 J. B. 莫顿〈风俗与礼仪〉一书的回应》。莫顿的记述深受他的基督教信仰和改良主义观点的影响。书中有大量篇幅讲述了糖的生产工艺。然而，他还观察到当地饮食文化的重要元素。和早前的沃德一样，他特别注意到了辣椒锅在当地文化中的核心地位。他的描述带有一种戏谑而理想化的笔调：

> 当辣椒的热辣和烈酒让他的血液沸腾时，

他一把搂住夸希巴（一位女奴），

被撩拨的美人儿感到愉悦，随即拿起她的锄头，

一边劳作，一边歌唱，直到夜幕降临——塔霍，塔霍。[190]

在他的描述中，西印度群岛的土著居民将辣椒锅视为一种具有春药功效的食物，但他也提到，这种食物最终会"损害身体"。将食物与健康联系起来，是早期加勒比地区食物记述的典型特征之一：

> 无论已婚与否，女士们都擅长为丈夫或情人烹制这道菜。辣椒锅的做法是将切片的腌猪肉或牛肉，与切碎的鸡肉、秋葵、红薯、大蕉、卡拉萝以及大量的红辣椒一起炖煮。这道辛辣的美味佳肴香气扑鼻，被认为是强烈的催情食物。人们相信，辣椒锅不仅能增强体力，还能激发情欲。然而，在我看来，尽管它确实能激发热情和欲望，却也可能有损健康。因为这道菜过于刺激，强行违背自然规律，必然导致精气过度消耗，所以这里的人体弱多病也就不足为奇了。[191]

尽管如此，莫顿仍然对当地丰盛的食物印象深刻。他是最早记录烤猪肉的人之一，他注意到马隆人（逃亡奴隶）已经吸收并改进了美洲原住民腌制和烧烤肉类的传统。这一烹饪传统不仅在当时被保留下来，还延续至今：

> 丛林中栖息着大量的野牛、野猪和一些鹿。我曾经猎杀过一头肥牛，也经常猎到野猪；后者用马隆人的方式烧烤后非常美味。这片土地极其肥沃，盛产大量的水果和蔬菜，例

34

如香橼、石榴、塞维利亚橙和中国橙、甜酸柠檬、青柠、葡萄、百香果、菠萝、星苹果、人心果、樱桃、李子、罗望子、梨、椰子、香蕉、西瓜、香瓜、西番莲、番石榴等等，以及豌豆等各种豆类、卷心菜、生菜、萝卜等等，还有印第安玉米和高粱、山药、大蕉、木薯等等。[192]

与一个世纪前西斯尔伍德所记载的食物匮乏不同，莫顿注意到奴隶自留地的丰饶物产，以及内部"小商贩"市场体系的成功运作："几乎所有奴隶都能在自留地上种植大量的水果、根茎类植物和蔬菜，远远超过自身所需——大多数人的地里都种满了作物——他们用这些农产品换取面包、咸肉、腌鱼、鲭鱼等。他们还饲养大量的鸭子、珍珠鸡等家禽，实际上，许多市场几乎完全由他们供应。"[193]莫顿还提到了腌制肉类和鱼类这一重要的保存方法。然而，由于当地鱼类不太适合腌制，大部分鱼类实际上是从北美进口的。[194]

在这些早期的记载中，我们可以看到克里奥尔化和文化适应的过程：奴隶们将他们源自非洲的饮食文化融入新的加勒比环境中，而白人则通过他们的黑人厨师，采纳了传统的汤类和淀粉类菜肴，例如被称为"黑人煲"的菜肴。接下来一个世纪里，来自东印度、中东和中国的契约劳工将带来新的影响、香料和烹饪器具。

注　释

35

1. Candice Goucher, *Congotay! Congotay!* (New York and London: M. E. Sharpe, 2014), 64.

2. 还有少量奴隶叙事未被收录，因为它们较少关注食物，而此书却是一个例外: Mary Prince, *History of Mary Prince, a West Indian Slave Narrative, Related by Herself*, edited by Thomas Pringle (London: F. Westley and A. H. Davis, 1831). 普林斯（Prince）描述了繁重的劳动制度和简单的食物供给。她主要依靠一种名为"布劳利"（blawly）的玉米汤维生。同时，她还是一位精明的"商贩"，经常与船长交易咖啡、山药和其他生活用品。

3. 例如: 'Guinea Corn', in Paula Burnett, ed., *The Penguin Book of Caribbean Verse* (Harmondsworth: Penguin: 1989), 4.

4. Kenneth F. Kiple and Virginia H. Kiple, 'Deficiency Diseases in the Caribbean', in *Caribbean Slavery in the Atlantic World*, eds. Verene Shepherd and Hilary McD. Beckles (Kingston, Jamaica: Ian Randle, 2000), 784.

5. Kiple and Kiple, 'Deficiency', 784.

6. 牙买加由于拥有大量边远土地，尤其是丘陵地带，很适合开辟自留地，因此自留地十分普遍。而巴巴多斯等面积较小的岛屿，地势平坦，更适宜大规模种植，加之土地资源有限，奴隶拥有自留地的可能性就小得多。

7. John Parry, 'Plantation and Provision Ground: An Historical Sketch of the Introduction of Food Crops into Jamaica', *Revista de Historia de America* 39 (1955): 1.

8. Maria Cristina Fumagilli, *Caribbean Perspectives on Modernity* (Charlottesville: University of Virginia Press, 2009), 304.

9. Elizabeth DeLoughrey, 'Yam, Roots, and Rot: Allegories of the Provision Grounds', *Small Axe* 15, no. 1 (2011): 58-59.

10. Gordon Lewis, 'Pro-Slavery Ideology', in *Caribbean Slavery*, 555.

11. 完整的标题是: *The Discovery of the Large, Rich, and Beautiful Empire of Guiana, with a Relation of the Great and Golden City of Manoa (Which the Spaniards Call El Dorado)*.

12. Robert Dudley cited in Christine MacKie, *Life and Food in the Caribbean* (London: Weidenfield & Nicolson, 1991), 12.

13. Captain John Smith, *True Travels: Adventures and Observations of Captain John Smith in Europe, Asia, Africa and America, from Anno Domini 1593 to 1629* (London: John Haviland for Thomas Slater, 1630), 55-56.

14. Jill Sheppard, *The 'Redlegs' of Barbados, Their Origins and History* (Millwood, NY: KTO Press, 1977), 9.

15. Carl Bridenbaugh and Roberta Bridenbaugh, *No Peace Beyond the Line* (New York: Oxford University Press, 1972), 44, after Harlow, *Colonising Expeditions*, 67, 93 (1925).

16. Thomas Verney letter, cited in Sheppard, *The 'Redlegs' of Barbados*, 14.

17. Bridenbaugh and Bridenbaugh, *No Peace*, 50-51.

18. Bridenbaugh and Bridenbaugh, *No Peace*, 44-45.

19. Bridenbaugh and Bridenbaugh, *No Peace*, 116-117.

20. Sheppard, *'Redlegs'*, 36.

21. Bridenbaugh and Bridenbaugh, *No Peace*, 48.

22. Larry Gragg, *'Englishmen Transplanted': The English Colonization of Barbados 1627–1660* (Oxford: Oxford University Press, 2003), 176.

23. Richard Dunn, *Sugar and Slaves* (Chapel Hill: University of Carolina Press, 2000 [1972]), 264.

24. Dunn, *Sugar*, 264.

25. Gragg, *Englishmen*, 176.

26. Sir Henry Colt, 'The Voyage of Sr Henry Colt Knight to Ye Ilands of Ye Antlleas in Ye Shipp Called Ye Alexander' (1631) in *Colonising Expeditions to the West Indies and Guiana 1623–1667*, ed. Vincent T. Harlow (London for the Hakluyt Society, 1925), 76, cited in Gragg, *Englishmen*, 176.

27. Richard Ligon, *True and Exact History* (London: Frank Cass, 1976), 38-39, cited in Gragg, *Englishmen*, 176.

28. Dunn, *Sugar*, 272.

29. 在 1646 年 10 月 8 日写给阿奇博尔德·海（Archibald Hay）的信中，

威廉姆斯·海（Williams Hay）和鲍瑞（Powrey）提到，巴巴多斯的男子"如此专注于种植甘蔗，以至于宁愿高价购买食物，也不愿自己耕种，只因一旦甘蔗种植完成，制糖带来的利润极其丰厚"（引自：Dunn, *Sugar*, 59）。

30. Dunn, *Sugar*, 272.

31. Richard Ligon cited in MacKie, *Life*, 32.

32. Father Antoine Biet, *Voyage de la France* équinoxiale *en l'Isle de Cayenne, entrepris par les François en l'année MCDLII (1664)*, cited in Gragg, *Englishmen*, 177.

33. Bridenbaugh and Bridenbaugh, *No Peace*, 119.

34. Bridenbaugh and Bridenbaugh, *No Peace*, 49.

35. Bridenbaugh and Bridenbaugh, *No Peace*, 138-139.

36. Ligon, *True and Exact*, 49.

37. Ligon, *True and Exact*, 49.

38. Ligon, *True and Exact*, 30.

39. Bridenbaugh and Bridenbaugh, *No Peace*, 49-50.

40. Edward Ward, *Of Their Provisions* (1698) in *Caribbeana*, ed. Thomas Krise, 88-90. 英国记者爱德华·沃德在后续的写作（即上述文献）中发展了《牙买加之行》（Ward，1696）中的讽刺性叙事人格。

41. Ward, 'Provisions', 88-90.

42. 关于类似的发现，参见：M. G. Lewis, *Journal of a West India Proprietor* (Oxford: Oxford University Press, [1834] 2005), 214.

43. B. W. Higson, *Jamaican Food: History, Biology, Culture* (Kingston: UWI Press, 2008), 6 and 8.

44. Janet Schaw, *Journal of a Lady of Quality, 1774–1776* (New Haven, CT: Yale University Press, 1923), 95.

45. Schaw, *Journal*, 95.

46. Henry Coleridge cited in MacKie, *Life*, 52.

47. *Travel Writing 1700–1830: An Anthology*, edited by Elizabeth A. Bohl and Ian Duncan (Oxford: Oxford University Press, 2005), 257.

48. Bohl and Duncan, *Travel*, 258.

49. Bohl and Duncan, *Travel*, 254.

50. Bohl and Duncan, *Travel*, 261.

51. Bohl and Duncan, *Travel*, 259-260.

52. Bohl and Duncan, *Travel*, 260.

53. Bohl and Duncan, *Travel*, 260.

54. Bohl and Duncan, *Travel*, 259.

55. Olive Senior, *Encyclopedia of Jamaican Heritage* (St. Andrew, Jamaica: Twin Guinep, 2003), 116.

56. Senior, *Encyclopedia*, 116.

57. Senior, *Encyclopedia*, 116.

58. Senior, *Encyclopedia*, 116.

59. Philip Sherlock and Hazel Bennett, *The Story of the Jamaican People* (Kingston, Jamaica: Ian Randle; Princeton, NJ: Marcus Wiener, 1998), 167.

60. Jennifer Brown, 'Remembrance of Freedoms Past', *The Routledge Companion to Literature and Food* (London and New York: Routledge, 2018), 169.

61. 参见: Douglas Hall, *In Miserable Slavery: Thomas Thistlewood in Jamaica 1750–1786* (London and Basingstoke: Macmillan, 1989).

62. Trevor Burnard, *Mastery, Tyranny and Desire* (Chapel Hill and London: University of North Carolina Press, 2004), 5.

63. 都库努（duckanoo，或作duckna、dukunnu等）是一种用香蕉叶或芭蕉叶包裹蒸制而成的甜点。类似的小吃包括巴巴多斯的康奇（conkie）。

64. 夏洛克和贝内特评论道："这可能是指一种用'青辣椒'制成的调味品；或者（尽管可能性较小），是指一种被称为'强背草'的药用植物制剂；又或者是指一种类似于小芋头的根茎类作物——'塔雅'（taya）。"（引自: *Story*, 169.）

65. Sherlock and Bennett, *Story*, 169.

66. Howard Johnson and Karl Watson, *The White Minority in the Caribbean* (Princeton, NJ: Marcus Wiener, 1998), 21.

67. Hall, *In Miserable Slavery*, 67.

68. Hall, *Miserable*, 71.

69. Hall, *Miserable*, 125.

70. Hall, *Miserable*, 125.

71. Frederic Cassidy and Robert Le Page, *Dictionary of Jamaican English* (Cambridge: Cambridge University Press, 1967), cited in Sherlock and Bennett, *Story*, 164.

72. Sherlock and Bennett, *Story*, 169.

73. Dunn, *Sugar*, 242.

74. Hilary McD. Beckles, *A History of Barbados* (Cambridge: Cambridge University Press, 1990), 60.

75. Beckles, *History*, 60.

76. Sherlock and Bennett, *Story*, 170.

77. Sherlock and Bennett, *Story*, 170.

78. Elizabeth DeLoughrey suggests this in 'Yam, Roots' (2011).

79. Sherlock and Bennett, *Story*, 169, citing Hall, *Miserable*.

80. Sherlock and Bennett, *Story*, 169.

81. Hall, *Miserable*.

82. 指来自美洲大陆的。

83. Hall, *Miserable*, 67.

84. Hall, *Miserable*, 236.

85. Hall, *Miserable*, 236-237.

86. Hall, *Miserable*, 248.

87. Hall, *Miserable*, 248.

88. Bryan Edwards, *The History Civil and Commercial, of the British Colonies in the West Indies*, vol. II (London: John Stockton, 1807), 485.

89. Hall, *Miserable*, 265.

90. Hall, *Miserable*, 265.

91. Hall, *Miserable*, 296.

92. Hall, *Miserable*, 296.

93. Hall, *Miserable*, 302.

94. Hall, *Miserable*, 302.

95. Hall, *Miserable*, 308.

96. Hall, *Miserable*, 309.

97. Hall, *Miserable*, 309.

98. Hilary McD. Beckles, *Natural Rebels: A Social History of Enslaved Black Women in Barbados* (London: Zed Books; New Brunswick, NJ: Rutgers University Press, 1989), 43.

99. Beckles, *Natural*, 43.

100. Beckles, *Natural*, 43.

101. Beckles, *Natural*, 43.

102. Beckles, *Natural*, 43.

103. Ligon, *True History*, 3.

104. Beckles, *Natural*, 44.

105. Karl Watson, *The Civilized Island: Barbados, a Social History* (Barbados: Caribbean Graphic, 1979), 73.

106. Dickson, *Letters on Slavery* ([1789] 1979), 13-14.

107. Beckles, *Natural*, 44.

108. Beckles, *Natural*, 44.

109. Beckles, *Natural*, 44. 安德烈娅·利维的《长歌》（Levy，2010）中出现了相关内容。

110. Beckles, *Natural*, 45.

111. J. Harry Bennett, *Bondsmen and Bishops: Slavery and Apprenticeship on the Codrington Plantations of Barbados, 1710–1833* (University of California, LA: 1958), 48.

112. 逃亡（marronage）指奴隶逃走并保持自由状态的行为。那些在牙买加山区建立社区的逃亡奴隶被称为"马隆人"（maroons），他们是牙买加抵抗白人殖民统治的一支重要军事和文化力量。

113. Beckles, *Natural*, 45.

114. Beckles, *Natural*, 47, after Sheridan, *Doctors and Slaves* (Cambridge: Cambridge University Press, 1985).

115. Pedro Welch, *Slave Society in the City* (Kingston: Ian Randle, 2003), 159.

116. Welch, *Slave Society*, 159.

117. William Dickson, *Letters on Slavery* (Westport, CT: Negro Universities Press, [1789] 1979), 13-14.

118. 1811 年 5 月 7 日，巴巴多斯议会收到一宗投诉，称"长久以来，一种交易模式已然形成，从（乡村种植园的）掠夺开始，以（城镇的）销赃结束"（引自：Dickson cited in Welch, *Slave Society*, 159）。

119. Welch, *Slave Society*, 159.

120. Frederick Bayley, *Four Years in the West Indies* (London: William Kidd, 1830), 25.

121. Barnes, *Breadfruit*, n.p. 奥利芙·西尼尔反思了威廉·布莱此次航行带来的后果，参见：Olive Senior, 'Breadfruit Thoughts', *Controlling the Silver* (Chicago: University of Illinois Press, 2004), 79.

122. Barnes, *Breadfruit*, n.p.

123. Sherlock and Bennett, *Story*, 170.

124. Trevor Burnard, 2004, 233.

125. 关于当代加勒比文学对这一现象的虚构化处理，参见本书第三章和第四章。

126. Beckles, *Natural*, 60.

127. Beckles, *Natural*, 60.

128. Mrs Carmichael cited in MacKie, *Life*, 57-58.

129. 类似描述也见于安德烈娅·利维的《长歌》（Levy，2010）。

130. Carmichael cited in MacKie, *Life*, 57-58.

131. Jack Greene, *Imperatives, Behaviours and Identities* (Charlottesville and London: University of Virginia Press, 1992), 42-43.

132. Nathaniel Weekes, *Barbadoes, a Poem* (Canada: Gale ECCO, [1754]

39

2012), 15.

133. Weekes, *Barbadoes*, 15.

134. Weekes, *Barbadoes*, 16.

135. Weekes, *Barbadoes*, 37-38.

136. Edward Long, *The History of Jamaica* (London: T. Lowndes, 1774), 28-29.

137. 在巴巴多斯裔美国作家葆拉·马歇尔（Paule Marshall）的著作《命定之地，永恒之人》（Marshall，1969）中，有一位美国白人角色哈丽雅特（Harriet），她的祖先曾投资奴隶贸易，并记录了交易的食物和奴隶（38）。在加勒比地区，有人提醒哈丽雅特，她所抱怨的食物是"奴隶吃的食物……是从前我们的殖民国主人强加给我们的……我们称之为咸鱼。还有那该死的、半腐烂的米饭……但你知道吗，你们那边的人，曾经靠卖给我们这些'美味'发了财？"（205-206）

138. Long, *History*, 29.

139. Long, *History*, 28.

140. Long, *History*, 29.

141. Long, *History*, 29.

142. Long, *History*, 29.

143. Long, *History*, 29.

144. Long, *History*, 29.

145. Long, *History*, 33-34.

146. 愈疮木屑是愈疮木（又称生命之树）的木屑。

147. 这是一种名为"酒花藤"的藤本植物，其枝条被用作牙刷（这一做法源自非洲），也用于"调味和发酵饮料"。参见：Barry Higman, *Jamaican Food* (Kingston, Jamaica: UWI Press, 2008), 121-122.

148. Long, *History*, 142.

149. Long, *History*, 314.

150. 希格曼指出："辣椒在泰诺人（Taino）饮食文化中占据着重要地位，他们尤其钟爱辣椒的辛辣味道。到了18世纪，'辣椒'一词已

40

经涵盖了多达二十个不同的品种……到 18 世纪末,'乡村辣椒'这一术语开始流行。最初,它指的是和岛屿及其本土特性相关的辣椒,但随着时间的推移,这一术语逐渐与乡村地区联系起来,特指那些具有典型辛辣味的辣椒。"(引自:*History*, 212.)

151. Long, *History*, 314.

152. Long, *History*, cited in Howard 2005, 10.

153. Long, *History*, 292.

154. Long, *History*, 304.

155. Long, *History*, 36.

156. Long, *History*, 782.

157. Long, *History*, 808.

158. 实际上,许多其他记录都质疑了将懒惰视为奴隶固有特性的说法。许多关于解放后的报告显示,获得自由的黑人仍然保持着勤奋工作和创业的精神,尤其是在经营自己的家庭菜园方面。希拉里·麦克迪·贝克尔斯和维琳·A. 谢泼德(Verene A. Shepherd)指出:"奴隶们无疑狠狠地打了那些认为他们懒惰的人的脸。"[引自:*Liberties Lost: Caribbean Indigenous Societies and Slave Systems* (Cambridge: Cambridge University Press, 2004), 157.]

159. Long, *History*, 382.

160. Long, *History*, 382.

161. Long, *History*, 33.

162. Long, *History*, 34.

163. Long, *History*, 34.

164. Long, *History*, 34.

165. Long, *History*, 34.

166. Evangeline Walker Andrews, Introduction to Schaw, *Journal*, 7.

167. Schaw, *Journal*, 4-5.

168. Schaw, *Journal*, 25.

169. Schaw, *Journal*, 32.

170. Schaw, *Journal*, 39.

171. Schaw, *Journal*, 48.

172. Schaw, *Journal*, 49.

173. Schaw, *Journal*, 49.

174. Schaw, *Journal*, 53.

175. Schaw, *Journal*, 53.

176. Schaw, *Journal*, 53.

177. Schaw, *Journal*, 53.

178. Schaw, *Journal*, 67.

179. Schaw, *Journal*, 76.

180. Schaw, *Journal*, 78-79.

181. Schaw, *Journal*, 80.

182. Schaw, *Journal*, 80.

183. Schaw, *Journal*, 81.

184. Schaw, *Journal*, 85-86.

185. Schaw, *Journal*, 92.

186. Schaw, *Journal*, 95.

187. Schaw, *Journal*, 88. 后来，在那些坚持安息日应该休息的人的压力下，这一天被改为星期六。

188. Schaw, *Journal*, 88.

189. Schaw, *Journal*, 107.

190. Moreton cited in MacKie, *Life*, 85.

191. Moreton cited in MacKie, *Life*, 85.

192. Moreton cited in MacKie, *Life*, 101.

193. Moreton cited in MacKie, *Life*, 102.

194. Moreton cited in MacKie, *Life*, 72.

第二章

19 世纪的白人记述

19 世纪对加勒比地区而言是一个剧变的世纪，标志性事件包括 1807 年英国殖民地废除奴隶贸易以及 1833 年至 1838 年废除奴隶制。在这两个事件之间，正是一个改良时期，废奴主义者和政治家们试图"改革"奴隶制，希望既能满足种植园经济的需求，又能改善奴隶的待遇，同时推进持续的"教化使命"，以逐步实现更广泛的奴隶解放。在这方面，种植园主马修·刘易斯的记述尤为有趣，因为该书写于这两项法案颁布之间的几年里。随着成千上万的东印度和中国移民作为契约劳工被引入曾经由奴隶劳作的种植园，变革也在发生。1865 年，牙买加爆发了莫兰特湾起义（Morant Bay Rebellion），自由黑人所面临的贫困和严峻处境是起义的主要原因。这场起义也为英国政府敲响了警钟，使其关注西印度群岛殖民地的现状。总督艾尔（Eyre）勋爵宣布戒严，此举在英国国内引发了广泛谴责。正是这场起义，进一步将牙买加推到了舆论的风口浪尖，激起了关于殖民统治性质的讨论。

"高热、油腻、辛辣之物"：
玛丽亚·纽金特的《牙买加生活日记（1801—1805）》

　　19世纪初，牙买加是英国一个备受重视的殖民地，也是"世界上最大的单一糖出口地"[1]。玛丽亚·纽金特（Maria Nugent）出生于美国，曾在英国生活，并在那里结识了她的丈夫乔治（George）。1801年，乔治被任命为牙买加总督兼总司令，她陪同丈夫前往加勒比地区，并在总督府生活，直到1805年返回英国。她的日记最初于1839年以私人方式出版。[2]如同她之后的卡迈克尔夫人一样，纽金特也记录了她参加的无数宴会（无论是私人场合还是官方场合），并对牙买加社会，尤其是那个时代白人精英的物质文化和日常生活做出了许多评论。纽金特尤其关注食物和用餐时间："岛上的食物，从厨房到餐桌，从准备到食用，常常让她感到恶心（不仅仅是在怀孕期间）。"就连克里奥尔人的用餐时间和饮食用语都让纽金特感到焦虑，尤其是"克里奥尔人钟爱的第二顿早餐"[3]。这种对饮食、卫生与健康的关注在那个时期并不少见，但纽金特的记述尤为详尽。1801年7月31日，她写道："我真希望B勋爵能洗洗手，并用指甲刷清理一下，他指甲边缘的黑色污垢实在让我恶心。此外，他有一种特殊的癖好，总是用脏手指蘸每一道菜，昨天他竟然用脏兮兮的食指和大拇指给自己夹了一些炖菜。"[4]1802年2月4日，她再次明确地将饮食与健康联系起来，并评论道：

　　　　我现在不再对这里的人们患上热病感到奇怪了——这样的吃喝习惯，我闻所未闻！吃各种高热、油腻、辛辣的食物，喝大量的葡萄酒和各种混合烈酒！今天我看到一些人吃早午餐，那狼吞虎咽的样子，仿佛从来没吃过东西似的——一杯茶、一杯咖啡、一大杯红葡萄酒，再来一大杯霍克尼格斯鸡尾酒；接着是马德拉葡萄酒、桑格丽酒、冷热肉食、炖菜、油炸食品、冷热腌鱼和鲜鱼、辣椒、姜糖、酸味水果、果冻——总之，既令人咋舌又令人作呕。[5]

同年晚些时候，纽金特夫人自己做东，宴请了"四十位女客和十位为我们切肉的男士。与纽金特将军一同进餐的人数则是这个数字的三到四倍"[6]。她写道："海龟、火鸡、火腿和整只烤小山羊堆满了我的餐桌，让本就炎热的屋子更加闷热。房间里挤满了黑人侍者；而且，我确信，无论黑人还是白人，所有人都获准在饭后绕着桌子走动，注视我。"[7]巴里·希格曼（Barry Higman）认为，在一定程度上，"拥有奴隶的克里奥尔人通过这些仪式来彰显自己的身份，并区别于殖民统治者和英国传统"[8]。然而，如前所述：

> 在牙买加的奴隶社会中，过度饮食以及享用稀有且昂贵的食物是白人炫耀性消费的主要标志。当种植园工人在田间辛勤劳作，或仅能依靠粗劣食物勉强维持生计时，白人常常通过在上午晚些时候或中午时分公开享用大餐以彰显自身特权。纽金特曾多次目睹此类景象，但她对这种不得体的行为始终保持着距离。[9]

根据纽金特的记录，客人常常在午餐之前就要吃好几顿丰盛的饭，包括在上午 11 点到下午 2 点之间的第二顿或多顿早餐，之后还有一顿丰盛的晚餐，有时还会再加一顿宵夜。正如她所

45

说:"我现在明白了这里的女士们为什么晚餐吃得这么少。"[10] 陪同丈夫进行环岛旅行时,她与随行人员特意早起,希望能避开一些应酬性的餐点,但他们到达天堂庄园时,却发现"一场盛大的宴会——早餐已经准备好了"。那天,他们吃了三顿早餐和一顿"丰盛的晚餐"(大约在晚上六点),之后还加了一顿宵夜和一场舞会。[11] 据希格曼统计,纽金特在日记中提到了十六次早餐、十七次第二顿早餐和四十次晚餐。有时,她会详细记录第二顿早餐的内容,例如1802年3月24日的早餐:"热鱼、各种冷肉、馅饼等等,大量的蛋糕、糖果、水果,以及各种葡萄酒。"[12] 纽金特提到,这顿饭"必须只用手吃;在这种场合,刀叉是禁止使用的"[13],而且它是许多克里奥尔人一天中最喜欢的一餐。有时,描述则较为简略。怀孕后,纽金特不再提及第二顿早餐,直到她儿子出生后才再次提到。尽管她坚持认为"第二顿早餐"或"克里奥尔早餐"实际上是午餐,但她很少使用后者的说法。[14] 正如希格曼所说:

> 这份清单的有趣之处在于,它反映了当地、本土的与归化、进口的动植物食品的有机融合,更广泛地体现了牙买加饮食文化的特点。纽金特常常将这些餐饮与社会的克里奥尔化进程联系起来。一些远在地球另一端的食材,已经被视为牙买加的本土食材,深深植根于克里奥尔文化中。其他东西,比如面包果和阿奇果,对牙买加来说还是太新了,无法获得这样的地位。它们的归化过程在纽金特的餐桌上仍在继续。[15]

在这些大宅子里进行的"烹饪克里奥尔化"过程中,黑人厨师的关键地位也不可忽视,我们将在后文中进一步探讨这一点。

布莱恩·爱德华兹的
《英属西印度殖民地的历史：民事与商业》（1807）

戈登·刘易斯（Gordon Lewis）认为："与曾经帮助过他的好友爱德华·朗相比，爱德华兹在当时通常被视为西印度种植园主阶级的'温和'代表。"[16] 尽管他在很多方面仍然支持奴隶制，但他对奴隶制的态度比朗的"无条件种族主义"[17]更具批判性，也更为人道。[18] 然而，他对于种植园主的慷慨性格、他们对奴隶贸易残酷现实的无知[19]，以及他们对奴隶所持有的父权式态度的描述，都不可避免地受到了其亲奴隶制立场的深刻影响，这一点我们在阅读他的叙述时必须加以考虑。在三卷本《英属西印度殖民地的历史：民事与商业》的第二卷中，爱德华兹评论了"西印度人的性格"[20]，并指出，"在世界各地，英属糖岛（指当时英国在西印度群岛的殖民地——译者注）的待客之道最为盛行。种植园主的家门永远向宾客敞开，即使是陌生人，也能仅仅凭借客人身份获得款待。这种好客可谓臻于极致，以至于——正如朗先生所说——整个西印度群岛的旅店都相形见绌"[21]。爱德华兹还在脚注中补充道：

> 任何初来乍到的欧洲人都会注意到当地白人居民生活习惯中的一个显著特点：他们的餐桌总是极尽奢华（至少在牙买加是如此），而他们的住所却异常简陋。在种植园主的乡间宅邸，常见的情景是：雕花餐具架上摆满了银制餐具和佳酿，餐桌铺着精美的锦缎桌布，盛大的晚宴足以容纳十六至二十人同时入席。而这一切却可能出现在一座与英格兰的谷仓毫无二致的简陋房屋里。这种情况并不罕见。[22]

显然，餐饮成为炫耀性消费最为突出的领域。爱德华兹还记录下了一个不和谐的场面——赤脚、衣衫不整的家奴站在如此丰盛的宴席旁伺候。[23] 如同珍妮特·肖先前所述，朗也指出，克里奥尔妇女"生活极为简朴。她们平日里只喝白水或柠檬水；午餐也通常只是一道用辣椒粉调味的蔬菜杂烩"[24]。

爱德华兹对"中途航线"的描述，或许最能体现他与奴隶跨大西洋航行实际状况的脱节。戈登·刘易斯认为，他的描述将这段痛苦的航程描绘得"几乎像一次愉快的海上巡游"[25]。爱德华兹这样向读者介绍奴隶在奴隶船上的饮食起居：

> 每天早上天气允许的话，奴隶们会被带到甲板上，直到傍晚才返回船舱……每天清晨的第一件事是用水为他们清洗……之后，他们会得到早餐：根据其来自非洲的不同地区，早餐可能是印第安玉米、米饭或山药。午餐则有所不同，有时是他们在非洲习惯的食物，例如山药和印第安玉米；有时是来自欧洲的食物，例如豆子、小麦、去壳大麦和饼干；所有这些食物都会蒸煮至软烂，并佐以肉、鱼或棕榈油调制的酱汁——棕榈油在他们的烹饪中十分常见，也颇受欢迎。[26]

他继续写道：

> 每顿饭他们想吃多少就吃多少，还能喝到充足的淡水；除非……船上淡水短缺，船长才不得不限制他们的用水量。在寒冷或潮湿的天气里，他们会得到一些酒；而每当他们需要时，也能得到烟斗和烟草……航行途中，每逢船只停靠，

47

当地的各种东西——例如椰子、橙子、青柠等水果，以及各种蔬菜——都会分发给他们；而在抵达目的地等待出售的日子里，他们也能随意享用同样的食物和饮品。[27]

爱德华兹的叙述在描写奴隶在种植园生活期间的饮食文化和物质文化方面特别详尽。例如，他提到了不同劳动班组的用餐方式。第一组（最强壮、最重要的）奴隶"从日出工作到八九点钟，之后会在阴凉处享用早餐，这顿早餐由一群专门负责烹饪的妇女准备。早餐通常包括煮山药、小芋头 [eddoe，与芋头 (taro) 有一定差别——译者注]、秋葵、卡拉萝和大蕉，或是其他能找到的蔬菜；用盐和辣椒粉调味；这道菜实际上相当可口，而且营养丰富"[28]。在谈到休息和用餐时间时，他观察到：

> 早餐的休息时间通常只有半小时到四十五分钟；之后他们继续工作，直到中午铃声响起，开始两个小时的午休和用餐时间。午餐通常会额外加一些咸鱼或腌鱼，每个奴隶每周都会配给一定数量。然而，许多奴隶更重视晚餐，而不是午餐。所以，他们通常会利用这段休息时间，要么睡觉，要么去收集饲料喂养自己饲养的猪和家禽。他们可以根据自己的意愿，想养多少猪和家禽就养多少。[29]

与其他评论家一样，爱德华兹注意到，奴隶的自留地至关重要，他们可以将多余的农产品出售，"用赚来的钱满足口腹之欲，购买咸肉和他们通常无法获得的其他食物"[30]。他认为，这种制度的第二个好处是"大大减轻了种植园主喂养奴隶的负担"[31]。然而，他遗憾地指出，奴隶们"更依赖于大蕉、玉米以及其他容易被风暴摧毁的作物，而不是像山药、萝卜、土豆、木薯这类不易受飓风影响的食用根茎类作物"[32]。爱德华兹评论道："黑人做事毫无'精明'可言。"[33] 他还称赞了1792年牙买加《统一奴隶法案》中规定奴隶主有法律义务定期为每十名奴隶检查、清理并耕作一英亩自留地的条款。[34] 他还记录道：

> 星期天是奴隶的集市日，他们从四面八方赶来，带着自产的水果、蔬菜、猪、山羊和家禽。据说，每周日早上，牙买加的金斯敦市场都会聚集一万多人，他们在那里交换食物和其他物品，以换取咸牛肉、咸猪肉，或者为妻子和孩子购买漂亮的布料和饰品。[35]

在种植季节，爱德华兹估计，奴隶们每天工作十个小时（在收获季节以及在糖厂和熬糖房工作时，时间更长）[36]，但每月用于耕种自留地的时间不超过十六个小时，这些时间大多集中在奴隶每两周一次的休息日（收获季节除外），以及星期天和节假日。

据爱德华兹所述，种植园主通常会为种植园的病房或医院提供"面粉、大米、糖和燕麦……而有些种植园主还会提供新鲜的牛羊肉，甚至一些昂贵的物品，比如香料、西米和葡萄酒"[37]。正因如此，就不难理解为何一些奴隶会被主人指控滥用种植园医院的照料，长期滞留其中并装病，正如马修·刘易斯等人所记载的那样。关于种植园奴隶在住所中使用的炊具，爱德华兹记录了常见的器具，"一个用来盛水的陶罐[38]，几个小陶罐，一个木桶，一口铁锅，以及大小不一的炮弹果葫芦（可以很好地充当盘子、碟子和碗）"[39]。奴隶们"通常在露天做饭……柴火总是唾手可得"[40]。

在《英属西印度殖民地的历史：民事与商业》第三卷的结尾，爱德华兹提供了一些引人入胜的历史记录，包括实操建议、预算以及在牙买加建立甘蔗种植园所需的开支。他建议一个占地600英亩的种植园，初始"配置"需要"250名奴隶、80头公牛和60头骡子"[41]，以及"每年从英国和爱尔兰进口的大量衣物、工具、杂货和粮食"[42]。这份年度粮食清单表明，西印度群岛的种植园仍然严重依赖从欧洲[以及加拿大和纽芬兰岛（当时尚不属于加拿大——译者注）]进口食品，包括：

49

80桶鲱鱼或咸鳕鱼；

6桶嫩牛肉；

2桶咸猪肉；

4小桶咸黄油；

2箱肥皂；

2箱蜡烛；

2大桶盐；

6桶面粉；

6小桶豌豆；

3大罐去壳燕麦。[43]

爱德华兹估算，每年的运营总成本为2150英镑，与种植园主的利润相当，相当于初始投资额大约7%的回报率。其中，仅剩余50英镑用于建筑维护、飓风保险和其他杂税。[44]建立一个新的甘蔗种植园并非易事，也是一笔巨大的投资，但欧洲人仍然被其承诺的高回报所吸引。

图 2-1　"牙买加甘蔗种植"
（纽约公共图书馆数字馆藏，朔姆堡黑人文化研究中心，手稿、档案和珍本部，http://digitalcollections.nypl.org/items/510d47da-6e76-a3d9-e040-e00a18064a99）

詹姆斯·斯图尔特的《牙买加岛的过去与现状概览》（1823）

50

　　到了 1823 年，种植园主餐桌的丰盛以及"上流社会晚宴的奢靡"几乎没有改变。[45] 詹姆斯·斯图尔特（James Stewart）注意到，"在这些场合，没有人会在宴席的奢华程度上吝啬；为了达到这个目的，各种奢侈品应有尽有，美酒佳酿觥筹交错，以示宾主尽欢。然而，纵酒往往是常态，在牙买加这样的气候下，这种放纵可能会造成严重的后果"[46]。

　　老斯图尔特于 1754 年从苏格兰来到牙买加，加入了当地庞大的苏格兰种植园主群体。到 1756 年，他已经拥有了 167 英亩土地。他建造了斯图尔特城堡（其遗址至今仍在牙买加），并

建立了一个拥有1200英亩土地和300名奴隶的甘蔗种植园，到
1799年，种植园的规模已进一步扩大。他的儿子詹姆斯（James）
继承了这份家业，并将宅邸改建成了一座城堡。他还建立了位于特
里劳尼区的斯图尔特镇，并于1812年成为该教区的治安法官。[47]
老斯图尔特虽然是种植园主，但有一定的自由主义倾向。在《牙
买加岛的过去与现状概览》一书的序言中，詹姆斯·斯图尔特
声称，自己试图在有争议的问题上做到"公正"和"客观"，并
"努力避免一切偏见和党派之争"。[48]从该书的全名（《牙买加岛
的过去与现状概览：对奴隶的道德与身体状况以及殖民地废奴问
题的评论》）即可看出他的立场。[49]斯图尔特相对同情的语气，可
以从他对飓风后果的描述中看出："没有什么比热带风暴过后留
下的景象更凄凉了……即使是地下的食用根茎……也无法完全幸
免。简而言之，种植园主眼看着庄稼被毁。更可怕的是，他常常
眼睁睁地看着自己的奴隶因缺粮而死，或因饥饿难耐被迫食用不
洁食物而染病身亡。"[50]他特别以1780年的大飓风为例：

当时奴隶大量死亡，一部分死于食用不洁食物引起的疾
病（主要是痢疾），一部分则直接死于饥饿。即使是腐烂变质
的面粉，也至少要卖到十四牙买加镑一桶——事实上，无论
什么价格，能买到就已经是万幸了。食物普遍短缺，可怜的
奴隶们被迫以野山药（一种苦涩且有害健康的食物）、半生不
熟的水果和劣质蔬菜充饥。尽管这些食物难以下咽，但在饥
肠辘辘的他们看来，却也成了美味。在这段艰难的时期，一
些贪婪的投机者对周围的苦难漠不关心，囤积居奇，妄图以
更高的价格出售面粉。[51]

斯图尔特详细描述了"岛上种类繁多的美味水果"，并区分了三四十年来先后出现的品种，包括"番荔枝、阿奇果、菠萝蜜、面包果等等"。[52] 值得注意的是，他证实了奴隶们并不喜欢引进的面包果："面包果的重要性远不如预期。黑人们很善于判断农作物的实际价值，他们对这种外来食物态度冷淡，仅仅将其视为一种新鲜玩意儿。他们更倾向于种植产量更高的香蕉。事实上，面包果味道寡淡，营养价值不高。"[53] 斯图尔特认为大蕉是"一种非常有营养的食物……通常烤熟后作为面包的替代品"，而他将"鳄梨"称为"西方社会的植物黄油"。[54] 他对根茎类食物的描述也同样详细，并且是少数几位注意到不同种类蔬菜的作者之一。[55] 这些"根茎类食物，或称地下作物"有一个明显的优势，即它们不易受风暴的严重破坏，"而且有一项非常明智的法律……规定所有种植园和其他定居点的业主必须至少拥有一英亩种植根茎食物的耕地……这还不包括奴隶的自留地和大蕉园"[56]。他还提到了印第安玉米和高粱在维持奴隶生计中的重要作用，以及"印度椰菜和野生卡拉萝"，并"认为它们都是非常健康的蔬菜"。[57] 相比之下，他记录了许多欧洲引进的植物（例如苹果）在加勒比地区水土不服的情况。[58]

与莫顿一样，斯图尔特很早就记录了加勒比地区特有的烹饪方式——腌烤（他误称为"烧烤"），并且他认识到这种做法源于美洲原住民，但又融合了非裔加勒比的烹饪技巧，是食物克里奥尔化的一个生动例证：

> 猎捕野猪曾是内陆那些强悍的克里奥尔白人和马隆人最喜爱的娱乐活动。如今，这种活动已不那么常见，因为这些动物已经退入了人迹罕至的深山老林；因此，当需要这些野

猪肉来制作所谓的"烤肉"[这在当地被视为一道美味，通常用特定香木（例如多香果木）熏制野猪肉，赋予其独特风味]时，白人殖民者通常会派奴隶去猎捕，或者偶尔向仍然从事此类狩猎活动的马隆人购买。[59]

他描述了当地野猪的情况："野猪数量众多……岛上丰富的水果、根茎类蔬菜和其他植物资源使得岛民可以低成本地大量饲养野猪。它们的体型都比英国的猪小得多……但它们的肉比英国或北美的猪肉更香甜细腻，几乎无与伦比。"[60]然而，"尽管这可能看起来很奇怪，但小商贩却以几乎两倍于本地新鲜猪肉的价格将爱尔兰咸猪肉卖给奴隶。这或许是因为奴隶们偏爱任何味道浓郁、能给他们的蔬菜汤提味的食材"[61]。

斯图尔特对奴隶的饮食描述同样详尽：

> 奴隶的常见食物是咸肉（通常是猪肉）或咸鱼，搭配山药、芋头或大蕉一起烹煮，再加上豆类和其他蔬菜，并用本地辣椒调味……他们从不在食物中使用甜椒。他们每周从主人那里得到七八条鲱鱼，如果能吃到更好的食物，大多数奴隶都会嫌弃鲱鱼；因此，他们会把鲱鱼拿到市场上出售，换取他们极其喜爱的咸猪肉。他们每年还能得到大约八磅的咸鳕鱼，一年一两次：这一食物比鲱鱼更受他们欢迎，原因难以理解，或许仅仅因为鳕鱼更稀有。除非在特殊场合，否则他们吃不到鸡鸭……一些非洲奴隶会吃甘蔗田里的老鼠，并视之为美味佳肴。[62]

斯图尔特对奴隶的勤劳和懒惰的描述比朗或爱德华兹的观点

更为谨慎和公允。他总结道:

> 尽管有些奴隶因受到忽视或虐待而缺乏足够的食物，健康状况堪忧，寿命缩短，但在几乎所有（或大多数）种植园里，也总有一些奴隶因为懒惰、贪吃或粗心大意而吃不饱，若非主人定期提供必要的食物，他们甚至会饿死；而那些更加勤劳和精明的奴隶，则往往能够通过经营自留地、饲养家禽家畜等方式，为自己和家人提供充足的食物。[63]

与近代研究一致，他发现奴隶，尤其是"育龄妇女"[64] 的死亡率与营养不良、过度劳作和恶劣的居住条件直接相关。

卡迈克尔夫人的《家务礼仪及西印度群岛白人、混血与黑人群体的社会状况》（1833）

卡迈克尔夫人是苏格兰人，19 世纪初随丈夫来到圣文森特岛和特立尼达岛。然而，她的这部作品直到 1833 年才出版，这是出于它可能会助长英国国内的废奴运动的考虑。《家务礼仪及西印度群岛白人、混血与黑人群体的社会状况》一书为我们提供了关于她所接触到的各个社会群体的物质文化和饮食文化的重要记录。卡迈克尔夫人还从性别视角描述了白人精英的饮食习惯，她评论了种植园主的妻子在管理庄园食物资源方面的责任，并指出"盛大的晚宴聚会"在这一群体中的核心地位，称其为他们"交往的唯一途径"。英国小说家詹姆斯·蒲柏–亨尼西（James Pope-Hennessey）后来提到，卡迈克尔夫人"坦言自己在西印度群岛上第一次用餐时，被提供了英式树莓果酱，感到非常不满。

那些番石榴和大溪地醋栗去哪儿了？她心心念念的菠萝和木瓜呢？"[65] 进口商品仍然象征着身份地位，但卡迈克尔夫人渴望品尝当地美食。她在描述自己初到加勒比地区不久参加的一次晚宴时说：

> 这顿晚餐与其他所有的西印度群岛晚宴一样——一大堆沉甸甸的菜肴，看起来分量十足，以至于我下意识地把脚从桌子底下缩了回来，生怕被压到。
>
> 第一轮上的菜就包括海龟蔬菜汤、鱼、烤羊肉（我已经三天没见到或听说过牛肉、羊羔肉或小牛肉了）、烤龟肉、煮火鸡、煮鸡肉、火腿、炖羊肉、鸽子派，还有炖鸭子。第二轮上的菜是鸭肉和珍珠鸡，配上几道做得不太好的布丁、馅饼等甜点。炎热的气候成了制作平淡无奇糕点的借口。而经验很快告诉我，要做出像我们在英国每天见到的那种松脆酥皮糕点几乎是不可能的。不过，不得不承认，西印度的厨师在制作甜点方面并不出色，除了一道名为"浮岛"的甜点，这道菜他们总能做得极好。[66]

关于饮品，她评论道：

> 最常见的，也是最安全的饮料，是兑水的白兰地或朗姆酒，就像在英国一样。西印度群岛的绅士们通常会把它调得非常淡，酒精和水的比例大概是 1∶3。为了使这种饮料更加美味，他们通常会"打发"它——用一根大约三指宽的细棍在一个大杯子或玻璃杯里快速搅拌，类似于搅拌液体巧克力的工具；经过搅拌，酒会起泡，成为一种清凉且安全的饮料，

54

无论是在饭前还是饭后饮用都很合适。[67]

卡迈克尔夫人详细描述了种植园里不同群体的食物消耗情况：

> 高级技工，比如车夫、锅炉工、桶匠、木匠、石匠等等……通常在前一天晚上就准备好早餐。早餐一般是青大蕉、小芋头或山药煮成的浓汤，里面放很多克里奥尔豌豆或其他豆类，或小芋头叶、卡拉萝，有时还会加一种生长在甘蔗田里的本地植物；当地人称之为"杂草"，我一直没弄清它有没有别的名字；这种植物长得最像菠菜。这道汤用咸鱼调味，有时……还会加一些咸猪肉。汤会一直煮到很浓稠，像浓稠的土豆汤一样，成为一道丰盛的菜肴。汤里会加乡村辣椒调味，放凉后味道更佳。白人家庭的餐桌上几乎每天都有各种汤类，例如芋头汤、卡拉萝汤、鸽豆汤或南瓜汤。[68]

她观察到，这些"'克里奥尔汤'人人都爱喝，而且从来不用新鲜食材，只用腌制的"[69]。她还提到了一种腌制品——腌猪肉，这道菜至今仍然在整个加勒比地区（尤其是巴巴多斯）流行。[70]她也意识到一锅煮对奴隶和乡村贫民的重要性。[71]

尽管卡迈克尔夫人持有一些自由主义观点，但她对奴隶饮食的描述可能不太可靠："在卡迈克尔夫人看来，黑人小孩都很能干。他们很小就分到了自留地，不到七年，就已经能够生产出足够多的农产品去售卖……其中一部分卖给了卡迈克尔夫人，大部分则拿到乡村集市去卖。"[72]她积极鼓励这种行为，并"给她最喜欢的几个黑人孩子一些英国卷心菜或胡萝卜种子，或者一包优质豌豆种子，但大多数奴隶种植的作物是小芋头（用来做汤）、葫芦、菠萝、葡萄、鳄梨、人心果、杧果和山竹——因为根据一项古老的习俗，甘蔗种植园内的果树被认为是奴隶的财产"[73]。蒲柏-亨尼西设想了卡迈克尔夫人对此的反应："这一切有什么艰苦的？为什么伦敦那些（讨论奴隶制和废奴的）演讲者们不明白这些呢？"[74]卡迈克尔夫人像爱德华兹和马修·刘易斯一样，对西印度群岛的奴隶和英国的劳动者进行了比较："奴隶可以完全游手好闲，却依然衣食无忧。英国劳动者必须努力工作才能生存。奴隶由主人提供食物，无须为生计发愁；他们的目标不是活着，而是积累财富，发家致富。"[75]

马修·刘易斯的《西印度种植园主日记》（1834）

马修·刘易斯记录了他1816年至1817年和1817年至1818年两次访问他在牙买加的两处种植园的经历，该日记直到1834年，也就是他去世十六年后才出版。刘易斯最为人熟知的身份是哥特式小说家，但他同时也是当时一位成功的剧作家和戏剧评论家。他十九岁时出版了第一部小说《僧侣》（Lewis，1796），这部小说使他一举成名，但也给他带来了某种程度上的负面公众形象。他的文坛好友包括沃尔特·斯科特（Walter Scott）爵士和拜伦（Byron）勋爵。然而，他的西印度群岛日记展现了他不为人知的一面，记录了他在亲身经历奴隶制和加勒比种植园社会——那个时代最严重的社会问题之一——时的所见所想。刘易斯的《西印度种植园主日记》写作风格散漫，有时自相矛盾，唯一不变的是他在奴隶制问题上的犹豫不决，或者说，是他拒绝得出任何结论。此外，他用了大量篇幅展现自己对文学才华的自信，并努力塑造一个仁慈且具有前瞻性的种植园主形象。不可否认，在某些方面，他看起来相当开明（如果他的叙述可信的话），但总体而言，字里行间潜藏着这样一种意味：奴隶的反抗和充满活力的奴隶文化之所以能够延续，是因为他或他所属的白人种植园主阶级的"恩赐"，而不是因为奴隶自身的力量。刘易斯的《西印度种植园主日记》是一份引人入胜的历史文献，创作于1804年英帝国废除奴隶贸易和1834年废除奴隶制之间。废除奴隶贸易意味着奴隶主必须更加关注现有奴隶的健康、生存与繁衍，而不是依赖不断输入的新的奴隶。刘易斯写作的时期，正是英国废奴运动声浪日渐高涨的时期。然而，本节的重点是《西印度种植园主日记》所揭示的种植园经济中食物的情况，以及食物在奴隶文化和奴隶反抗中扮演的核心角色。

在他的第一次旅行中，刘易斯用典型的哥特式措辞描述了一位黑人领航员带到船上的西瓜（"它的籽是深紫色的，酷似凝结的血滴"[76]）。抵达康沃尔庄园后不久，他便记录道，奴隶们请求"明天（星期一）自行进山照料自留地的作物。尽管他们的村舍周围总是被乔木和灌木环绕，但他们的自留地却完全独立，坐落在远处的山区"[77]。他同意了这个请求，并认为这是一次例外；爱德华兹也记录说，通常情况下，奴隶们在每隔一周的星期六才有时间去自留地。刘易斯观察到："所有的奴隶都得靠自己的劳动养活自己；即使是家奴也不例外，除了定期配给的咸鱼、咸肉等食物外，其他东西都得自己解决。"[78]几天后，刘易斯提到了允许奴隶每周六去自留地的好处：

> 这使得他们的劳动变得轻松，几乎成了一种娱乐；他们经常去农田，对它的依恋就像对自己的房子和花园一样。而

且，允许他们每次带回一周而不是两周的口粮是明智之举；因为他们非常缺乏计划性，一旦发现自己拥有的食物超过了当前的需求，他们就会把多余的食物卖给流动小商贩，或者到滨海萨凡纳去换酒喝；等到周末，他们发现自己已经没有食物了，只好到主人的仓库去求救济。[79]

几周后，刘易斯宴请了他的"'白人朋友'，例如账房先生等人。他们在这里被称为'白人'，都有自己的住所和生活安排"[80]。他在回顾种植园主阶级为人称道的慷慨好客时评论道：

> 当我们身处这样一个地方时，大自然似乎已为我们建起了一个更高档次的"伦敦酒馆"，如果一个人还能拒绝宴请宾客，那他一定是毫无好客之心可言……我宴客甚或是独自用餐时的菜肴，即便是伦敦市长拿来招待市议员们，也不会感到寒酸。陆龟、海龟、鹌鹑、沙锥、千鸟，以及各种鸽子——其中环尾鸽被美食家们视为最美味的飞禽……上好的猪肉、烤全猪、辣椒锅以及不计其数的其他美味佳肴，构成了我的日常饮食；这里的家禽更是硕大肥美。[81]

像许多前辈一样，刘易斯也提到了水果的丰盛："菠萝派是我吃过最最美味的甜点。水果种类繁多……但口味最独特、最精致的或许要数百香果了。"[82]他对淀粉类蔬菜不太感兴趣："山药、大蕉、芋头布丁、山药布丁、香蕉等食物，无论是外观还是味道都极其相似，我几乎无法分辨：它们介于面包和土豆之间，却又不如面包和土豆，我已经吃腻了。"[83]他对阿奇果的评价也不高，但他"很喜欢秋葵，味道像芦笋，虽然口感不如芦笋那么细腻"[84]。这种比较方式在早期许多以欧洲为中心的描述中十分常见。他还称赞了岛上丰富的鱼类资源，指出"滨海萨凡纳被认为是岛上鱼类品种最多、安全性最好的地方"[85]，此外，他还提到了当地牡蛎的危险性，表示"我被告知，它们不仅味道寡淡，而且经常有毒，最好不要尝试"[86]。这是一个少有的关注食品安全而非仅关注食物可获得性的案例。随后，他观察到："鱼的种类很多；但我认为它们的区别主要体现在名称上，而不是味道上。"[87]只有贝类符合他严苛的标准，在他所谓的牙买加"美食年鉴"中获得了高度评价。[88]刘易斯甚至尝试了鳄鱼肉，并评论道："鳄鱼肉用胡椒和盐烤制，再配上洋葱酱，味道还不错；但肉质坚硬，嚼起来像鳗鱼皮一样难以下咽。"[89]在奴隶的自留地里，刘易斯记录了奴隶们种植"大蕉、香蕉、椰子和山药：其中山药每年都会定期收获，挖掘时必须小心，否则会影响品质……卡拉萝（一种菠菜）是他们辣椒锅的主要食材；而在这个教区，他们最重要、最稳定的食物来源是芋头，可以全年供应"[90]。他还明确记录了自家奴隶的饮食："这些蔬菜是黑奴的主食，但他们还会从主人那里得到每周定期配给，通常是咸鲱鱼和咸肉，用来为他们的素食调味；事实上，他们对咸货的喜爱如此强烈，以至于有人建议我提供大桶咸鱼，而不是新鲜牛肉，因为那样会更让他们满意。"[91]对咸味和浓郁调味食品的偏好至今仍体现在许多加勒比菜肴中，历史学家认为，这部分是因为早期黑奴以蔬菜为主的饮食蛋白质含量低，需要通过"调味"来增进食欲，这也与一些非洲王国——尤其是这些奴隶的来源地——食盐的稀缺性有关。的确，辛辣浓郁的食物在早期记载中占据重要地位，并且至今在整个加勒比地区仍然盛行。

与莫顿一样，刘易斯也描述了美洲原住民传承下来的烧烤烹饪方式，这种做法被岛上山区的马隆人，即逃亡后在那里过着自由生活的奴隶，继承并发扬光大：

> 我们吃了烤乌龟与烤猪，这是我吃过最为美味、丰盛的两道菜；尤其是烤猪——用真正的马隆人（逃亡奴隶）的烹饪方式烹制：先把猪肉放在一个烤架上（一个用柳条编织的框架，蒸汽可以通过其中的缝隙上升），填满辣椒和香料，用芭蕉叶包裹起来，然后埋在一个装满热石的坑里烘烤，这样可以锁住肉汁。[92]

他对这种烹饪方法赞不绝口："我吃过牙买加的其他几道美食，但没有一道能与之媲美。"[93] 他还记录道，他已经把"一大份"送到了种植园的医务室，因为"我发现给生病的奴隶吃味道浓郁的炖猪肉和炖鱼，效果最好"[94]。

斯特奇和哈维的《1837年的西印度群岛》（1838）以及托姆和金博尔的《西印度群岛的解放》（1838）

虽然卡迈克尔夫人的记述可以称为"家庭史"[95]，但约瑟夫·斯特奇（Joseph Sturge）和托马斯·哈维（Thomas Harvey）对岛屿状况的描述《1837年的西印度群岛》（Sturge and Harvey, 1838）则具有更强烈的社会和政治动机。斯特奇和哈维游历了不同的岛屿，包括马提尼克岛[96]、安提瓜岛、多米尼克岛、圣卢西亚岛和牙买加岛，目睹了奴隶制废除后的景象。他们提到了在学徒制下被解放奴隶的社会状况，以及为发展岛屿经济和在种植园外建立新的教育机构所做的努力。在多米尼克岛，他们注意到，前奴隶"除了衣服，以及圣诞节时获赠的猪肉、面粉和鱼之外，没有任何其他补给"[97]。他们主要依靠"在山坡上耕种土地，以及捕捞海、河中的鱼类来维持生计。目前，黑人通过将自家剩余的农产品拿到罗索等城镇的市场出售来获取收入"[98]。在安提瓜岛，他们注意到，颁布不久的《治安法》引起了新近解放的黑人的不满，该法规定"乡村居民如果没有所在种植园管理者的通行证，就不能将商品带到市场"，否则他们任何"自产的农产品、家禽或牲畜"都将被没收。[99]他们还注意到，这群人对种植根茎类作物的兴趣下降了，而且厌倦了以前奴隶制时期的那种饮食："他们已经吃腻了山药和玉米。要是再给他们吃小芋头（另一种富含淀粉的根茎），几乎要引起暴动了……现在，他们能自己选择想吃的，所以即使吃得少了些，也吃得更好了。"[100]

与早期评论家如爱德华·朗认为黑人"天生"懒惰的观点不同，斯特奇和哈维写道：

> 我们亲眼所见，黑人在适当的刺激下也能勤奋工作。我们遇到了好几队……他们从山上下来，头顶着沉重的农产品，前往金斯敦市场。有些人除了自己头顶的重物外，还有骡子驮着其他东西。许多人甚至走了二三十英里，晚上就在路边露宿。除了山药和其他根茎类食物以及当地水果，他们的农产品还包括英国胡萝卜、卷心菜和莱蓟。[101]

1837年，托姆（Thome）和金博尔（Kimball）在巴巴多斯也记录了同一情景。当时，他们正在对安提瓜岛、巴巴多斯和牙买加进行为期六个月的考察，以评估学徒制对获得解放的奴隶生活的影响。他们注意到：

市场上熙熙攘攘。放眼望去，男女结伴而行，安静地走向市场。他们头顶的货物种类繁多，令人叹为观止。有红薯、山药、小芋头、高粱和玉米，还有各种水果——包括浆果、蔬菜、坚果、糕点、一捆捆柴火以及甘蔗等等。只见一位妇女——这岛上做买卖的通常都是女性——胳膊下夹着一头小黑猪。另一位姑娘头上顶着一窝小鸡，连鸡窝带笼子一起。继续往前走，我们尤其被一位吃力前行的妇女吸引，她头顶着一只硕大的火鸡。[102]

在他们遇到的制糖工人中，斯特奇和哈维报告说，很多人都向他们诉说工资低、时间少、食物匮乏，各种因素导致他们一直处于贫困状态：

我们挣的那点钱，不得不全部用来填饱肚子。我们没有土地，只有房子周围的一小块菜园，而且连围栏都没有；牲畜随时都可能闯进来……以前我们星期天都去教堂；但现在我们连吃的都没有，星期五和星期六都饿肚子，哪还有时间做饭？星期天我们只能拿着锄头，随便挖点东西，好让我们这周能有口吃的……我们以前还能偶尔买点咸鱼（鲱鱼），现在是完全买不起了。[103]

在牙买加之行中，斯特奇和哈维注意到，获得解放的奴隶被允许耕种自己土地的时间极其有限[104]，尤其是在他们不再从以前的主人那里获得供给的情况下。据他们记载，在一些种植园，"在以前的奴隶制下，奴隶们得到的咸鱼和糖浆，折算成钱比他们现在的工资还高。"[105] 此外，由于缺乏守夜人，许多种植园的土地被

图 2-2 "'忙碌的巴巴多斯'：带着家禽去市场"
（纽约公共图书馆数字馆藏，朔姆堡黑人文化研究中心，简·布莱克威尔·哈特森研究和参考部，http://digitalcollections.nypl.org/items/510d47df-8d39-a3d9-e040-e00a18064a99）

牲畜践踏，或被他人侵占，"迫使他们放弃土地，转而依赖那些不 61 稳定且本就稀缺的资源来维持生计"[106]。最值得注意的是，他们记录到"在许多庄园里，黑人失去了他们的田间厨师，因此不得不整天在没有食物的情况下劳作"[107]。这不仅意味着黑人失去了重要的生计来源，更意味着丰富的烹饪知识和"传统"逐渐流失。

"牛排与劣质英国土豆"：安东尼·特罗洛普的
《西印度群岛与西班牙美洲殖民地》（1859）

英国小说家安东尼·特罗洛普（Anthony Trollope）于1858年作为英国邮政部门的雇员游历了加勒比和中美洲地区。特罗洛普在他的小说中对饮食和家庭习惯进行了详尽的描写，他的非虚构作品同样充满了对食物的描述。特罗洛普在描述他从金斯敦到古巴南部的旅程时提到，所有"船员——船长和他的手下……提供的食物只有山药、咸猪肉、饼干和劣质咖啡。如果不是我在金斯敦精心购买的一小块火腿——真希望它再大一些——我简直要饿死了；如果不是一位好心的医生朋友在皇家港握着我的手，偷偷塞给我一盒沙丁鱼，我真不知道该怎么办。他甚至建议我带两盒。要是我全拿了该多好啊！"[108] 特罗洛普在船上用餐时，面对一个皱巴巴的苹果和一颗腐烂的核桃，忍不住大声抱怨这糟糕的伙食[109]，同时表达了他对汽水和羊腿的渴望[110]。在牙买加，他抱怨旅馆的伙食比船上的还要差[111]，并将圣托马斯岛和金斯敦描述成"丑陋"、"可憎"、令人蒙羞的地方[112]。特罗洛普嘲笑当地人，批评城市街道和建筑，并经常使用带有明显种族主义色彩的语言表达他的不满。他对古巴一家由西科尔（Seacole）夫人的姐妹经营的旅馆给出了相对积极的评价，称这是他旅途中遇到的最好的旅馆，但他希望"这位爱国的女士……最好能放弃那种念头，认为牛排、洋葱、面包、奶酪和啤酒是唯一适合英国人的饮食"[113]。对于牙买加的白人和克里奥尔白人，他特别提到：

> 他们偏爱英式菜肴，他们鄙视，或者假装鄙视本土食物。
> 他们会给你上牛尾汤，即使海龟肉要便宜得多。啤酒的消耗

量也很大。即使山药、鳄梨、野菜、大蕉和其他二十种美味的蔬菜唾手可得，人们也坚持要吃品质低劣的英国土豆；对英国腌菜的渴望简直到了痴迷的程度。[114]

显然，在加勒比地区的许多地方，英国人对啤酒、面包和土豆的饮食偏好在17世纪之后的很长一段时间里依然存在。特罗洛普发现人们偏爱进口商品："尽管他们拥有本地出产的各种人间美食，但如果没有来自英国的东西，这一切都毫无意义。"[115]他将这称为"西印度群岛白人居民最显著的特征之一——对英国的热爱的一种表现"[116]。值得注意的是，正如第五章的访谈所证实的那样，这种偏好进口商品而非本地产品的倾向在加勒比地区的许多地方一直延续至今。种植园主为人称道的热情好客"依然存在，程度也许不如从前，但也足够了"[117]。特罗洛普讲述了一位年轻种植园主的故事。这位种植园主向他抱怨，英国游客回国后总是说"这些牙买加的种植园主简直就是王子，生活奢华……他们在红酒中游泳，还经常用香槟沐浴"，而实际上，"我们的日常饮食不过是咸鱼和兑水的朗姆酒"。[118]特罗洛普建议的解决方案是，以后给外来的游客只提供这种"普通饮食"。

特罗洛普描绘了一幅理想化的奴隶自留地景象，并突出了牙买加植物群的异国情调（至少对欧洲人而言）。在他看来，这些"充满诗情画意的景象……与英国或爱尔兰农民的菜园截然不同，这里种植的不是土豆和卷心菜这样索然无味的蔬菜，而是可可树、面包果树、橙子树、杧果树、青柠树、大蕉树、菠萝蜜树、刺果番荔枝树、鳄梨树以及其他二十多种美丽的植物。我不知道在牙买加还有什么比橙子林更美的景色"[119]。他也意识到了山药在奴隶饮食中的核心地位，并提到奴隶们偶尔也会种植咖啡豆、竹芋和少量甘蔗。[120]

与纽金特等早期评论家一样，特罗洛普记录了乡下白人精英和克里奥尔人的日常用餐时间。比如，早晨先在床上享用咖啡（或巧克力饮），早餐通常在十点或十点半。特罗洛普刻意忽略了工人和契约劳工的存在，他在描述当地白人家庭的早餐时指出：

> 十点或十点半，大家都坐下来吃早餐；亲爱的琼斯夫人，这可不是你想象中的茶、面包和黄油，再加上男主人两个鸡蛋、女主人一个鸡蛋那么简单；而是一桌丰盛而实实在在的宴席，包括鱼、牛排——在西印度群岛，没有牛排和洋葱的早餐不能算早餐，没有面包、奶酪和啤酒的晚餐也不能算晚餐——宴席还包括土豆、山药、香蕉、鸡蛋，以及各种"罐头食品"，也就是从英国运来的罐头肉；桌上还有茶和巧克力，旁边的桌子上则摆着啤酒、葡萄酒、朗姆酒和白兰地。在牙买加的乡村庄园，早餐就是这么吃的。[121]

63　　特罗洛普评论道，在牙买加，晚餐"是一件非常重要的事情，事实上，在哪里不是如此呢？"[122]他观察到人们普遍追求更优质的食物（"我们已经到了这样一个时代，人们不仅要吃最好的，而且因为吃不到更好的而公开地强烈抱怨"[123]）。因此，"在牙买加的乡间宅邸里，厨师是一个重要人物"[124]。他承认，即使是那些被他指责为懒惰的白人女主人，"在空闲的时候偶尔也会去厨房看看。不管怎样，她们做的菜还不错"[125]。

特罗洛普还描述了他造访蓝山一座咖啡种植园的经历，以及种植园主的盛情款待："啤酒、白兰地、咖啡、环尾鸽、咸鱼、肥鸡、英国土豆、热腌菜和伍斯特酱（即辣酱油）。"他还提到自己攀登时的同行者和携带的物资："一位同伴……五个黑人，一些牛肉、面包和水，还有一些葡萄酒和白兰地，以及看起来足有十加仑的朗姆酒！"[126] 所有这些食物、饮品都由骡子驮着。他对黑人做出了充满种族主义色彩的概括，称"他们贪吃，但通常不在乎食物的质量"[127]。他还多次重复那个老掉牙的刻板印象——"懒惰的黑人"[128]，这些人显然可以"不工作，躺在太阳底下，吃橙子、面包果"[129]。在这个解放后的时代，特罗洛普将许多前奴隶拒绝在种植园工作的原因归咎于纯粹的懒惰，并以极其丑陋的种族主义言论进行抨击。他认为，尽管黑人仍然"懒洋洋地躺在太阳底下，吃着山药，偷盗食物"[130]，但其他人（即白人种植园主）却在受苦，而黑人没有资格被视为"平等的人"[131]。这完全是种族主义的论调，清晰地表明了特罗洛普的立场。特罗洛普发现，圭亚那和特立尼达岛被解放的黑人境况与牙买加类似，那里"黑人不费吹灰之力就能获得食物"[132]，但他也指出，这些殖民地的糖产量比牙买加更高。他将这些殖民地如今糖出口量超过奴隶制时期的原因归结为它们成功地"获得了劳动力"[133]，即从中国、葡萄牙和印度引进契约劳工。在考察牙买加的庄园时，特罗洛普提到，牧草的质量非常好，牲畜的品质也很出色。他的描述印证了后来的历史记录，指出"目前，该岛屿还无法完全实现自给自足，但它完全有潜力做到这一点，甚至可以供应西印度群岛的几乎所有地区"。然而，"土地所有者认为海上运输成本太高"[134]。

在英属圭亚那的德梅拉拉，特罗洛普认为"人人衣食无忧"[135]。对他来说，那是"一片流淌着奶和蜜的土地——一片盛产糖和朗姆酒的富饶之地"，是一个商业繁荣的制糖业殖民地。[136] 实际上，与牙买加和其他较小的岛屿相比，他对圭亚那的评价更为积极。特罗洛普在圣托马斯岛注意到，他所住酒店的客人们"以惊

64　人的毅力，完成了冗长的早餐和晚餐。我从未见过如此饕餮的景象"[137]。尽管热带气候应该会降低食欲[138]，但特罗洛普还是略带讽刺地评论道："在那里，男人们吃起饭来仿佛这是他们唯一的慰藉，女人们也一样。或许，事实的确如此。"[139]他还发现，食客们用餐时非常缺乏社交氛围，习惯于默默地进食。他观察到："通常的宴会规矩是按汤、鱼、肉的顺序上菜；但这里的风格是让客人们……把盛着食物的盘子摆在周围的小圈子里；这样一个人在喝汤的时候，就能同时看到他的鱼、烤牛肉、鸡翅、沙拉、豌豆、土豆，以及布丁、馅饼、蛋奶冻等等。"[140]他以家庭小说家敏锐的观察力，记录下了客人们对各自餐盘的守护姿态，以及其他一些习惯，比如他们"总是将奶酪与番石榴冻一同食用"[141]。

　　特罗洛普认为百慕大"土地十分肥沃"[142]，但却极度贫困，是一个潜力未被充分开发的地方。他进一步评论道：

> 　　看到人们忽视了脚下唾手可得的资源，真是令人痛心。在百慕大，柠檬和橙子（在一场枯萎病之后）已经绝迹了……我只看到了土豆和洋葱，没有其他蔬菜，而且有人告诉我，通常情况下，人们也就满足于这些了。除了监狱管理部门的配给餐，我从未吃到过一块像样的家畜肉[143]。家禽的品质比家畜略好，但也依然不过尔尔；面包和黄油都很糟糕，尤其是黄油，简直难以下咽。我遇到的英国家庭都表示找不到什么能吃的东西。无论是黑人还是白人，似乎都过着一种萎靡不振的生活。这片土地只开发了一半；开发的土地也只耕种了不到一半。[144]

　　蒲柏–亨尼西在他1942年创作的游记体小说《回顾西印度群

岛之夏》中，将特罗洛普列为早期造访西印度群岛的九位旅行家之一。[145] 蒲柏–亨尼西认为："与所有同时期到访西印度群岛的人一样，特罗洛普对食物感到失望，尽管他对酒水还算满意。（与之前的卡迈克尔夫人一样，）特罗洛普吃的主要也是罐头肉和罐头土豆、牛排加洋葱（作为早餐）、牛尾汤，以及每顿饭后的奶酪。他意识到，在西印度群岛，没有什么东西值得珍视，除非它来自'家乡'，而家乡指的正是英国，他们的祖国。"[146]

查尔斯·兰皮尼的《牙买加来信：蒸汽与森林之地》（1873）

查尔斯·兰皮尼（Charles Rampini）是一名来自爱丁堡的苏格兰裔意大利律师，他前往牙买加担任最高法院的辩护律师，最终回到了苏格兰。在《牙买加来信：蒸汽与森林之地》的序言中，他认为自己的记述"真实地记录了一位旅行者对牙买加及其人民的印象"。然而，兰皮尼的语气往往轻松诙谐，因此他的记述的可信度难以确定。他描述了在金斯敦住所的第一顿早餐："我们吃了来自皇家港的红树林牡蛎，一条鲜艳的猩红色鲷鱼——这种鱼味道鲜美，但像所有热带鱼一样，肉质松软；我们还吃了脑花油炸饼，一种泡了黄油的薄脆小饼干，塞了馅的'白茄子'（一种美味蔬菜），烤大蕉，满满一盘金灿灿的橙子，还有一个菠萝。我们喝的是冰水，当然也可以点茶或咖啡。这就是我们在牙买加的第一餐。"[147] 兰皮尼注意到市场上"热火朝天做生意"的小贩们，其中有"头顶着蔬菜篮的苦力；拿着装满各色糖果的雪松木盒的女孩……兜售牛肚和猪小肠的商贩；还有用托盘端着国王鱼的男人"。[148] 他还提到了一个有趣的早期冷链运输的例子：一位妇女正在售卖"一堆刚从美国用冷藏船运来的红苹果"[149]。每个小贩都有"自己的特色"。在西班牙镇，兰皮尼想象着过去种植园主的生活，并将牙买加描绘成一个拓荒社会，甚至在某种程度上预见性地将其视为白人精英的游乐场：

> 看着这些古老的宅邸……我们可以想象昔日总督、主教和法官们在此举办盛大宴会的场景。看着它们，是不是让你想起了腌制烤猪肉、黑蟹、海龟汤和陈年马德拉葡萄酒！是不是让你回想起那荒诞的旧时光！那时，海军少尉们骑着鳄鱼招摇过市，海军上将们为岛上的棕色姑娘们举办舞会，各种如今看来罪恶的行径在那时却更加为社会所容。现在，这世上还有没有一瓶陈年马德拉葡萄酒留存？……还有人品尝过巴斯潘趣酒吗？[150]

兰皮尼对"克里奥尔菜肴"并无好感，认为它"总是很糟糕"。[151]他抱怨在"老式酒馆"里吃到的"硬邦邦的鸡肉"，并以类似爱德华·沃德的方式，详细描述了一顿典型的饭菜：

> 你坐下用餐，主菜是一只肉鸡，用苏格兰帽椒或其他辣椒调味，可惜没有用法兰娜葡萄酒浸泡，而是漂浮在被胭脂树红染成鲜亮橙色的油脂里。配菜有皮革般坚韧的咸猪肉，全是肥膘和猪皮，还有用火灰烤制的青大蕉以及山药或芋头。[152]

尽管"食物粗劣，价格昂贵"，但他意识到，旅行者依然会"受到热情款待。这种热情或许有时过于亲昵，甚至显得不够拘谨，但这恰恰是待客之道的精髓所在。旅行者将深入了解一个正在快速消失的阶层和他们的生活方式"。[153]

兰皮尼也对种植园主的食物表示不满。在一段近乎讽刺的文字中，他写道：

在牙买加，即使是最贫穷的种植园主也以维护这种（好客的）传统为荣。当然，种植园主也各不相同。在一些家庭里，他会发现自己置身于英式乡村宅邸舒适优雅的环境之中。而在另一些家庭里，他吃到的食物可能比酒馆的饭菜还要粗糙。牛肉汤的肉块往往会被捞出来单独盛在盘子里，作为另一道菜和汤碗一起端上来；鸡肉是"意外所得"——据说是马车进门时撞死的；还有种植园主戏称为"哈利法克斯羊肉"的咸鱼；一大块烤过头的粗糙"牛肉"——所有这些，通常佐以大量的劣质朗姆酒和食物上残留的咸水，就是他的晚餐了。晚餐过后，侍女（通常是主人的私生女）会光着脚、戴着头巾，把新摘的橙树刺放在汤盘上递给他当牙签；随后，她会拿出岛上自产的雪茄，并教他如何用一块烧红的木炭点燃——这块木炭由刚才那位动作麻利的侍女菲莉斯（Phyllis）用叉子尖挑着送来。一杯加了红糖的黑咖啡，再来一大杯兑水的朗姆酒，就为这顿晚餐画上了句号……（然而）……如果他对这样的款待心存芥蒂，那他可真是失礼了。[154]

我们已经注意到，兰皮尼区分了他喜欢的牙买加辣椒锅和"散发着难闻气味的……德梅拉拉辣椒锅"[155]。他观察到，"在黑人烹饪中，辣椒锅是用各种风马牛不相及的食材杂合而成的。虾或某种小龙虾是必不可少的，但有时还会加入竹嫩尖、木棉树嫩芽、卷心菜、紫繁缕、豆子，甚至夜间开放的仙人掌花蕾"[156]。

67　　他还喜欢"辣椒锅之后的小杯潘趣酒；加糖的青柠汁、兑水的朗姆酒都严格按照传统的克里奥尔秘方调制而成：'一分酸三分甜，四分烈四分柔'"[157]。他记录了一场烹饪比赛，当时一位克里奥尔朋友向他挑战做汤的厨艺：

> 你们英国人在烹饪方面普遍比我们强……但你们的汤可比不上我们。那难以下咽的清汤寡水！不过是些热水，里面漂着洋葱和几小块胡萝卜。而这，才叫作一碗好汤——浓稠而丰盛……如果你想学做完美的汤，就得来牙买加！我们发现这种想法在整个乡村地区广泛存在。没有人能说服一个克里奥尔人，相信他的汤、肉末和炖菜不是烹饪艺术的巅峰。的确，这些菜肴的丰盛程度是毋庸置疑的。咸黄油放得毫不吝啬，辣椒和胭脂树红也用得毫无节制，色泽鲜艳，辛辣无比。可滋味都跑哪儿去了呢？[158]

　　兰皮尼还观察到一些与非洲传统食物相关的特征：将大蕉晒干，"捣成粉（称为大蕉粉）用来做粥"[159]，以及一种迷信的说法，"如果你在某个荒凉的地方闻到淡淡的炊烟味，黑人们就会说，'这是恶鬼在煮南瓜'——是恶鬼在准备食物"[160]。他甚至收录了两个阿南西蜘蛛故事，其中一个是"约翰乌鸦为何秃顶"，故事里涉及"黑人谚语"以及不同动物之间的进食比赛。[161]

　　兰皮尼对一块自留地的描述，尤其是对它如何通过复杂的间作系统最大限度地利用土地的描写，出奇地详尽而优美。[162]他还特别关注了自留地的经济效益："一英亩自留地的租金通常为每年二十先令。通过普通的劳作，每年大约能赚到三十英镑。"[163]他描述了"黑人的食物主要由'面包类'和'咸货类'组成"：

前者包括山药、大蕉、香蕉、芋头、面包果和红薯。后者包括咸猪肉、咸鳕鱼、鲮鱼和咸鲭鱼。蔬菜主要用作辣椒锅的配料……糖业劳工，无论是印度人还是克里奥尔人，都会捕捉并食用那些侵扰甘蔗田的大老鼠……他们说这些老鼠的味道像鸽子肉。除了自留地，黑人常常会租下一块地，根据当地环境种植生姜、烟草或咖啡。竹芋和木薯也是岛上各个地区的小农户广泛种植的作物。[164]

"令人作呕的甜点、奇异的水果和成堆的甘蔗"：查尔斯·金斯利的《西印度群岛的圣诞节》（1882）

68

本章探讨的最后一篇文章，是查尔斯·金斯利（Charles Kingsley）对其1882年加勒比之旅的生动记述。金斯利是圣公会牧师、维多利亚女王的专职教士（从1859年起）。他曾任剑桥大学历史系讲座教授（1861—1869），是一位重要的维多利亚时期社会改革家和资深英国作家。他的这篇游记在他去世后于1882年出版。在接近圣托马斯岛时，金斯利幽默地形容这座岛看起来像"一只炙热的荷兰锅"[165]，抵达后他看到"一支黑人小船队，以及成堆的香蕉、山药、青橙和甘蔗"[166]。金斯利似乎对西印度群岛的植物了如指掌。他观察到"神奇的"木瓜树是"西印度厨房门口常见的植物"，并描述了木瓜叶在"擦拭最坚硬的水果"[167]时具有的软化特性，还提到木瓜果实可以制成美味的酱料和腌菜。

在圣基茨岛，金斯利提到"当地的男女老少都喜欢嚼食甘蔗，无论行走坐卧都不离口"，并补充了一个颇具争议的观点：

"这使得他们的嘴唇变厚了。"[168] 他认为无花果（其实是香蕉）是一种"误称"[169]，番荔枝是"一种还算不错的水果，其果肉酷似大脑"[170]。在圣卢西亚岛，他回忆道："我们……第一次看到鳄梨，或牛油果，它被称为水手的黄油；大而圆的棕色水果，可以蘸着胡椒和盐吃，通常放在篮子里以供需要的人取用，旁边是色彩鲜艳的红辣椒、略带橙色的青椰、巨大的山药和芋头，还有各种颜色和种类的奇异腌菜。"[171] 他发现黑人的身体状况"非常好"，并认为这表明了"只需少量劳动……就能轻易获得食物"。[172] 因此，"黑人妇女没有必要为了生计而嫁给一个男人并成为他的附庸。女性是独立的，无论是好是坏，她们都能保持独立的生活方式"[173]。金斯利对这个基本上以女性为主的社会的解读相当粗糙，但他对这种现象的记录却很有趣。

在特立尼达岛的西班牙港，他描述道："随处都会有一个胖乎乎的黑人妇女试图兜售令人作呕的甜点、奇异的水果，还有成堆的甘蔗，供在中央大街闲逛的人啃食。"[174] 他更欣赏岛上的根茎类食物，尤其是各种山药，认为它们"如果种植得当……会是……极好的食物"[175]。值得注意的是，金斯利探讨了特立尼达岛的"契约劳工"或印裔加勒比人的饮食与文化。他评论说，过去两年里，契约劳工的薪资支付方式发生了变化——他们现在获得的薪资"部分以日常口粮的形式支付"。这份口粮包括"一磅大米、四盎司的豆、一盎司椰子油或酥油；五到十岁的孩子则获得半份"[176]。他认为这是必要的，因为"他们通常会攒钱，克扣自己的饮食，从而影响工作能力，甚至危及生命；自从实行口粮发放计划以来，他们的死亡率大幅下降，这就是证明"[177]。根据金斯利的说法，这一举措起到了一个意想不到的作用，"它减少了街头小商店（例如米店和放贷人）的数量，这些小店曾经是特立尼达岛的一大祸害，现在依然困扰着英国工人"[178]。

图 2-3　"打开可可果，特立尼达岛"
（纽约公共图书馆数字馆藏，朔姆堡黑人文化研究中心，简·布莱克威尔·哈特森研究和参考部，http://digitalcollections.nypl.org/items/510d47de-00d8-a3d9-e040-e00a18064a99）

结　论

这两章展现了早期白人作品如何为我们提供了关于加勒比地区种植园主和白人精英阶层早期饮食习惯的宝贵视角，同时也探讨了其他社会群体和族裔的饮食文化。本章探讨了奴隶食物的性质和来源，以及自留地在奴隶生存、活动和反抗中发挥的重要作用。此外，本章还展示了进口食品如何逐渐被种植园主阶级和奴隶接受并改良，以及一些菜肴（例如辣椒锅）如何跨越社会和族裔界限，最终成为完全的克里奥尔菜肴——它们不再是英式或非洲风味，而是"加勒比"风味，与同时期出现的克里奥尔身份和

70

文化相呼应。无论这些概念如何定义，食物、文本与文化之间的这种"呼应"，核心在于"本土"与外来元素之间的张力。事实上，加勒比食物文化中一个长期存在的问题就是对外来商品的依赖，以及对进口食品的偏爱和推崇，以至于人们忽视或低估了本地食物的价值。本章以查尔斯·金斯利为例，展示了这种张力在19世纪末的具体体现。

当时，可可是特立尼达岛的重要作物，当然，它也是巧克力制作的核心原料。金斯利记述了一则关于一个德国人的故事：

> 这个德国人认为在特立尼达岛可以做出与巴黎一样好的巧克力……并且最终成功了。然而，岛上的克里奥尔白人不愿购买这种巧克力，认为它不是好巧克力，不是真正的巧克力，除非它经历两次跨越大西洋的旅程，从时尚中心巴黎转一圈运回来。因此，可能为特立尼达岛带来巨大财富的巧克力生产被放弃了，岛上的女士们只吃法国巧克力，据说它的价格是本地巧克力的四倍。[179]

随着20世纪的临近，新一轮的压力和挑战也开始出现在加勒比地区，这个问题依然没有得到根本解决。第三章和第四章将探讨一些文学作品如何回应进口食品（以及其他商品）被优先考虑的现象。而第五章将分析20世纪和21世纪不同的巴巴多斯烹饪作家如何融入并挑战这种文化叙事。第六章记录并解读了笔者于2018年在巴巴多斯岛进行的一系列口述历史访谈，以此说明这些议题在许多当代巴巴多斯人饮食观念中的重要地位。最后一章颠覆了"外来"和"本土"的二元对立，探讨加勒比食物如何随着西印度人传播到世界各地，讨论其真实性的主张以及名厨和烹饪作家作为跨文化美食倡导者所扮演的复杂角色。

注　释

1. Lucille Mathurin Mair, 'Women Field Workers in Jamaica During Slavery', in *Caribbean Slavery in the Atlantic World*, eds. Verene Shepherd and Hilary McD. Beckles (Kingston, Jamaica: Ian Randle, 2000), 390.

2. 该故事经编辑后于 1907 年出版，并于 1934 年和 1939 年再版，菲利普·莱特（Philip Wright）的编辑版于 1966 年出版。

3. Barry Higman, 'Lady Nugent's Second Breakfast', *Kunapipi* 28, no. 2 (2006): 116.

4. Lady Maria Nugent, *Journal of Her Residence in Jamaica*, ed. Philip Wright (Kingston, Jamaica: University of West Indies Press, [1839] 2000).

5. Nugent, *Journal*, 57.

6. Nugent, *Journal*, 13.

7. Nugent, *Journal*, 13.

8. Higman, 'Second', 116.

9. Higman, 'Second', 116.

10. Nugent, *Journal*, 79.

11. Nugent, *Journal*, 91-92.

12. Nugent, *Journal*, 7.

13. Nugent, *Journal*, 190-191.

14. Higman, 'Second', 121.

15. Higman, 'Second', 122.

16. Gordon Lewis, 'Pro-Slavery Ideology' in *Caribbean Slavery*, 552.

17. Lewis, 'Pro-Slavery', 553.

18. Bryan Edwards's *The History, Civil and Commercial, of the British Colonies in the West Indies* (1807), 179-182.

19. Edwards, *History*, 148.

20. Edwards, *History*, 9.

21. Edwards, *History*, 9.

22. Edwards, *History*, 9-10.

23. Edwards, *History*, 9.

24. Edwards, *History*, 11-12.

25. Lewis, 'Pro-Slavery' in *Caribbean Slavery*, 553.

26. Edwards, *History*, 141-142.

27. Edwards, *History*, 142-143.

28. Edwards, *History*, 158.

29. Edwards, *History*, 159.

30. Edwards, *History*, 161.

31. Edwards, *History*, 161.

32. Edwards, *History*, 161.

33. Edwards, *History*, 162.

34. Edwards, *History*, 162.

35. Edwards, *History*, 162.

36. Edwards, *History*, 160.

37. Edwards, *History*, 166-167.

38. 在巴巴多斯，这些水罐因其独特的形状被称为"猴子罐"。

39. Edwards, *History*, 164.

40. Edwards, *History*, 164.

41. Edwards, *History*, 295.

42. Edwards, *History*, 297-300.

43. Edwards, *History*, 299.

44. Edwards, *History*, 300.

45. David Howard, *Kingston: A Cultural and Literary History* (Oxford: Signal Books; Kingston, Jamaica: Ian Randle, 2005), 10.

46. John Stewart, 'A View of the Past and Present State of the Island of Jamaica [1823]', cited in Howard 2005, 10.

47. 参见：https://insidejourneys.com/stewart-castle-main-trelawny-jamaica/.

72

48. Stewart, 'View', vii.

49. Stewart, 'View'.

50. Stewart, 'View', 44.

51. Stewart, 'View', 44-45.

52. Stewart, 'View', 61.

53. Stewart, 'View', 61.

54. Stewart, 'View', 62.

55. Stewart, 'View', 62.

56. Stewart, 'View', 64.

57. Stewart, 'View', 66-67.

58. Stewart, 'View', 65.

59. Stewart, 'View', 74-75.

60. Stewart, 'View', 98.

61. Stewart, 'View', 98.

62. Stewart, 'View', 268. 查尔斯·兰皮尼在《牙买加来信: 蒸汽与森林之地》（Rampini，1873）中也观察到了这一点。

63. Stewart, 'View', 310. "懒惰的黑奴"这一刻板印象在安东尼·特罗洛普（Trollope，1859）中有更恶毒的描述。

64. Stewart, 'View', 311.

65. James Pope-Hennessy, *A West Indian Summer* (London: B. T. Batsford Ltd., 1943), 9. 安德烈娅·利维的《长歌》（Levy，2010）中，卡罗琳·莫蒂默的形象以此为基础。

66. Mrs Carmichael, *Domestic Manners*, in MacKie, *Life and Food in the Caribbean* (London: Weidenfield & Nicolson: 1987), 56-57.

67. Carmichael, *Manners*, cited in MacKie, *Life*, 57.

68. Carmichael, *Manners*, cited in MacKie, *Life*, 79.

69. Carmichael, *Manners*, cited in MacKie, *Life*, 26.

70. Mackie, *Life*, 57.

71. Mackie, *Life*, 70.

72. Pope-Hennessy, *West Indian*, 90.

73. Carmichael, *Manners*, 90.

74. Pope-Hennessy, *West Indian*, 90.

75. Carmichael, *Manners*, cited in MacKie, *Life*, 80.

76. M. G. Lewis, *Journal of a West Indian Proprietor*, ed. Judith Terry (Oxford: Oxford University Press, [1834] 2005), 35.

77. Lewis, *Journal*, 54.

78. Lewis, *Journal*, 54.

79. Lewis, *Journal*, 55.

80. Lewis, *Journal*, 66.

81. Lewis, *Journal*, 66-67.

82. Lewis, *Journal*, 67.

83. Lewis, *Journal*, 95.

84. Lewis, *Journal*, 95.

85. Lewis, *Journal*, 67.

86. Lewis, *Journal*, 95.

87. Lewis, *Journal*, 95.

88. Lewis, *Journal*, 95.

89. Lewis, *Journal*, 120.

90. Lewis, *Journal*, 68.

91. Lewis, *Journal*, 68.

92. Lewis, *Journal*, 94.

93. Lewis, *Journal*, 94.

94. Lewis, *Journal*, 95.

95. Karina Williamson, 'Mrs Carmichael: A Scotswoman in the West Indies, 1820–1826'. *International Journal of Scottish Literature* 4, no. 1.

96. 此时，法国殖民地马提尼克岛仍未废除奴隶制。

97. Joseph Sturge and Thomas Harvey, *The West Indies in 1837* (New York: Cosimo, [1838] 2007), 100.

98. Sturge and Harvey, *West Indies*, 52.

99. Sturge and Harvey, *West Indies*, 28-29.

100. Sturge and Harvey, *West Indies*, 52.

101. Sturge and Harvey, *West Indies*, 176-177.

102. J. A. Thome and J. H. Kimball, *Emancipation in the West Indies* (New York: Cambridge University Press, 1838), cited in Beckles 1988, 49.

103. Sturge and Harvey, *West Indies*, 256.

104. Sturge and Harvey, *West Indies*, 358-359.

105. Sturge and Harvey, *West Indies*, 359.

106. Sturge and Harvey, *West Indies*, 359.

107. Sturge and Harvey, *West Indies*, 359.

108. Anthony Trollope, *The West Indies and the Spanish Main* (London: Frank Cass, 1968), 2.

109. Trollope, *Spanish*, 3-4, 7.

110. Trollope, *Spanish*, 4.

111. Trollope, *Spanish*, 8.

112. Trollope, *Spanish*, 12-14.

113. Trollope, *Spanish*, 21.

114. Trollope, *Spanish*, 21.

115. Trollope, *Spanish*, 41.

116. Trollope, *Spanish*, 21.

117. Trollope, *Spanish*, 27.

118. Trollope, *Spanish*, 27.

119. Trollope, *Spanish*, 28.

120. Trollope, *Spanish*, 28.

121. Trollope, *Spanish*, 41-42.

122. Trollope, *Spanish*, 44.

123. Trollope, *Spanish*, 44.

124. Trollope, *Spanish*, 44.

125. Trollope, *Spanish*, 44.

126. Trollope, *Spanish*, 44.

127. Trollope, *Spanish*, 59.

74

128. 关于这一刻板印象，另外参见: Edward Long (1774).

129. Trollope, *Spanish*, 65.

130. Trollope, *Spanish*, 91.

131. Trollope, *Spanish*, 91.

132. Trollope, *Spanish*, 124.

133. Trollope, *Spanish*, 124.

134. Trollope, *Spanish*, 43.

135. Trollope, *Spanish*, 170.

136. Trollope, *Spanish*, 178-179.

137. Trollope, *Spanish*, 239.

138. Trollope, *Spanish*, 239.

139. Trollope, *Spanish*, 240.

140. Trollope, *Spanish*, 240.

141. Trollope, *Spanish*, 241.

142. Trollope, *Spanish*, 370.

143. 参见: Trollope, *Spanish*, 384-386.

144. Trollope, *Spanish*, 371.

145. 这篇文本是基于 1939 年夏天蒲柏–亨尼西本人在特立尼达岛度过六个月的经历，当时他是岛上总督的副官。

146. Pope-Hennessey, *West Indian*, 9.

147. Charles Rampini, *Letters from Jamaica: The Land of Streams and Woods* (Edinburgh: Edmonston & Douglas, 1873), 18.

148. Rampini, *Letters*, 25.

149. Rampini, *Letters*, 25-26.

150. Rampini, *Letters*, 45.

151. Rampini, *Letters*, 53.

152. Rampini, *Letters*, 53.

75 153. Rampini, *Letters*, 53.

154. Rampini, *Letters*, 54-55.

155. Rampini, *Letters*, 64.

156. Rampini, *Letters*, 64.

157. Rampini, *Letters*, 65.

158. Rampini, *Letters*, 65.

159. Rampini, *Letters*, 73.

160. Rampini, *Letters*, 83.

161. Rampini, *Letters*, 122.

162. Rampini, *Letters*, 90-91.

163. Rampini, *Letters*, 91.

164. Rampini, *Letters*, 91.

165. Charles Kingsley, *At Last: A Christmas in the West Indies* (London: Macmillan, 1882), 15.

166. Kingsley, *At Last*, 16.

167. Kingsley, *At Last*, 23.

168. Kingsley, *At Last*, 32.

169. Kingsley, *At Last*, 31.

170. Kingsley, *At Last*, 32.

171. Kingsley, *At Last*, 32.

172. Kingsley, *At Last*, 33.

173. Kingsley, *At Last*, 33.

174. Kingsley, *At Last*, 87.

175. Kingsley, *At Last*, 93.

176. Kingsley, *At Last*, 118.

177. Kingsley, *At Last*, 118.

178. Kingsley, *At Last*, 118.

179. Kingsley, *At Last*, 118.

第三章

黑人饥饿与白人丰足

——两部编史元小说中的食物与社会秩序

　　本章重点探讨两部编史元小说中的食物和叙事。编史元小说是一种重要的文学体裁，它以富于想象力的方式挖掘被隐藏或被沉默的历史，赋予那些在真实历史中被剥夺了话语权的人物以声音和力量——这些人物在社会、政治和文本层面都未得到充分的呈现。本章讨论的两部小说——卡里尔·菲利普斯的《坎布里奇》（Phillips，1991）和安德烈娅·利维的《长歌》（Levy，2010）——其主要人物都是奴隶。编史元小说还有意运用自我指涉，探讨叙述和书写过程，揭示故事讲述与历史记录之间不对等的价值。两部小说都呈现了双重历史叙事，并揭示了食物与社会秩序之间动态变化的关系。它们都涉及黑人奴隶的饥饿与克里奥尔白人的丰足，探讨了不同形式的"文化盲点"以及书写身份等问题。通过虚构的探索与重塑，小说再现了加勒比种植园背景下克里奥尔白人和奴隶对食物及饮食传统的态度。此外，利维在

《长歌》中的书目致谢（作为附录）以及菲利普斯及其批评者[1] 的评论表明，两位作者都广泛参考了（有时甚至是相同的）加勒比地区早期历史文献和作品。然而，本章也指出，两位作者对这些资料的使用，以及对加勒比特定历史时期的虚构"重访"，并非未经过滤，也并非没有问题。作为流散加勒比作家（卡里尔·菲利普斯）和第二代加勒比裔英国作家（安德烈娅·利维）所创作的小说，《坎布里奇》和《长歌》分别出版于 20 世纪末和 21 世纪初，注定与它们所借鉴的历史资料存在一定距离。

尽管两位作者都广泛参考了早期历史文献，但二者与这些资料的关系各有不同，进而导致小说中关键人物叙事能力的差异。菲利普斯在《坎布里奇》中塑造的虚构人物在某种程度上仍受制于史料记载的声音，而利维则创造了多个角色，包括主人公兼叙述者朱莉，其叙事声音突破了史料的框架，甚至对这些资料构成挑战——这是一种后现代元小说的框架，它讲述了利维的资料与其背景之间的罅隙中的故事，颠覆了克里奥尔白人创作的文本在小说创作中的主导地位。

外部视角：欧洲人的叙述与食物的克里奥尔化

如前所述，早期关于加勒比地区的文献提供了丰富的饮食传统和饮食实践的记录。重要的是，它们还记录了人们对加勒比地区饮食（无论是本土的还是外来归化的）的反应，以及饮食地位的转变及其与新兴文化民族主义的联系。其中，爱德华·沃德的《牙买加之行》（Ward，1696）就是一个典型的例子。尽管沃德的文本带有讽刺意味，并列举了许多看似令人作呕的菜肴，但当他提到在牙买加种植园的豪华餐桌上，龟肉常被作为一道奢华菜肴时，他触及了早期"牙买加性"的象征——一种早期克里奥尔白人身份的定义和实践方式。[2] 在《长歌》和《坎布里奇》中[3]，利维和菲利普斯都让其小说人物注意到，龟肉是种植园主奢华宴席上的核心菜肴，而这种做法在早期历史文献中也多有记载，例如马修·刘易斯（Lewis, 1834）[4] 的著作。正式的宴会是种植园主阶级主要的社交形式之一，对于食物与文化的关系至关重要，因为它不仅是他们交流新闻、观点以及享用食物和饮品的主要场所，而且，正如利维的小说所展现的那样，宴会上提供的食物和饮品的种类、质量甚至数量，都与特定的口味偏好和社会地位密切相关。

值得注意的是，沃德早在1696年的记录中就提到了辣椒锅。辣椒锅不但具有重要的经济功能，还具有深刻的象征意义。如前所述，它起源于在明火上用铁锅进行的一锅煮烹饪法，这种做法最初是奴隶群体迫不得已而为之，后来也受到穷人的青睐，并且主要使用可以在奴隶自留地上轻松种植的本土和归化食材。制作辣椒锅的知识主要通过口耳相传，这赋予了辣椒锅一种象征意义。它将种植园奴隶与口传的非洲烹饪传统联系起来，并在后奴隶制时期，将西印度群岛的人们与种植园奴隶的食物紧密相连。与海龟不同，辣椒锅最初明确地被视为"奴隶食物"。

然而，辣椒锅究竟何时以及为何首次由奴隶厨师提供给种植园主阶级，并被其纳入饮食文化，目前尚无定论。但可以肯定的是：辣椒锅成功跨越了奴隶与主人之间的社会鸿沟，这在该语境下也意味着其跨越了非洲或非裔厨师与欧裔克里奥尔消费者之间的界限。辣椒锅似乎是加勒比地区最早完全克里奥尔化的菜肴之一，至今仍以各种形式被制作和食用。一本1965年出版的加勒比食谱指出这道菜的持久性及其在加勒比烹饪中悠久的渊源："辣椒锅可以保存数月，几乎代代相传。每天晚上都会重新加热，并添加新鲜的肉类或剩下的食材。阿尔杰农·阿斯皮纳尔（Algernon Aspinall）爵士在《西印度群岛袖珍指南》（Aspinall，1907）中声称，他曾品尝过据说已有一百年历史的辣椒锅。"[5]辣椒锅还在家庭经济中发挥了重要作用，这种每天在一锅汤中添加食物并煮沸的方法，成为一种合理利用现有食物的有效手段，体现了加勒比饮食文化中的"凑合"（making do）观念。这种社会现象以及其中典型的加勒比"饮食文化哲学"[6]，源于历史的需要而非选择，已被包括奥利芙·西尼尔[7]和林恩·玛丽·休斯顿[8]在内的多位社会学家和评论家所记录。

伊拉里·贝尔蒂（Ilari Berti）将其描述为一种态度的转变：从最初对加勒比本地食物的"怀疑"与/或"厌恶"，以及伴随而来的"污染"[9]话语，逐渐转变为"好奇和欣赏"，因为殖民者的饮食习惯逐渐适应了新环境。[10]她指出，这种新旧饮食方式以及消费模式之间的冲突，通过种植园厨房中克里奥尔或非裔厨师的形象得以体现，而厨房也成为"克里奥尔化"的重要场所："食用不同的食物成为一种普遍习惯，这不仅催生了新的饮食实践，也创造了动态的跨文化空间。"[11]卡迈克尔夫人曾记录道，"克里奥尔汤非常受欢迎"[12]，而卡拉萝是辣椒锅中的"主要成分"，这种"汤味道鲜美，既健康又美味，适合所有人——克里奥尔人、白人、自由人、有色人种或奴隶"[13]。然而，正如多项研究[14]以及小说《长歌》所表明的，这种转变并非一定是永久的，也并非单向地朝着更深的克里奥尔化发展。

食物禁忌与健康

有趣的是，沃德提到海龟会让"外来者腹泻"，各种"酸"水果会带来"腐蚀肠道的黏液"，这些说法将加勒比食物病态化，认为其不健康且容易致病，这也引出了一个常见的主题。一个世纪之后，玛丽亚·纽金特夫人在记录她旅居牙买加的经历时，也涉及了这一主题。纽金特坚信，种植园主阶级对丰盛食物和美酒的过度享用是黄热病暴发的原因，而黄热病是 19 世纪初牙买加的主要杀手。纽金特的观点反映了当时流行的关于健康与饮食关系的教育论述。[15] 然而，沃德讽刺的语气让人难以判断他在多大程度上接受了当时欧洲关于热带食物的禁忌和医学建议，但纽金特的观点显然更直接地受到这些公共建议的影响并对其加以支持。她对 19 世纪早期牙买加食物和种植园主餐桌的记录，是个人与公共、个体与社会交织的例证。纽金特的记录展现了在饮食偏好、饮食实践和饮食禁忌方面，最初源于个体、非常原始的味觉感受是如何被塑造为一种更具社会构建性的味觉观念的，这种观念受到殖民主义、阶级、性别和医学等多重话语的影响。

然而，值得注意的是（正如马修·刘易斯的记录[16]也指出的那样），这些禁忌和对特定食物的态度通常并不适用于奴隶群体，因为他们无法获得种植园主阶级享用的食物种类，他们有自己的饮食习惯和（通常以草药为主的）药物疗法。此外，这些禁忌也并非一成不变。菲利普斯的小说《坎布里奇》就是这样一个例子。英国白人女性艾米莉·卡特赖特在前往牙买加父亲的种植园的旅途中，记录上船时"医生"建议的"白人生存之道"："避免日晒，少吃，避免将酒与水果混吃，不喝椰子水、麦芽酒或苹果酒，多吃肉类或鱼类，每天至少喝两到三杯马德拉葡萄酒。"[17]

然而，在小说后来的一个午餐场景中，她深思道："我们被迫接受一篮又一篮水果，而根据医生的说法，这些水果应该尽可能多吃，因为'水果从不伤身'。"[18]

在《长歌》中，安德烈娅·利维通过虚构人物卡罗琳·莫蒂默，以讽刺的笔调评论了加勒比地区克里奥尔白人和种植园主阶级的饮食。他们种植、进口和享用的食物种类极为丰富，这一点在朗（Long，1774）、刘易斯（Lewis，1834）、卡迈克尔（Carmichael，1934）或纽金特（Nugent，2000）[19]等文本中均有记载。卡罗琳抵达马买加不久，与她的哥哥、种植园主约翰·霍沃斯同住。约翰娶了一位克里奥尔女子，但最近成了鳏夫。卡罗琳刚到牙买加，就急于尝试各种当地食物和西印度菜肴：

> 颠簸的航行之后，她一度担心再也无法恢复的胃口，如今正以一种新鲜而刺激的方式复苏。杧果在她看来是最好吃的水果——汁水丰盈，甜美可口。虽然它有点像带有松节油味的桃子……但她并非胆怯之人，不会因为害怕而退缩，不敢尝试新事物……她对哥哥说："如果海龟在这个异国他乡被认为是美味佳肴，那我无论如何都要尝尝，哪怕就一次。"她想尝试一切……来吧，鸭子、珍珠鸡、马鲛，卡罗琳·莫蒂默夫人已经迫不及待地想大快朵颐了，甚至连原本给奴隶吃的面包果也不放过。[20]

在这一段以及其他相关段落中，利维着重描写了卡罗琳的旺盛食欲和她融入牙买加种植园社会的勃勃雄心——这一点从她丰盛的宴席，尤其是她为盛大圣诞晚宴所做的精心准备中可见一斑——并以此创作出一些引人入胜、妙趣横生的段落，探讨了种植园环境下黑人和白人对食物及食物消费的不同态度。尽管我们应当始终牢记,《长歌》是同时代历史资料与非同时代虚构文本的复杂融合,但利维小说中的这一部分有效地突出了种植园主与奴隶之间在消费模式上的巨大差异,以及种植园环境中贫困与富裕的并存;也生动地展现了奴隶如何通过诸如故意误导和偷窃等日常生活的细微抵抗,来对抗白人主人和女主人的权威。[21] 在此,食物再次充当了"动态多变的实践",得以填补空虚,并对抗克里奥尔白人的权力。

食物与奴隶的反抗

当利维笔下的卡罗琳忙着列出圣诞晚宴所需的琳琅满目的菜肴和各种材料清单时,小说中那个俏皮的第三人称叙述者插话道:

> 或许,读者,你对西印度种植园主及其声名远播的胃口有所了解。你可能曾经在家中招待过他们,目睹家里的仆人们忙前忙后地伺候他们。如果真是如此,那么你也会知道,为了满足他们贪得无厌的胃口,许多可怜的生物不得不付出代价。[22]

这种叙述视角的转变至关重要。事实上,利维和菲利普斯都采用了刻意将克里奥尔白人主导的叙事去中心化的策略。利维的小说以口述叙事和自由间接引语开篇,故事由朱莉讲述,卡罗琳的存在也正是在此框架下得以呈现的。这种对白人种植园主阶级主导话语的去中心化解构,是编史元小说中常见的后现代叙事策略，也使小说与近年来各种"底层史"或"自下而上的历史"研究及创作思潮产生关联。更重要的是，利维的叙事策略将小说的焦点从关于种植园生活的正式、抽象的书面档案记录，转移到了一种更口语化、更具地方色彩、更强调集体的解读上，其中也有对种植园主和奴隶与食物的关系的解读。利维的小说改变了读者以及像菲利普斯这样的作家对种植园生活相关文献档案的回应方式。这正是利维小说的主要创新之处及其意义所在：它颠覆了互文性，并调整了我们阅读这些史料和虚构作品的方式。相比之下，菲利普斯在《坎布里奇》中融合史实与虚构、历史参考与创作自由时，效果则温和得多，而且其人物显然更受限于原始材料的性质。

《长歌》中第三人称讽刺视角的转换，以及整部小说中朱莉小姐叙事声音的突出，不仅对利维小说的叙事策略至关重要，也体现了其他层面的权力转移。简而言之，《长歌》展现了历史上食物和社会秩序的动态，其复杂程度远超表面，并且与更广泛、更微妙的权力网络交织在一起。在种植园环境中，食物的准备工作通常由一小部分家奴负责。在许多情况下，这些家奴在关键的食物准备环节中，既可能遵循种植园主的指令，也可能拥有抗拒的力量。正如刘易斯等人所记载的，某些时候，即使面临严厉的惩罚，家奴仍会利用手中的权力进行破坏，甚至投毒。利维的小说以充满想象力的方式，重现了在等级森严却又共享的种植园住宅空间中，克里奥尔白人种植园主阶级与其黑奴之间的权力关系。食物的准备和享用，这一私密领域，可以说是其最微妙的体现之一。

83

厨房里的博弈

事实上，利维的小说特别关注其虚构的奴隶群体中权力、颠覆与反抗的微妙之处。在《长歌》的圣诞晚餐片段中，我们看到厨师和家奴明显违抗卡罗琳的烹饪指导，并有意扰乱种植园主餐桌上的社交规范与礼仪。理查德·威尔克（Richard Wilk）等人指出，在这一时期以及之后，雇主与厨师之间普遍存在紧张关系。[23] 他们认为，"尽管这些女性为雇主烹制欧洲菜肴，但她们并不总是按指示行事，这可能是因为不懂、缺乏食材，也可能是她们自身的一种反抗，不愿放弃家乡的烹饪方式"[24]。类似地，马修·刘易斯记录了他对一位黑人厨师的失望。这位厨师似乎无法按照他的具体要求准备特定的食材或菜肴：

> （奴隶）永远无法以同样的方式，两次做出相同的菜；如果厨师成功做了一道菜，而你又希望她再做一次，她肯定会做出不同的结果。有一天，我要求每餐都必须有一块咸牛肉，以确保我能随时拿出足够的牛肉给医院里的病人。结果，晚餐就只有咸牛肉。我抱怨晚餐没有新鲜菜，第二天，餐桌上就只有新鲜菜。有时餐桌上几乎什么都没有，厨师好像完全忘记了做晚餐；我训斥了她，第二天她又变本加厉，竟然宰杀了猪、羊、鸡、鸭、火鸡，以及所有她能弄到的东西，直到餐桌被她的劳动成果堆得几乎要垮掉。[25]

虽然刘易斯将这种行为解读为奴隶的迟钝和无知，认为这是他们无法遵循简单指令的表现，但我们也可以将其解读为一种故意的破坏行为，实际上是奴隶在日常生活中对白人权威的小规模反抗。

反抗行为：食物偷窃

菲利普斯和利维的小说都体现了奴隶反抗的另一个典型例子：偷窃种植园主的食物和饮料。在菲利普斯的小说中，坎布里奇确实因偷窃食物等多项指控受审[26]，最终被处以绞刑，罪名是谋杀了虐待他的布朗先生。然而，关于这起谋杀的证据却十分模糊，难以令人信服。利维则通过描述朱莉经常从餐厅偷窃食物来展现反抗行为。[27]这种偷窃行为通常与其他奴隶合作完成，而这种"小伎俩"也在奴隶之间传播和实践。[28]塞克·威廉姆斯–福森（Psyche Williams-Forson）认为，在非裔美国人的语境中，"偷食物是一种技巧和狡黠的行为，能够智胜主人，并催生'非裔美国人式的诡计英雄主义'。偷窃被视为生存的必需，在道德上也可接受，同时也是一种颠覆行为"[29]。偷窃之所以具有颠覆性，是因为它"打破了通过严格配给和控制食物生产及所有权来维持的奴隶制秩序；因此，它颠覆了种族秩序和权力框架"[30]。在加勒比地区情况类似，偷窃食物通常被奴隶视为艾米丽·佐贝尔·马歇尔（Emily Zobel Marshall）所说的"阿南西策略"（Anansi tactic）。安德鲁·沃恩斯（Andrew Warnes）指出，奴隶的自传"经常……提及反抗行为——例如偷吃食物和自行觅食，秘密自学，以及其他挑战（食物和文字）限制的个人反抗。在《弗雷德里克·道格拉斯自传》中，烹饪和写作被描绘成充满变数的行为——它们不仅为奴隶提供了希望，也威胁到奴隶主，成为奴隶'巧妙地运用策略'突破或巩固种植园行为规范的手段——这本书提供了诸如此类日常反抗的丰富案例"[31]。沃恩斯观察到，"如果奴隶可以通过挪用'白人食物'和'白人书籍'来重申他们的人性，那么奴隶主就可以通过收回这些物品——

让奴隶回归像动物一样吃喝以及像动物一样无知的状态——来否定这种人性"[32]。简而言之，正如弗雷德里克·道格拉斯（Frederick Douglass）的叙述所示，食物提供了"规训与反抗"[33]的可能性，而坎布里奇正是在这样的制度下被残酷地处死的。相比之下，他的妻子克里斯蒂娜——据称是一名奥比女巫——非常令人敬畏（也可能是因为其性利用价值）[34]，以至于在菲利普斯小说中她可以当着艾米莉的面，公然与腐败的布朗先生同桌而坐。正如卡罗琳所说，这是一个极具反叛性的行为，因为克里斯蒂娜既不是家奴，也不是餐桌侍者。[35]

这样的框架和比较语境，有助于我们理解利维小说中几个关键场景的特殊意义。其中一个重要场景是，利维设计了男管家戈弗雷提醒并质问女主人的情节，讨论她要求购买的圣诞大餐食材费用：

"我哥哥说你在骗我。怎么所有东西都这么贵？"女主人质问道。

戈弗雷直视着她，毫不退缩，轻声回答："不是东西贵，是您付不起。"……

"你竟然敢质疑我，"卡罗琳·莫蒂默说，"我知道你在欺骗我。听着，最好给我弄个好价钱，不然鞭子够你受的。"……

她从一个小麻布钱包里数出钱。然后不容分说地把硬币交给戈弗雷，道："一定要买上好的桌布。爱尔兰亚麻桌布应该会让伊丽莎白·温德姆妒忌。"[36]

戈弗雷因不服从命令而吃了一记耳光，但他的反抗行为不止于此；事实上，这不仅说明卡罗琳作为白人女性对她兄弟的钱财只有名义上的掌控[37]，以及她在特定家庭经济背景下的脆弱权威，还展示了一个更为广泛的、根深蒂固的等级体系，标志着这个家庭在种植园社会中的地位以及其中的细微身份等级。

在接下来的一个场景中，朱莉独自留在大宅里，随意游走于各个房间，翻看着那些通常她无权触碰的女主人的物品。她越轨的行为还包括从高高的橱柜里取出女主人最精美的瓷杯和盘子，并在一个充满讽刺意味的场景中，模仿女主人用她那纤细弯曲的手指摆弄茶杯。[38]朱莉的模仿行为更进一步。她使唤同伴家奴玛格丽特为她倒茶，而当已获自由的奴隶尼姆罗德（Nimrod，名字本身就暗示着速度与反抗）进入房子时，她因受到惊吓转而命令他为自己服务。朱莉占据了本应由白人专用的餐桌（通常是奴隶们侍奉主人，而非坐在桌旁用餐的地方），并取用了像葡萄酒这样的"白人专属"物品，以此颠覆了种植园社会的规则和等级制度，尽情享受着她公开且张扬的反抗。这一幕是"世界颠倒"的经典例证，体现了社会等级的反转以及米哈伊尔·巴赫金（Mikhail Bakhtin）所谓的"狂欢节式"的庆祝。朱莉透过银色托盘的盖子看着自己的倒影，"在大汤匙里，她和整个世界都上下颠倒，然后又在汤匙的另一面翻转回正常的世界"[39]。

事实上，当尼姆罗德进入房子时，朱莉将他纳入了这场颠覆性的游戏中，展现了经典的反转与殖民模仿的特征：他（一个获得自由的奴隶）此时变成了奴隶，扮演着顺从的角色；而她（一个奴隶）不仅获得了自由，更是在两人的关系中占据了主导地位，拥有了不容置疑的权威。然而，这同时也是一个求偶场景，其中支配与屈从成为这场互相吸引的即兴仪式舞蹈的核心元素。此处的种族和性别政治同样引人注目，因为朱莉通过模仿"女主

人"，显然享受着对她的"奴隶"尼姆罗德施加种族和性别权力
的快感，而尼姆罗德则顺从于自己作为朱莉仆人的角色：

"去给我倒杯茶来，快点！"……

尼姆罗德为朱莉在餐桌尽头摆好了刀、叉、勺和蓝白瓷

图 3-1 "巴巴多斯混血女孩"
（纽约公共图书馆数字馆藏，朔姆堡黑人文化研究中心，照片与影印部，
https://digitalcollections.nypl.org/items/510d47df-d5db-a3d9-e040-
e00a18064a99）

盘，但她仍然觉得有必要惩罚他，因为他动作太慢，他是个迟钝懒散的黑人（原文为侮辱性词语——译者注）。她拿起汤匙敲打他的头。他尖叫——嗷——感到一阵剧痛，然后答应她会做得更好。然而，他没有把椅子拉得足够远，让她舒服地坐下，也没有推得足够近，让她方便用餐。

"你真是个愚蠢至极的黑人，看我怎么用鞭子抽你！"朱莉大喊道。

尼姆罗德在她面前战战兢兢，不知所措："对不起，主人。"

盘子里的橙子还没有剥皮。"这东西我怎么吃？"朱莉问道。当尼姆罗德俯身用刀切水果时，朱莉再次用勺子敲了他的头。"你离我太近了，黑人！"她告诉他。他抽身跳回来的时候，她喊道："这水果怎么办？要我自己剥吗？"当他俯身准备再切一下时，她猛地扇了他一巴掌："你敢违抗我？"她质问道。

"不敢，主人。"他气喘吁吁地说。

"我吃饭的时候，你竟敢跟我说话？"她说着，又用勺子敲了他一下。

尼姆罗德斟满的红酒溢出杯沿，深紫色的酒液滴落在桌布上。

"小心点，黑人，那是我们最好的酒！"朱莉厉声呵斥道。

尼姆罗德跪倒在她面前，苦苦哀求："主人，别打我了，别打我了。"

"但我非得抽你，"朱莉说道，随手朝他扇了一巴掌，"不然你永远都学不会。"[40]

在这段文字中，朱莉小姐在一个虽然被彻底驯化，但依然清晰可辨的惩戒领域中，挪用了殖民话语中的一些固定套路。根据殖民主义的构建逻辑，尼姆罗德是一个"迟钝懒散""愚蠢至极的黑人"，因此必须接受相应的管教（包括言语斥责、体罚以及鞭笞的威胁）。然而，他同时也是一个追求者，朱莉小姐对此心知肚明，因此其中暗含的情色支配和臣服的政治也被调动起来。朱莉小姐颠覆了种植园主导的性别政治和欧洲宫廷爱情传统中的权力关系，将自己置于主动追求者的位置，而非被动的渴望对象。她主动利用种族和性别相关的权力话语，不仅展现了一个"颠倒的世界"，更是形成了一个极具颠覆性的戏剧场景。

"难道外来的东西总是比本地的好？"

卡罗琳的圣诞晚餐菜单揭示了一种不同类型的等级体系，而这种等级体系仍然与体面、社会地位和口味偏好等概念相关。她的菜单呈现出一种有趣的张力：一方面是舶来的烹饪传统（例如圣诞布丁、烤牛肉和英式果酱），另一方面是对更多当地食物的改造——例如"龟壳盛龟肉"这道菜，被转化为充满异国情调的烹饪表演，象征着社会地位和财富。在这个情境下，不仅是进口或外来的食物和食谱具有特别的价值和高地位，本土的、地方性的也同样如此。这恰恰是"本土与外来"在同一餐桌上交织的一个典型例子——"人们如何在同一时间，甚至同一道菜中，既展现出一种熟悉的本土感，也呈现出异国情调"[41]。在这个例子中，我们也能看到饮食文化价值的流动性：某些食物在饮食等级和喜好中的文化价值并非一成不变，而是具有可塑性的，甚至可能发生逆转。正如她哥哥约翰所预料的那样，卡罗琳很快就对当地的菜肴和食材感到厌倦，转而喜爱更"体面"的、主要受欧洲影响的饮食。

　　重要的是，这种个人口味的转变也反映了克里奥尔白人或种植园主阶级和上层中产阶级的一种更广泛的趋势：从本土或本地化的食物转向进口商品，因为这些商品对于有能力消费的人来说，拥有更高的声望和价值。值得注意的是，在定居牙买加的这段时间里，卡罗琳的饮食偏好已经从接受异国风味和本土食物转向了追求安全且更具声望的进口及欧式菜肴，从进口的英式果酱和制作圣诞布丁的食谱中可见一斑。[42] 对于刚踏入牙买加种植园主阶级的卡罗琳来说，食物——尤其是在象征意义最为浓厚的圣诞节这样的基督教节日——与社会地位息息相关。正如卡迈克尔夫人所说，正式的宴会和聚会等仪式至关重要，因为它们似乎是与其他克里奥尔白人建立联系的主要途径：

　　　　当我最初抵达西印度群岛时，几乎没有我们所说的"随意拜访"；家庭聚餐或悠闲品茶的习俗都不存在，社交往来仅限于正式的晚宴。[43]

　　作为一个新来者和相对缺乏经验的主妇，卡罗琳的菜品选择看似随意且杂乱，但实际上，它们被纳入了一个更大的殖民体面性话语系统中，这个系统"用来表达殖民地中无数的社会等级差异"[44]。威尔克（Wilk，2006）和许多其他评论家指出[45]，利维的《长歌》反映了一个更广泛的历史现实，即富有而强大的种植园主家庭通过"财富、教育、社会地位和职务"[46] 以高度仪式化的方式展现自身。威尔克在探讨 19 世纪伯利兹中上阶层对"欧洲上层阶级习俗和时尚"[47] 的密切关注时指出：

体面与声望都需要源源不断的进口商品。尽管穷人的日常饮食是"大蕉和咸鱼",辅以"根茎类蔬菜",但在任何节庆场合都需要进口奢侈品……为了维护声望,倾其所有地款待亲朋好友,享用昂贵的葡萄酒、烈酒和食物至关重要……进口商品永远优于本地产品,新品永远胜过旧物,而昂贵之物永远比廉价的更好。[48]

在菲利普斯的小说《坎布里奇》中,英国人物艾米莉·卡特赖特道出了人们对定期进口食品的热切期盼:"我已经勉强适应了没有黄油佐餐、只能搭配粗劣肉食的生活,除非恰好有一批来自爱尔兰或英格兰的货物新鲜抵达(尽管长途航行后,新鲜程度实在堪忧)。"[49]正如威尔克所说,这里体现了一种明显的饮食等级体系:进口食品(例如爱尔兰或英国产的黄油)的地位在艾米莉看来远高于本地生产的食品。

"某些白人女性的胡说八道"[50]

克里奥尔白人和英国贵妇的著作,例如卡迈克尔夫人、纽金特夫人和珍妮特·肖的著作,被《长歌》的主要叙述者朱莉小姐称为"某些白人女性的胡说八道"[51],这是一种巧妙的自我反思策略,既突出了她叙述话语中重建的残存口述痕迹,也使小说与其书面历史文本之间保持了一定的距离。然而,菲利普斯在《坎布里奇》的创作中并没有采用这种疏离策略。小说中的虚构人物艾米莉·卡特赖特前往加勒比地区,探访她久未谋面的父亲在牙买加的种植园,实际上是由一系列历史原型或素材合成的,这与利维笔下的卡罗琳·莫蒂默大相径庭。事实上,正如拉斯·埃克

斯坦（Lars Eckstein）指出的那样，菲利普斯小说中的许多段落都
与之前的历史文本惊人地相似（Eckstein，2001）[52]。例如，欢迎
艾米莉来到种植园的那一餐，与纽金特夫人的描述如出一辙：

> 关于这顿饭，我几乎无从挑剔，除了它过于奢靡。餐桌
> 上摆满了令人咋舌的丰盛菜肴，完全违背了所有家庭礼仪的
> 规范。我从未见过如此丰盛且口味浓重的食物：陆龟和海龟、
> 鹌鹑、沙锥、鸽子和千鸟。上好的波特酒，辣椒锅，还有味
> 道浓郁的蔬菜，虽然它们看起来像土豆和卷心菜，但实际上
> 与我们熟悉的这些食物只是近亲而已。茶、咖啡，大杯的红
> 葡萄酒、马德拉葡萄酒、桑格里酒——呈上，随后是柑橘类
> 水果和菠萝馅饼。我曾问布朗先生这样的宴会是否常见，他
> 一边点头，一边将一块炖鱼送入口中，我只能猜想他大概一
> 天只吃这一顿饭。至于我自己，我得承认，如此奢华让我觉
> 得有些庸俗。[53]

然而，这里与原始素材的关系与利维对同一主题的处理方式 90
截然不同。利维小说中戏谑的叙事语调和复杂的叙事疏离效果全
然不见。菲利普斯的叙事风格似乎与其角色保守的言论相呼应。
例如，当艾米莉提到"那种与土豆和卷心菜相似，但与我日常饮
食中的这些主食只是近亲的浓重口味蔬菜"时，她指的可能是红
薯、山药和卡拉萝；但她显然难以准确地描述这种味觉体验。她
的词汇量有限，主要来自她所出身的殖民中心的话语体系。事实
上，蒂莫西·贝威斯（Timothy Bewes）认为：

> 艾米莉的日记充斥着"殖民主义"的态度——不仅是政

治上的……还是美学上的……艾米莉是一位有抱负的作家兼讲师……但我们在她的日记中读到的，却是一位笨拙的、充满模仿痕迹的、对意识形态缺乏认知的作家。她写下冗长的文字，深陷于欧洲中心主义的文学话语中。她叙事中夸张的程度令人惊讶，以至于她的许多段落……与其说是力求"声音的真实性"（菲利普斯的作品常因这种特质而受到赞誉），不如说是对殖民话语的讽刺。[54]

艾米莉和坎布里奇"以不同的方式"展现了他们是不可靠的叙述者。[55] 在小说后期，艾米莉呈现出一种更克里奥尔化的认知方式，她接受了在哥哥的种植园里接触到的食物名称、制作方法和实践，并对这些烹饪传统感到"得心应手"[56]，甚至抱怨在海湾镇一个商人家举办的"传统西印度晚餐"缺乏国际化元素，令人失望。[57] 然而，菲利普斯笔下的人物在小说的文化世界中从未完全克里奥尔化，而且在叙事上，她的声音也始终未能突破其现实生活中的殖民前辈所设定的"舒适区"，无法与坎布里奇或小说中的其他黑人角色真正产生联系。坎布里奇依然是一个外来者，"他者"，被拒于她的叙事之外，无法融入她的话语体系。同样，菲利普斯的叙事策略使艾米莉与小说的原始素材和"先驱声音"之间的关系更加紧密和局限，相比之下，利维的处理方式则更加自由。这或许反映了菲利普斯更加关注重现历史时刻，而非像利维的小说那样，优先对这些时刻进行虚构重塑。不仅如此，在菲利普斯的小说中，坎布里奇的叙事声音并没有像利维作品中的朱莉小姐那样占据主导地位并统摄其他叙事声音，菲利普斯的小说也从未融入重塑后的口述风格和叙事技巧，而这些技巧正是利维小说彻底克里奥尔化的标志，也改变了她在《长歌》中讲述的故事。

91

因此，值得注意的是，两部小说中虚构的"白人女性"最终都以一种低调而悄无声息的状态回到了英格兰，而正是利维笔下坚强的女性叙述者——朱莉小姐，才在食物与生存问题上拥有最终的话语权。朱莉的代表作是一个精致的银盘，上面摆满了精心收集的昆虫，作为"临别礼物"送给孩子的父亲，也就是卡罗琳的丈夫约翰·古德温。[58] 因此，朱莉的这道"菜"不仅是对种植园主奢华餐桌的嘲讽，激起了罗伯特对卑微之物的特定恐惧和反应，同时也触及了一种更广泛的食物禁忌——这种禁忌在许多文化中都存在，但并非所有文化都一样。自然，在离开种植园大宅后，朱莉的生存策略——无论是在经济上还是心理上——都与烹饪有关：她开始以"岛上最好的果酱和腌菜制作者"的身份谋生。[59] 这样的创造性实践为她最终的角色——我们正在阅读的故事的叙述者——奠定了坚实基础。在这一点上，利维让朱莉始终与其奴隶出身的口述创造力和社群生活保持着紧密联系，让她以口头方式叙述着她的故事："一个直言不讳但文化不高的女人。"[60] 共享饮食的文化体验贯穿了她的叙述，就像在一场漫长的宴席上，她娓娓道出她的故事，并记录下儿子托马斯（该书的出版商）以及我们对她故事的反应，她则俏皮地坐在窗边，"身旁放着一杯甜茶"[61]。下一章将探讨更广泛的文学文本中糖和其他食物的表现形式，进而探讨加勒比文学作品中食物与身份认同的问题。

注　释

1. Lars Eckstein, 'Dialogism in Caryl Phillips's *Cambridge...*', *World Literature Written in English* 39, no. 1 (2001): 54-74.

2. B. W. Higson, *Jamaican Food* (Kingston, Jamaica: University of West

Indies Press, 2008), 6 and 8.

3. Andrea Levy, *The Long Song* (London: Headline Review, 2010), 23; Caryl Phillips, *Cambridge* (London: Picador, 1991), 31-32 and 80-81.

4. M. G. Lewis, *Journal of a West India Proprietor*, ed. Judith Terry (Oxford: Oxford University Press, [1834] 2005), 103 and 151. 另外参见: Henry Coleridge (1826), Lady Maria Nugent (2000) and Mrs Carmichael (1934).

5. Winifred Grey, *Caribbean Cookery* (London: Collins, 1965), 208.

6. Lynn Marie Houston, *Food Culture in the Caribbean* (Trenton, NJ: Greenwood Press, 2005), xxv.

7. Olive Senior, *Working Miracles: Women's Lives in the English-Speaking Caribbean* (London: James Currey and Bloomington: Indiana University Press, 1991), 129-147.

8. Houston, *Food*, xxv-xxvii.

9. 另外参见: Richard Wilk, 'Real Belizean Food', in *Food and Culture*, 2nd ed., eds. Carole Counihan and Penny Van Esterik, 308-326 (London and New York: Routledge, 2008).

10. Ilari Berti, 'Curiosity, Appreciation and Disgust', in *Caribbean Food Cultures: Culinary Practices and Consumption in the Caribbean and Its Diasporas*, eds. Wiebke Beushausen, Anne Brüske, Ana-Sofia Commichau, Patrick Helber and Sinah Kloss, 115-132 (Bielefeld, Germany: Transcript, 2014).

11. Berti, 'Curiosity', n.p.

12. Mrs Carmichael, *Domestic Manners and Social Conditions of the White, Coloured, and Negro Population of the West Indies* (London: Whittaker, Treacher and Co., 1934), 51.

13. Carmichael, *Manners*, 68.

14. Wilk, 'Real Belizean Food', 308-326.

15. Richard Wilk, *Home Cooking in the Global Village: Caribbean Food from Buccaneers to Ecotourists* (Oxford: Berg, 2006), 110.

16. Lewis, *Journal of a West Indian Proprietor*.

92

17. Phillips, *Cambridge*, 35.

18. Phillips, *Cambridge*, 48.

19. Edward Long, *The History of Jamaica*, 3 vols. (London: T. Lowndes, 1774); M. G. Lewis, *Journal*; Carmichael, *Manners* or Lady Maria Nugent (2000).

20. Levy, *Long Song*, 22-24.

21. 另外参见: Lewis, *Journal*, 347-348, and Carmichael, *Manners*, on this subject.

22. Levy, *Long Song*, 57.

23. Wilk, *Home Cooking in the Global Village*, 190-191.

24. Wilk, *Home Cooking in the Global Village*, 109.

25. Lewis, *Journal*, 393-394.

26. Phillips, *Cambridge*, 166.

27. Levy, *Long Song*, 72.

28. Levy, *Long Song*, 73.

29. Psyche Williams-Forson, 'More Than Just the "Big Piece of Chicken"', in *Food and Culture* 11 (September 16, 2016).

30. Jennifer Brown, 'Remembrance of Freedoms Past', *The Routledge Companion to Literature and Food*, eds. Lorna Piatti-Farnell and Donna Lee Brien (London and New York: Routledge, 2018), 165.

31. Andrew Warnes, *Hunger Overcome?* (Athens and London: University of Georgia Press, 2004), 2-3.

32. Warnes, *Hunger*, 3.

33. Warnes, *Hunger*, 2-3.

34. Phillips, *Cambridge*, 74-75.

35. Phillips, *Cambridge*, 77-78.

36. Levy, *Long Song*, 61.

37. Levy, *Long Song*, 60.

38. Levy, *Long Song*, 98.

39. Levy, *Long Song*, 97.

40. Levy, *Long Song*, 99.

41. Wilk, *Home Cooking in the Global Village*, 113.

42. Levy, *Long Song*, 58-59.

43. Carmichael, *Manners*, cited in Christine MacKie, *Trade Winds: A Caribbean Cookery Book* (Bath: Absolute Press, 1987), 56.

44. Wilk, *Home Cooking in the Global Village*, 79.

45. 例如: Peter Wilson, *Crab Antics* (New Haven, CT: Yale University Press, 1973); Diana Austin, 'Culture and Ideology in the English-Speaking Caribbean', *American Ethnologist* 10, no. 2 (1983): 223-240; Jean Besson, 'Reputation and Respectability Reconsidered' in *Women and Change in the Caribbean*, ed. Janet Momsen, 15-37 (London: James Currey, 1993); Karen Olwig, *Global Culture, Island Identity* (New York: Harwood Academic Publishing, 1993); and Daniel Miller, *Modernity* (Oxford: Berg, 1994).

46. Wilk, *Home Cooking in the Global Village*, 79.

47. Wilk, *Home Cooking in the Global Village*, 82.

48. Wilk, *Home Cooking in the Global Village*, 83.

49. Phillips, *Cambridge*, 80-81.

50. Levy, *Long Song*, 8.

51. Levy, *Long Song*, 8.

52. 参见: Lars Eckstein, 'Dialogism in Caryl Phillips's *Cambridge*', *World Literature Written in English* 39, no. 1 (2001): 54-74. 埃克斯坦（Eckstein）细致地梳理了菲利普斯如何运用特定文献片段。这些来源包括卡迈克尔（Carmichael, 1934）、弗拉尼根夫人（Mrs Flannigan, 1844）、刘易斯（Lewis, 1834）和肖（Schaw, 1923）的著作。同时，菲利普斯还更为广泛地借鉴了亨利·纳尔逊·科尔里奇（Henry Nelson Coleridge, 1862）、布莱恩·爱德华兹（Edward, 1807）、纽金特（Nugent, 2000）、J. B. 莫顿（Moreton, 1790）和F. W. N. 贝利（F. W. N. Bayley, 1830）的作品。在塑造其小说的同名主人公时，菲利普斯大量借鉴了经典奴隶叙事作品，包括詹姆斯·格罗尼奥索（James

93

Gronniosaw）的《詹姆斯·艾伯特·格罗尼奥索生平叙事》（1770）、奥托巴·库戈阿诺（Ottobah Cugoano）的《关于奴隶制罪恶的思考与感悟》（1787）、奥劳达·伊奎亚诺（Olaudah Equiano）的《有趣的叙事及其他著作》（1789）以及伊格内修斯·桑乔（Ignatius Sancho）的《伊格内修斯·桑乔书信集》（年份不详）。蒂莫西·贝威斯（Bewes, 2006）则提出了一种更富问题意识的解读方式。他认为菲利普斯笔下的叙述者常常"模仿"其他话语，以至于缺乏自己独特的声音，而且这些叙述者与其所处文本的物质性之间存在着极其不稳定的关系（33-60）。

53. Nugent, *Journal*, 31-32.

54. Timothy Bewes, 'Shame, Ventriloquy, and the Problem of the Cliché in Caryl Phillips', *Cultural Critique* 63 (Spring 2006): 44.

55. Bewes, 'Shame', 44.

56. Phillips, *Cambridge*, 114.

57. Phillips, *Cambridge*, 114.

58. Levy, *Long Song*, 270.

59. Levy, *Long Song*, 279.

60. Levy, *Long Song*, 2.

61. Levy, *Long Song*, 8.

第四章

"吃什么（以及如何吃）决定你是谁"

——加勒比地区的食物与身份政治

本章取材自丰富多样的加勒比文学作品，旨在展现饮食创作和叙事创作如何在加勒比地区及加勒比文化流散社群中交织，成为紧密相连的文化实践。历史上，加勒比作家一直通过写作来探索、定义并强化他们独特的文化、种族、阶级、性别和身份认同，特别是通过描绘他们吃什么、何时吃以及如何吃。在一系列加勒比文学作品中，有关进食、宴饮、斋戒以及其他饮食仪式和实践的描写，构成了一种强大的社会凝聚力和文化传承的力量。此外，食物通常是理解加勒比身份认同的核心问题，尤其是在流散社群和全球化背景下。如前所述，加勒比地区在全球互联和全球化进程中的历史与食物密不可分，且渊源已久。然而，当食物"旅行"时，又会发生怎样的变化？流散作家如何通过食物和饮食文化来协商他们的身份？当代加勒比作家如何平衡过去和现在的地方性与全球化饮食文化之间的张力？

美洲原住民：加勒比地区的初代厨师

加勒比地区的初代厨师是美洲原住民（例如阿拉瓦克人和加勒比人），他们在欧洲人和非洲奴隶到来之前就已在该地区航行并定居。巴巴科阿（Barbacoa，后来被西班牙人称为烧烤）的烹饪传统，即腌制后的肉在明火上烤制，这几乎可以肯定源自美洲原住民。如今，加勒比地区仍然保留着许多其他源自他们的烹饪方法。例如，用富含淀粉的甜木薯或苦木薯制作"芭米糕"（bammie cakes）、面包或木薯粉，以及用"卡萨瑞普"（cassareep，即木薯酱）保存肉类或作为加勒比特色菜——辣椒锅——的关键食材。弗朗西斯·巴克、彼得·休谟和玛格丽特·艾弗森（Barker, Hulme and Iversen，1998）、安德鲁·沃恩斯（Warnes，2004）以及近来瓦莱丽·洛伊肖特（Loichot，2013）的研究表明，"同类相食"或"食人"的观念与该地区的原住民密切相关，甚至早在哥伦布与美洲原住民加勒比人的那场臭名昭著的相遇之前就已存在，尽管几乎没有证据表明这些原住民曾在任何常规或世俗的场合下真正有过食人行为。

阿拉瓦克人的最高男性神祇约卡努是木薯的赐予者，这与木薯在其文化中的核心地位密切相关。食物在许多美洲原住民的创世神话中占据着重要地位，例如"貘与生命之树"的故事。菲利普·夏洛克（Philip Sherlock）的《西印度群岛民间故事集》（Sherlock，1966）中便收录了这个故事的一个版本，名为《库马克树》。这个故事与许多加勒比民间故事相似，以饥饿开篇。造物主卡博·塔诺看到他的子民从天而降，清理这颗"沉闷的地球"，却逐渐感到虚弱、痛苦，甚至"濒临饿死"。[1] 于是：

他创造了一棵巨大的树，其规模前所未见，每一根枝条都如同森林里的大树，上面挂满了累累果实：金灿灿的橙子、青黄的香蕉、成熟的人心果、杧果——每一种水果都在各自的枝条上生长成熟；树下则生长着各种各样的食用植物：木薯、马铃薯、山药、玉米等等。[2]

在这个故事的后续版本中，首先发现这棵树的是貘：

他们走到哪里，土壤都贫瘠不堪，几乎寸草不生，但他们注意到貘却过得滋润无比，于是派啄木鸟跟踪它，试图找到它的食物来源。然而，啄木鸟在树上啄食昆虫时发出的声响暴露了自己。接着，他们派老鼠去与貘讨价还价，双方达成共享这棵树的果实的协议。但老鼠太贪婪了，最终被发现嘴里塞满了玉米，睡得正香，于是他们强迫老鼠带他们去那棵树。几个月后，他们砍倒了这棵树，每个人都带走一根树枝去种植。[3]

在牙买加作家奥利芙·西尼尔的版本——《生命之树》[4]（选自《热带园艺诗集》）中，貘被"野猪马普里"（Mapuri）替代（与夏洛克的版本相同），但这次是创世神"大能者"要求美洲原住民砍倒这棵树，并带走"树枝和插条，四处种植"[5]，从而开启了我们今天所知的农耕和农业体系。

《热带园艺诗集》（Senior，1995）中的诗歌，集中展现了美洲原住民作为加勒比地区最早的、具有生态意识的"耕耘者"形象，以及他们留给加勒比地区的宝贵遗产，同时也批判了当代加勒比地区的农业政策和实践，认为这是一种新型的殖民主义。因此，这些诗歌本身就蕴含着"生态意识"。这在该诗集的标题诗中尤其明显。在《胭脂树红与格尼帕果》中，诗歌深入思考了这些从植物中提取的黄色涂料和黑色染剂在美洲土著文化中的核心地位。然而，这些都是已经失落的传统："如今，再也没人把胭脂树红和格尼帕果/当回事/乡下人曾经用胭脂树红/为食物着色，/现在却几乎找不到了，/即使在市场上也买不到。/至于格尼帕果：那就更糟了。大人们/嘲笑它/（尽管他们也吃）。只有孩子们承认/他们喜欢它。"[6] 在《格尼帕果》一诗中，西尼尔同样描述了母亲们警告孩子们，格尼帕果会染色，但她们却"偷偷地吃"[7]。正如诗中反复出现的句子所暗示的，"我们的母亲对格尼帕果有着特殊的感情"，这句话的含义远不止一种。《番石榴（二）》聚焦于一个女人在"当时的巴巴多斯"制作番石榴果酱的故事，她辛勤劳作，努力将后院番石榴树上迅速成熟的果实全部熬煮保存。在她猝然离世后，诗人提醒"泰诺人（Taino）的/死神叫马克塔里/吉瓦巴（或科亚巴），意为番石榴之神"[8]，因为泰诺人相信死者会在夜间回来吃番石榴。诗人暗示，古老的美洲原住民神灵已经指示番石榴树"加快生长速度，/以便即将到来的灵魂能够充分饱尝/番石榴的芬芳"[9]。

在其他美洲原住民叙事中，食物和进食通常作为交媾的隐喻，动物则通常作为人类与精神世界之间万物有灵的桥梁。尽管加勒比作家如威尔逊·哈里斯（Wilson Harris）、保琳·梅尔维尔（Pauline Melville）、格蕾丝·尼科尔斯（Grace Nichols）和西尼尔在他们的作品中以各种方式探讨了美洲原住民的神话、文化和烹饪遗产，但与加勒比其他族群相比，美洲原住民的口头叙事很少被广泛收录、翻译或研究。德斯雷·福克斯（Desrey Fox）就是越来越多致力于弥补美洲原住民文化相对被忽视的加勒比学者之一。[10] 在圭亚那作家威尔逊·哈里斯和保琳·梅尔维尔的小说和评论作品中，可以发现对美洲原住民神话和文化的探索，尽管他们以加勒比为背景的创作很少专门聚焦于食物。梅尔维尔于 1991 年出版的短篇小说集《变形者》中的短篇小说《吃拉巴，喝溪水》（拉巴是一种小型鹿科动物），其标题引用了圭亚那的一句俗语，意思是：如果你吃了拉巴，喝了溪水，就一定会重返圭亚那。

阿南西和他的诡计故事

加勒比地区最初的叙事形式是口头传说。早期的口头文学包括阿南西故事，讲述了蜘蛛骗子（半人半蜘蛛）的种种事迹。这个角色源自西非，由奴隶带到加勒比地区，并在甘蔗种植园上不断演变和发展。阿南西在特维语中是"蜘蛛"的意思，这些口头叙事被认为主要源自阿散蒂（Ashanti）文化。阿南西故事通常被视为简单的民间故事，但实际上，它们最初是非洲大陆以及后来加勒比地区奴隶群体中的生存故事，采用了一种精心设计的隐秘编码。故事中的阿南西凭借智慧、机敏和狡猾，屡次战胜更强大、更凶猛的对手（例如鳄鱼、蛇、老虎），因此象征性地代表了饥荒时期的生存之道，或是奴隶对压迫性种植园制度的反抗。

正因为这些骗子故事具有生存主义功能，它们往往涉及食物，或者更准确地说，是围绕食物匮乏的主题展开的。阿南西是"一系列关于食物短缺和获取的口头故事中的骗子战略家……他总能在别人挨饿时设法让自己吃饱"[11]。温纳（Wona）的《阿南西故事选集》（Wona，1899）中有许多关于食物的诡计。马歇尔（Marshall，2014）也注意到，在贝克威思（Beckwith，1924）、拉特雷（Rattray，1930）、哲基尔（Jekyll，1966）、贝内特（Bennett，1979）和坦纳（Tanna，2000）等多位编纂者收集的阿南西故事中，食物都占据着重要位置。菲利普·夏洛克的《阿南西蜘蛛人》（Sherlock, 1956）中，所有故事都与食物和进食有关。詹姆斯·贝里（James Berry）的儿童故事集《阿南西蜘蛛人》（Berry, 1986）同样包含了以食物为主题的故事，例如《阿南西与母牛的坏消息》。在贝克威思的《干头与阿南西》中，阿南西以"治病"为由骗过妻子，独自吃掉了一整只猪；而在沃尔特·哲基尔（Walter Jekyll）的《阿南西在螃蟹国》（Jekyll, 1966）中，阿南西假扮传教士，诱使美味的螃蟹跳入沸水中接受"洗礼"。在夏洛克版的这一故事中[12]，阿南西召集他的朋友老鼠、乌鸦和牛蛙，帮助他诱使蟹群对"布道"产生兴趣。当螃蟹看到阿南西"洗礼"他的朋友时，它们也想加入，结果被装进了麻袋。在这些故事中，食物在字面上（以及文学上）成为生死攸关的主题，故事与食物在这种文化形式中紧密结合，并以实用且生动的方式呈现出来。

在《蜘蛛是如何秃头的》（Rattray, 1930）这个故事中，"阿南西假装为了纪念死者而禁食，却在葬礼上偷吃东西，最终受到了应有的惩罚。他正准备吃热豆子时被人发现，情急之下把豆子藏进帽子里，结果豆子烫伤了他的头皮，导致他头发掉光"[13]。这个故事"通过展现那些违背习俗的人所遭遇的麻烦，强化了阿散蒂社会的结构"[14]。马歇尔指出，"大多数（阿散蒂阿南西）故事以对饥荒的描述开篇，阿南西拼命地寻找食物……这些故事的主要焦点是作物的种植和对肉类的渴望"，尤其是将肉类作为潜在配偶的礼物。[15]"牙买加的阿南西故事同样以对食物匮乏和苦难的描述开篇……在食物和水极度短缺、生死攸关的情况下，阿南西总能找到办法克服看似无法逾越的挑战。"[16]事实上，"牙买加的阿南西几乎痴迷于食物……在食欲的驱使下，他不仅偷吃别人的食物，甚至自己孩子的食物也不放过，以满足他那贪得无厌的胃口"[17]。坎蒂

99

丝·古彻提到了哲基尔收集的一个阿南西故事，其中阿南西宣称："我打算买一些咸鱼和一小块山药，三便士的红豆用来做汤，再买一把葱、一瓣大蒜放进我的小点心里。另外，我还打算买一把熟透的香蕉，再拿点鸽豆，看看能不能弄到一小块牛骨。"[18] 她评论道，阿南西的这顿饭——咸鱼、杂粮、香蕉以及红豆汤——"在大西洋两岸都很常见"[19]。显然，阿南西成功熬过了"中途航线"，化身为一名厨师（尽管他通常是食物的接受者或偷窃者）。

　　阿南西故事——如同加勒比地区的饮食文化一样——是鲜活的、不断演变的克里奥尔文化，而非一成不变的继承形式，这在《阿南西与酸模汁》（Bennett，1979）这个故事中得到了体现。由于食物匮乏（阿南西没有东西可以带去平安夜的晨间大集市）、意外（他把找到的几片红叶扔进了一锅沸水中）以及即兴发挥（他试着加入糖、姜和肉桂），阿南西无意中发明了牙买加的经典圣诞饮品——酸模汁。这款饮品本身就是牙买加文化身份的象征。马歇尔认为，这是一种对非洲木槿饮品的创新改编，在新的背景下呈现出别样的风味。[20] 事实上，像咸鱼、青葱和香蕉这样的加勒比克里奥尔食物逐渐取代了非洲食物，例如"芙芙"（fu-fu）、棕榈酒和棕榈果核，这种转变在安南西故事中体现了新兴的加勒比克里奥尔文化认同。[21]

阿南西的遗产

　　阿南西形象在后来的残存口述文本中再次出现，例如特立尼达岛的卡利普索歌手"战士"（Fighter）的歌曲《印度婚礼》（1957）。这首歌通过对种族冲突的讽刺，揭示了双方荒谬可笑的局面。歌中的主人公是一位非裔克里奥尔人，他假扮成印裔加勒比人去参加一场印度教婚礼。主人公阿南西式的诡计异常成功，甚至有人提议让他与一位印度女孩结婚。这是另一种将食物与性联系起来的"消费"形式，在卡利普索音乐中屡见不鲜。当他的骗局最终被揭穿并遭到暴力威胁时（"哇！天哪！黑人，哇！"），他仍然乐意留在那里，因为从一开始，他感兴趣的就主要是食物。他就像阿南西一样，是一个"典型的……闯入者、伪装者和骗子"[22]，然而，值得注意的是，这首卡利普索歌曲中两个族群都因刻板印象而成为讽刺对象：印度人被描绘为排外者、轻信者、异域者以及"他者"，而非裔克里奥尔人则被刻画成懒惰者、欺诈者和贪婪者。

100

　　阿南西的身影也出现在牙买加诗人和表演艺术家路易斯·贝内特（Louise Bennett）20世纪早期和中叶的一些诗歌中。事实上，贝内特是一位关键人物，她将传统的加勒比文化形式（例如口头谚语、阿南西故事）以及民族语言与加勒比诗歌广泛地联系起来。贝内特继续在诗歌中使用口头谚语，其中许多都与食物和进食有关，例如《烤火鸡》。[23] 阿南西的精神依然活跃在贝内特的日常生活诗歌中，尽管更多时候，他以一种坚韧而"狡猾"的女性形象出现。其中最著名的例子是贝内特的诗作《牙买加女人》。这首诗的开篇写道："牙买加女人真聪明啊，兄弟！/她们怎么这么会耍花招？"[24] 她肩负着为家庭精打细算和每日烹饪的重担，但她敏锐地意识到，如果她像安南西一样"守口如瓶"，从长远来看，她不仅能掌控食物，还能掌握对丈夫的主导权，因为"女人的好运终会到来"。[25] 在《战时杂货店》和《米粮耗尽》等诗作中[26]，贝内特描绘了许多阿南西故事开篇中常见的饥饿和食物匮乏场景，只是背景被更新为战时食物短缺、价格管制以及店主和供应商的投机行为。

从加勒比地区的食物到加勒比食物：
白人种植园主与旅行者的记录

正如第一章和第二章所述，早期阶段的另一个主要信息来源是白人种植园主与旅行者对加勒比地区生活的记录。许多记录揭示了他们对新奇、异域、熟悉、进口和克里奥尔化食物的有趣态度，同时也反映了食物的可获得性和选择如何与加勒比殖民地的种族、族裔和社会等级结构紧密相连。回顾爱德华·沃德的《他们的食物》，我们会发现其中提到了"一种他们称之为辣椒锅的罕见汤"。这是对至今仍在整个加勒比地区流行的"一锅煮"的最早描述之一。正如奥利芙·西尼尔所说："在加勒比地区，食物是团结我们的纽带，尤其是'一锅煮'：我们都喜爱名为'辣椒锅'的食物，无论它被称为卡拉萝、'桑科乔'（sancocho）还是'周六汤'。"[27]

辣椒锅不但具有重要的经济意义，而且蕴含着深刻的象征意义。它起源于用铁锅在明火上烹煮的"一锅煮"方法，这种方式最初源于奴隶群体的需求，并广受贫困人口的欢迎。最早制作辣椒锅的几乎可以肯定是美洲原住民，"包括以木薯为主食的泰诺人"。[28] 正如西尼尔所述，"放入锅中的食材包括鱼或肉，搭配辣椒和一种浓稠美味的酱汁——卡萨瑞普（木薯酱）……欧洲人和非洲人借鉴了辣椒锅的做法，并使其成为种植园烹饪的主流"[29]。虽然无法确切知道辣椒锅何时首次出现在种植园主的餐桌上，成为种植园主阶级日常菜肴的一部分，但可以确定的是，它显然跨越了社会阶层，很可能通过非洲或非裔厨师传播开来。辣椒锅是加勒比饮食方式中采纳和改良的典型例子，至今仍以各种形式烹制和食用。西尼尔描述了如今牙买加的辣椒锅，"这是一种浓稠的汤，由切碎的蔬菜，尤其是卡拉萝、秋葵和芋头叶，搭配腌牛肉、猪肉或螃蟹熬制而成"[30]。其他现代食谱可能会根据预算和食材供应情况加入不同的肉类和蔬菜，但其核心仍然是关键食材——卡萨瑞普，以及可以反复加热并不断添加食材以供多餐食用的特点。

19世纪访问牙买加的查尔斯·兰皮尼特别称赞了他品尝过的牙买加辣椒锅，这与圭亚那版本大相径庭。他评论道："这不像'德梅拉拉'的……辣椒锅，其中加了恶臭且更为恶心的卡萨瑞普……而是一种鲜美浓郁的汤，非常像用猪肉、牛肉和禽肉熬制的高汤，配以秋葵、卡拉萝、辣椒、小龙虾和黑山药；汤呈深绿色，鲜红色的虾在五颜六色的食材中若隐若现，十分漂亮！"[31]纽金特夫人在她于1801年至1805年写的日记中也提到了辣椒锅。而在19世纪末，卡罗琳·沙利文（Caroline Sullivan）在牙买加最早的烹饪书之一中也记录了这道菜肴。[32]沙利文是一位出身于牙买加大家族的女性，其家族史可以追溯到克伦威尔入侵时期。她的辣椒锅食谱中包含煮鸡蛋，并且建议每天添加新食材和重新加热。

温尼佛雷德·格雷（Winnifred Grey）在《加勒比烹饪法》（Grey，1965）中提到，辣椒锅是一道历史悠久的菜肴，在加勒比饮食文化中占据着经典一锅煮的重要地位："辣椒锅可以保存数月，几乎世代相传。它每晚都会重新加热，并加入新鲜的肉或剩菜。阿尔杰农·阿斯皮纳尔爵士在1907年声称，他曾品尝过据说已有一百年历史的辣椒锅。"[33]辣椒锅在家庭经济中也扮演着重要角色。通过每天向辣椒锅中添加食材并继续烹煮，人们能够有效利用现有食物（即"凑合"）。加勒比地区这种独特的"饮食文化哲学"[34]以及相关的社会现象，已被奥利芙·西尼尔[35]和林

恩·玛丽·休斯顿[36]等作家记录下来。2014年出版的加勒比短篇
小说集《辣椒锅》以此为题，赋予了它特别的意义；它不再仅仅
是文化多样性的一个缩影，而是具有更深层的象征意义。

大宅里的黑人厨师

无论在何种情况下，黑人厨师的形象在饮食习惯的适应和克
里奥尔化过程中都扮演着关键角色。在加勒比文学作品中，他/
她通常被塑造成一个养育者，同时又潜藏着颠覆性和危险性，甚
至可能毒害主人。这种暗示在格蕾丝·尼科尔斯的诗歌《肥胖
黑人女性的回忆》[37]中有所体现，并在纳洛·霍普金森（Nalo
Hopkinson）的《盐路》（Hopkinson，2003）中占据重要位置。卡
迈克尔夫人通过厨师的形象——通常是一位克里奥尔人或非裔男
性——阐释了新旧饮食习惯与消费模式之间的冲突。伊拉里·贝
尔蒂（Berti，2014）提出庄园大宅的厨房作为"克里奥尔化场
所"的重要性："食用不同食物的习惯不仅催生了新的饮食方式，
也创造了跨文化交流的动态空间。"[38]许多加勒比文本都探讨了
厨师在这种背景下的角色，包括安德鲁·林赛（Andrew Lindsay）
的《显赫流放》（Lindsay，2006）、戴安娜·麦考利（Diana
McCauley）的《飓风》（McCauley，2012）以及马龙·詹姆斯的
《夜女之书》（James，2009）。后者的故事围绕莉莉丝展开，她
是一位在庄园厨房工作的家奴。家奴的工作通常被认为比田间奴
隶更优越（同时家奴也更容易获得更多种类和更高质量的食物，
例如剩菜和偷来的食物），但这使得女奴尤其容易遭受白人男
性主人及其客人的身体和性虐待。在安东尼·凯尔曼（Anthony
Kellman）的历史小说《追踪贾贾》（Kellman，2016）中，贝卡

作为一名受雇的家仆，服侍一位被流放到巴巴多斯的非洲国王贾贾。两人建立了一种让人难以置信的关系，这种关系建立在友谊以及贝卡精湛且富有营养的巴巴多斯烹饪技艺之上。在这里，贝卡的烹饪不仅让病中的贾贾"重获生机"，依靠她准备的食物恢复过来，也赋予了文本以活力，将语言、身体、喂养与消费交织在一起。

加勒比食物、写作与身份：民族归属、种族、阶级与性别

在其经典的成长小说《在我皮肤的城堡中》（Lamming，1953）的结尾，乔治·拉明（George Lamming）描绘了主人公G与母亲准备、烹饪和享用最后一顿特殊餐食的场景，这顿饭是G在离开巴巴多斯前往特立尼达岛之前与母亲的告别宴。这段场

103

图4-1　"瓜拉普库鱼、皮拉卡巴鱼和飞鱼"
（纽约公共图书馆数字馆藏，莱昂内尔·平库内斯和费里亚尔公主地图部，
http://digitalcollections.nypl.org/items/510d47e1-f5ba-a3d9-e040-
e00a18064a99）

景展现了在加勒比文学中，食物如何被用来探索和强化特定的国家、文化、性别、代际、种族与阶级身份，尤其是在加勒比地区的大背景下。母亲和儿子的对话如下：

　　"一想到，"她说，"这可能是我这辈子最后一次为你做一顿像样的饭，我这心里就难受得不行，想想那流浪猫差点儿把我的鱼叼走。天知道你什么时候才能再吃到这样一顿饭……"

　　"特立尼达岛的人也做饭吧。"我说。我不确定结果会怎样，但我们之间的紧张气氛已经缓和，我斗胆直言。"全世界的人都做饭，"她说，"但关键在于做法不一样。你要是觉得做饭就是把锅往火上一放，等着它自己熟，那你就大错特错了。有些人，什么乱七八糟的东西都烩在一起，还自诩为'烹饪'。只要能填饱肚子，他们才不在乎吃的是什么。但如果你也认为这是烹饪，那就大错特错了。"

　　"他们有自己的一套做法吧，"我说，"我看他们也挺健康的，有时候他们来这儿打板球，还能赢呢。"

104 　　"那是两码事，"我母亲说，"据我所知，他们在餐馆吃饭，吃的都是些什么玩意儿，只有天知道。说到在家做顿好饭，他们根本就无从下手。而且他们……还说自己比其他岛上的人更现代化。他们大多数人，尤其是年轻人，根本不懂什么叫家，或者家意味着什么……他们会叫你去中餐馆，或者这家酒店那家酒店，吃顿饱饭。但你绝对听不到他们当中的任何人说：'来我家吧，让我妈或者我老婆给你做顿饭……'在我们这儿，招待客人的第一件事就是请他吃一些家里的东西，不管家里多穷，你都想让他尝尝自己做的。他们正好相反，就因为他们那一代年轻女人懒，什么都不会做，就知道对着镜子搔首弄姿，像猫勾引老鼠似的……她们根本就不知道厨房长什么样。"[40]

在此，正如许多加勒比文学作品所展现的那样[41]，食物象征着母亲的养育和引导，而母亲则象征着"家"——无论是血缘上的家、文化上的家，还是国家意义上的家。母亲对其他岛民（此处指特立尼达岛民）饮食习惯的质疑，以及对他们拥抱现代生活方式（选择外出就餐而非在家烹饪）的不满，都源于她对小岛"传统"的坚守。这种态度通过性别、阶级、民族认同和文化符号等多个层面得到体现。特别值得注意的是，当她告诫年轻的G"穿裙子的女人不一定都爱整洁"时[42]，她巧妙地将女性的端庄与持家能力（"了解厨房的基本功能"）以及烹制一顿"像样"的家常便饭的能力联系在了一起。这些都是典型的中产阶级、受殖民影响的女性气质构建方式，将厨房视为女性专属空间。在一个展现代际和岛际对立的戏剧性时刻，这位母亲暗示那些热衷狂欢的特立尼达年轻女性绝不可能达到这样的标准。母亲竭力压制着这样一种可能性：这些女人也许能够提供超越母爱和"家常菜"的吸引力。尽管如此，G还是察觉到了。[43]

有趣的是，拉明在描述这顿飞鱼库库饭时，从G的视角展开了详细的描写，而不是从母亲的角度，而且这些描写并不完全是积极的。母亲略带戏谑地暗示（尽管飞鱼作为国家象征出现在巴巴多斯国徽上），或许即使不是巴巴多斯人，也能做出这道菜。然而，"做库库"——也就是制作搭配飞鱼的"干粮"库库（有不同的拼法，如cuckoo，cou cou或者coo coo等）——则被赋予了特殊的地位，成为巴巴多斯身份的象征。库库是一种"一锅

煮"菜肴，由玉米粉、水和黄油组成，通常还会加入秋葵，并用
"库库棒"搅拌。它几乎可以肯定源自非洲，最初由被贩卖到加
勒比地区的奴隶们食用，并由非洲克里奥尔厨师推广，因此具有
悠久且重要的文化传承。坎蒂丝·古切尔认为，"非洲人通常更
偏爱大蕉而非玉米"，但通过与西非的全球交换和贸易，他们在
被贩卖到加勒比地区之前，便开始用玉米替代其原生饮食中的淀
粉类食物，例如捣碎的山药和大蕉。在加勒比地区，"受西非影
响的厨师"——这些在烹饪传播和克里奥尔化过程中扮演关键角
色的人——"学会了用香蕉叶或当地竹芋叶包裹新世界的食材，
并通过蒸煮或炖煮的方式，精心制作'肯肯'（kenkey）或称都
库努、'芬吉'（funghi，参见第五章注释 26——译者注）或称库
库"。[44]

　　G 认为做库库"是一项非常烦琐的任务"[45]，这可以解读为
他正在脱离以母亲为主导的童年世界，并开始踏上一段更广阔的
旅程，超越小岛所代表的一切。巴巴多斯作家奥斯汀·克拉克
（Austin Clarke）在他的烹饪回忆录《猪尾巴和面包果》（Clarke,
1999）中也探讨了飞鱼库库对巴巴多斯人的重要意义。[46] 在特立
尼达作家拉玛拜·埃斯皮内特（Ramabai Espinet）的短篇小说
《印度菜》（Espinet, 1994）中，库库被标记为"克里奥尔食物"，
因此遭到印裔加勒比母亲的拒绝。食物与性紧密相连，因为"吃
库库"代表着父亲与一位为他做这道菜的克里奥尔女性的性越轨
行为。女儿通过在自己的烹饪尝试中采用库库来"越轨"，这标
志着她逐渐远离母亲的烹饪叙事及其所代表的印裔加勒比传统，
并日益形成独立且克里奥尔化的身份认同。

加勒比食物、写作与身份:印裔加勒比人

具有讽刺意味的是,特立尼达文学中最著名的宴会描写之一出现在塞缪尔·塞尔文(Samuel Selvon)1952年的小说《更明亮的太阳》中,它描绘的是印裔加勒比主人公泰格和乌尔米拉家中的一顿家常便饭。印裔加勒比人是印度契约劳工的后裔,他们在奴隶制废除后被招募到加勒比甘蔗种植园工作。在1838年至1917年,成千上万的印度人来到加勒比地区(主要是英属圭亚那和特立尼达岛),直到契约劳工制度结束。塞尔文的小说发生在20世纪40年代的特立尼达岛,当时处于第二次世界大战期间,美国在那里建立了军事基地。小说开篇不久,就介绍了泰格被包办的婚姻,以及食物仪式和宴会在他印度教乡村婚礼中的核心地位:"全村的人都来了,无论是黑人还是印度人,因为印度人结婚可是件大事,有丰盛的食物,还有隆重的仪式……他当时只有十六岁,对村里的印度仪式不熟悉。但他知道一些关于婚礼的事情,印度人通常很早就结婚,婚礼之后亲朋好友会送他礼物,直到他开始吃饭;只有到了这个时候,他们才会停止送礼。"[47]

在塞尔文的描述中,泰格不小心提前咬了一口"蜜肽"(meetai)[48],从而结束了传统的送礼环节。在小说的后半部分,他在一个军事基地找到了一份工作,并邀请两位美国同事下班后到他家"吃印度菜"。[49]乌尔米拉对泰格的要求感到震惊,他既要菜肴体现印度民族特色,又要做法正宗地道:"你得全力以赴。最好的才行。香料要自己研磨,别从高个子那儿买现成的咖喱粉。做腌菜,买些豆子,做豆子薄饼,做蜜肽。还要炸鹰嘴豆。从迪恩老婆那儿买两只鸡……听着,我不想事无巨细地告诉你该怎么做!还有,娘们,你可别出什么岔子,听明白了吗?那些人

106

169

可是我的老板，如果我能让他们开心，说不定能升职呢。"[50]

这篇小说描绘的印裔加勒比文化中，烹饪显然是女性的职责。实际上，"男性或女性的价值通常与烹饪和用餐过程紧密相关"[51]。而乌尔米拉也因社会性别期待而被塑造成需要成为丈夫的"好厨师"。此外，厨房（与朗姆酒铺或商店不同）显然是一个女性化的空间，它提供了一个远离男性的秘密场所，这一点在许多印裔加勒比文本中都有体现。布林达·梅塔（Brinda Mehta）指出，在许多印裔加勒比女性小说中，厨房作为一个常带有性别色彩的空间，被积极地用来探讨和展现女性的自主性。例如，印裔特立尼达作家拉克什米·佩尔索德（Lakshmi Persaud）的《圣典》和《风中的蝴蝶》，以及拉玛拜·埃斯皮内特的短篇小说《印度菜》。[52] 林恩·玛丽·休斯顿指出，"一起做饭为女性提供了谈论自身生活和讨论问题的机会。这些对话的私密性得到了保障，因为在传统的加勒比建筑中，厨房位于主屋后方的独立建筑内，这样既能减少热量传到主屋，又能降低火灾风险"[53]。

然而，这个场景中有趣的部分，一方面是对烹饪礼仪标准的借鉴（乌尔米拉从她的非裔克里奥尔朋友丽塔那里借用玻璃杯、盘子和餐具，希望能给美国客人留下深刻印象），另一方面又是坚持文化和烹饪的正宗性标志［乌尔米拉坚持用木柴而不是丽塔的煤气炉做饭，"因为你不能用煤气炉做'罗蒂'（roti，由全麦面粉制成的无酵薄饼——译者注）"］。[54] 正如塞尔文小说中常见的那样，这种期待常常被喜剧性地颠覆。比如，一位美国客人说："我对你们的习俗很感兴趣……我听说有些印度人用手吃饭。我们也想试试。我们希望一切都像平时一样。希望你没有特意准备。"[55]

这顿饭吃得并不愉快——不仅因为美国客人要求的异国情调和猎奇心态，还因为双方在文化和性别期待上的冲突，以及这顿晚餐的"表演性"。事实上，这顿饭本质上是一场表演，通过食物向特定观众展示种族身份和阶级抱负。塞尔文描写道：客人们先问乌尔米拉是否想和他们一起喝朗姆酒，然后又邀请她一起坐在餐桌旁用餐，而不是像往常一样独自"坐在箱子上"[56]。在厨房吃饭时，泰格和乌尔米拉都明显感到不安。乌尔米拉最终加入了他们，但她却不自觉地开始用手抓饭，因而担心让泰格在客人面前丢了脸。虽然这顿饭表面上"成功"了，但餐后却留下了一种令人心酸、难以消解的隔阂感和无法共鸣的体验，仿佛两种截然不同的"特立尼达"体验发生了碰撞。

在 V. S. 奈保尔（V. S. Naipaul）的早期小说《神秘按摩师》（Naipaul，1957）中，新郎甘纳什面对一盘鱼蛋烩饭时明显犹豫了很久[57]，尽管他之前已经答应了他的未来岳父、商人斯里·拉姆洛根："我会快点吃完，不会让你丢脸，但也不会吃得太快，因为那会让人觉得你穷得叮当响。"[58]（据小说中描述，传统印度教婚礼的第二天，新郎需要吃鱼蛋烩饭，新郎拒绝食用的时间越长，岳父应给的嫁妆越多；而拉姆洛根既在意钱财又在意体面——译者注）为了保住钱财，拉姆洛根承认自己并不富裕，甚至暗示这种传统的印度婚礼习俗在"一些现代人"[59]中已经逐渐消失。最终，甘纳什在餐席上坐了很久，并成功获得了"一头母牛、一头小母牛、1500美元现金以及一栋房子"[60]。在小说的后半部分，拉姆洛根和一些别的客人前去女婿甘纳什家参加巴格瓦特（Bhagwat）仪式，并非为了祈祷，而是为了"蹭饭"，作为此前的"报复"。[61]宴席非常丰盛，"巨大的黑色铁锅里炖着米饭、豆子、土豆、南瓜、各种菠菜、咖喱，以及许多其他印度素食"[62]。

与乌尔米拉类似，甘纳什的新婚妻子莉拉被要求时刻牢记职责，在家里为客人端上冰可乐。这是一种象征身份地位的饮料，取自同样具有身份象征意义的冰箱。甘纳什告诉拉姆洛根："这些现代女孩真是自大。她们总是忘记本分。"[63]当他暴力威胁莉拉时，她机智地"蹲在厨房里，坐在低矮的'土灶'前，煮着蓝色搪瓷锅里的米饭"[64]。烹饪是她的逃避和生存之道，于是她大胆地回击道："喂，要是我们现在吵起来，那米饭就会煮得太烂，你知道你不喜欢吃太烂的米饭。"[65]

维罗妮卡·格雷格（Veronica Gregg）提出了一个重要观点，在加勒比文学和文化中，"印度性"的构建通常"借助于一系列术语和修辞，例如文化的丰富性和深度、婆罗门的纯洁性、家庭价值观、严格的父权制、女性美、勤奋、节俭、加勒比经济的拯救者、对同化的恐惧以及源于嫉妒、敌意或误解的边缘化。在这个概念中最引人注目的是它对提喻的依赖以及对差异的构建……'印度'女性的言辞规范化是这一项目的关键部分"[66]。格雷格讨论了拉克什米·佩尔索德小说中对印裔加勒比文化的某些简化描述，特别是将印裔加勒比女性无争议地视为"家庭文化的守护者"。同样，拉玛拜·埃斯皮内特也评论了男性印裔加勒比作家（如塞尔文和奈保尔）作品中类似的印裔加勒比女性形象。[67]然而，格雷格提醒我们，"印裔加勒比群体并非铁板一块"，因此"在加勒比语境下，'印度性'的社会和话语构建仍然是一个充满活力和争议的领域"。[68]

相比之下，格雷格分析了埃斯皮内特的短篇小说《印度菜》，其女主人公"如饥似渴地研读食谱"；这"最终使她成为一名'美食设计师'，并创作出精美的食谱。通过这种方式，这位特立尼达女性融合了印度和其他烹饪风格"。[69]在一个场景中，她从一本藏在角落里的旧加勒比食谱中找到了经典的巴巴多斯菜肴——库库，但她的家人拒绝吃这道菜，因为它被视为"克里奥尔"（非裔加勒比）食物。只有她的父亲在犹豫之后最终做出了较为积极的反应。当他问女儿"你会做库库吗"时，这道菜被赋予了危险和禁忌的意味，因为它让他想起了他非裔加勒比情妇的烹饪。由此，故事对"厨房和卧室的隐晦描写"将食物、性与种族身份联系在一起。[70] 然而，最终故事展现了"日常生活是如何瓦解'印度'孤立性和差异性主张的"[71]，并为父女关系开辟了新的篇章，赋予了女儿更大的烹饪力量。故事中的一个关键词是"特权"（privilege）："在不同的语境中，'特权'有着不同且相互竞争的含义：它既可以指（主人公）在圣诞节享用水果鸡尾酒时的清晰感官记忆；也可以指一道通常只有穷人才会吃的巴巴多斯菜肴名称（咸猪尾、咸牛肉、秋葵炒饭——译者注）；还可以指学习书本知识的机会，例如阅读欧洲经典，乃至研读食谱，尤其是那本揭示她父亲与一位克里奥尔女性'艳遇'的加勒比食谱。"[72] 她回忆起一段有关摄取的有趣画面，"我十二岁那年，经历了一段非常饥饿的时期。所以我把能找到的最大的一本食谱吞了下去"[73]。故事以一个谎言结尾。当一位富有的顾客问："你在哪里学的烹饪？"她答道："我主要是在（阿根廷）拉普拉塔市的印度美食学院接受培训。能在那里学习真是种特权……确实是一种特权，包括享受各种水果鸡尾酒在内。"[74]

加勒比食物与身份：华裔加勒比人

华人最初作为契约劳工被带到加勒比地区，主要是在废奴之后，他们大多在甘蔗种植园工作。然而，大多数牙买加华人是在 20 世纪以移民身份来到这里的。[75] 与印度劳工一样，他们大多来自贫困的农村家庭，拥有基本的农业技能。一些华人种植水稻或开始栽培经济作物，但开设小商店是他们对加勒比经济最重要的贡献。西尼尔认为："这些商店很受欢迎，因为店主们迎合了穷人的需求：他们提供赊账（或'信任'），并愿意以极小的数量出售商品……有些店主甚至愿意用店里的商品直接交换当地农产品，这对缺乏现金的贫困农民来说是一大福音。由于家庭住所通常与商店相连，人们在星期天、节假日和深夜商店正式关门后也可以购买商品。"[76] 后来的几代人，例如华裔特立尼达作家威利·陈（Willi Chen）的家族，建立了更大的企业，涉足洗衣、"烘焙、冰淇淋和瓶装饮料……餐饮以及五金行业"[77]。中餐馆在 20 世纪 50 年代首次在牙买加出现，如今已成为许多加勒比地区的主流餐饮。或许并不意外的是，华裔商贩的形象在许多加勒比文学作品中反复出现。然而，许多早期作品，例如阿尔弗雷德·门德斯（Alfred Mendes）的小说《中国人的生存之道》（Mendes，1929）[78]，将华裔店主刻板地描绘成"金融吸血鬼，专门剥削其他加勒比人"[79]，或者是鸦片瘾君子、赌徒、走私犯和性剥削者。后来的短篇小说，例如特立尼达作家迈克尔·安东尼（Michael Anthony）的《许多事情》（Anthony，1973）[80] 或 V. S. 奈保尔的精彩小说《面包师的故事》，讽刺了不同族群及其饮食文化之间的隔阂和虚伪[81]，都主要围绕非华裔角色与加勒比华人的生活交集展开。这些作品均出自非华裔作家之手。即使是最著名的华裔加勒比作家——威利·陈、伊斯顿·李（Easton Lee）和杰妮斯·沙恩伯恩（Janice Shinebourne）（她 2015 年出版的小说《最后一艘船》是一个明显例外）——也较少关注华裔加勒比人物。他们似乎对各自的家乡特立尼达岛、牙买加以及圭亚那广阔的乡村社区更感兴趣。李的短篇小说《伯比斯相亲》和《伦敦与纽约》开始以更详尽的视角描述加勒比华人"柜台之外的"

生活。但凯丽·杨（Kerry Young）的系列小说，始于 2011 年的
《我叫杨宝》，为我们提供了对加勒比华人文化最为丰富、细致的
探索。

加勒比食物、写作与身份：在两种传统之间

在特立尼达作家梅尔·霍奇（Merle Hodge）的小说《咔嚓咔
嚓，猴子》（Hodge，1970）中，年轻的主人公蒂被两种文化传统
撕裂：她祖母玛和姑姑坦蒂所代表的非裔克里奥尔乡村世界，以
及她被送到首都与碧翠斯姨妈一起生活后接触到的、受殖民影
响的中产阶级世界。在小说接近尾声时，蒂与她在乡下和祖母
玛、姑姑坦蒂度过的快乐童年世界彻底决裂和疏远，这种决裂通
过服饰和饮食特征得到了充分展现。蒂对坦蒂及其家人的到访感
到惊讶。霍奇通过蒂讽刺了姨妈碧翠斯"对都市价值观的全盘接
受"[82]。这种价值观集中体现在以英格兰为中心的中产阶级礼仪
上，例如每两周邀请当地牧师谢里丹到"我们家做客"，并以茶
点和酒水招待他。[83] 然而，蒂自己也未能免俗，沾染了这些有害
的虚伪行为。她现在对"西尔维斯特叔叔"感到厌恶，"他那鼓
鼓囊囊的肚子，紧紧地勒在裤腰带上"。[84] 随后，蒂回想道：

> 最糟糕的时刻是他们拿出那些油腻腻的纸袋，说是里面
> 装着"普拉利"（pholourie）、"安克尔"（anchar）、邻居拉姆
> 拉尔老婆做的罗蒂，还有坦蒂带来的炸鱼饼、炸面包和鳄梨，
> 以及其他一些我已经几乎忘记了的东西，总之就是各种粗鄙
> 的恶心食物。[85]

当坦蒂给她食物时——

我警惕地拒绝了：光是想到坐在姨妈碧翠斯的客厅里吃
这种低劣的食物就让我反胃！炸鱼饼！咸鱼！居然把咸鱼带
到姨妈碧翠斯的家里来！在我拒绝之后，西尔维斯特叔叔毫
不在意地凑过来说道："好啦，小乖乖，我来帮你解决掉它
们。"他从油腻的袋子里掏出一块斑驳的烤饼，舒服地靠在沙
发上，张开嘴巴，仿佛要一口吞下总督府（碧翠斯姨妈总在
谈论餐桌礼仪时把这句话挂在嘴边），然后大嚼起来。顿时，
咖喱的味道弥漫了整个客厅。这可是我以后要付出的代价啊，
我痛苦地想。而且我希望碧翠斯姨妈没看见西尔维斯特叔叔
坐在沙发上的样子——那副仿佛坐在自家夯土地面上的德行，
旁若无人地大嚼罗蒂和咖喱。[86]

这与《更明亮的太阳》中的场景相似，食物的种类和食用方
式显得尤为重要。在霍奇的小说中，蒂并非因食物本身（如罗蒂
和咖喱）而拒绝它们，而是因为这些食物象征着一种她被灌输要
摒弃的阶级和族群身份。她现在将这些食物视为"恶心"的、充
满异味的"平民食物"（"坐在自家夯土地面上"吃的食物），它
不仅显得不合时宜，甚至对她试图融入的中产阶级欧裔克里奥尔
餐桌礼仪构成了冒犯。安东尼娅·麦克唐纳（Antonia McDonald）
指出，"坦蒂的饮食方式以及对当地食物简单质朴的感官享受"[87]
是蒂被"规训"和"教化"后所摒弃的一部分。她不再留恋祖母
家的"炖腰果、四月李、樱桃……番石榴酱和果冻、糖糕、坚
果蛋糕、油炸芝麻球、'图勒姆'（toolum，主要由椰丝、橙皮、
姜、红糖、糖浆制成的球状甜品——译者注）、柚子皮糖以及细

玉米粉"[88]了。尽管蒂曾经渴望在穆尼的婚礼上享用芭蕉叶盛装的印裔加勒比美食，如今她却将这些食物视为"粗俗的恶心东西"[89]。麦克唐纳进一步指出，"'恶心'一词的选择揭示了食物与性之间的联系，因为在特立尼达岛的俚语中，'做恶心事'通常指性行为……因此，'烹饪与性行为不端'紧密相关"。[90]

在伊斯密斯·汗（Ismith Khan）的短篇小说《普兰》（Khan，1994）中，食物作为阶级优越感的标志也得到了体现。故事中，来自乡村的年轻印裔加勒比男孩普兰因为吃"罗蒂和炸菠菜"而被他在西班牙港的同学们嘲笑。[91]然而，在故事结尾，与蒂不同，普兰决定接受自己的家乡食物，并拥抱他所属的印裔加勒比印度教乡村社区：

> 清晨醒来，空气中弥漫着椰子油炸茄子的香味，炉火余烬中飘来烟熏鲱鱼的香气，他看到莉拉蹲在炉子前，轻轻地吹着余烬……拉姆达斯拿着一根木槿枝，在牙齿间咀嚼着，吐出汁液和碎裂的纤维。他再次看着拉姆达斯和莉拉，他知道一切的起因，霍普金斯先生（老师）错了。他知道，那些神灵在……一个弥漫着烟熏鲱鱼、木槿枝和椰子油炸茄子香味的清晨创造了这个世界。[92]

类似的情境也出现在华裔加勒比作家威利·陈的短篇小说《狂欢节不只是克里奥尔人的玩意儿》中，故事探讨了以非裔加勒比传统为主的狂欢节文化如何通过所谓的恰特尼音乐和其他文化习俗被印裔加勒比人"克里奥尔化"。在陈的小说中，印裔加勒比人亚历山大回忆起自己和其他同族学生在学校被嘲笑为"咖

112

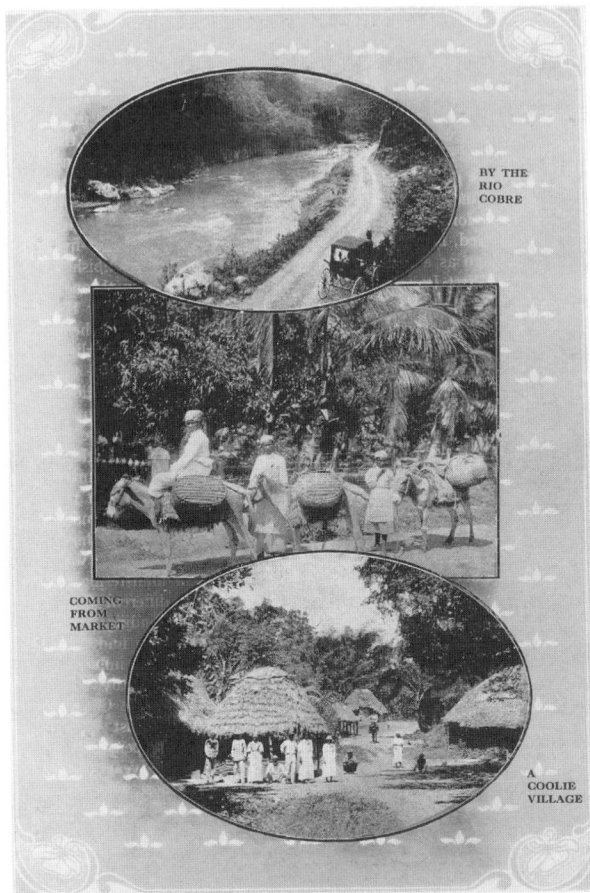

图 4-2 "科布雷河畔——市场归来——苦力村"
（纽约公共图书馆数字馆藏，朔姆堡黑人文化研究中心，简·布莱克威尔·哈特森
研究和参考部，http://digitalcollections.nypl.org/items/510d47e0-bc75-a3d9-
e040-e00a18064a99）

113 　喱嘴"的经历。然而，这些曾被嘲笑的男孩，"已经告别了田间
劳作、腌制农作物和在骡棚干活的日子，成为成功的商人"[93]。
亚历山大进一步阐明，特立尼达岛的狂欢节（Mas）本身已经是
一个鲜活的、彻底克里奥尔化的文化现象。

　　鲁普拉尔·莫纳尔（Rooplall Monar）的短篇小说《玛莎

拉·马拉吉》（Monar，1987）以圭亚那的一个甘蔗种植园为背景，讲述了婆罗门马拉吉如何凭借自己的烹饪传统优势，用"苦力豌豆薄饼"[94] 和"荷叶包裹的玛莎拉咖喱鸡"[95] 来征服庄园主妻子的味蕾。像阿南西一样，他利用自己的烹饪技巧换取了木匠的工作，而不是沦为田间劳工。然而，他越界了，从庄园偷窃的东西日益增多，以致东窗事发。最终，拯救他并使他重新获得职位的，是他烹饪的甜美味道，这是庄园主和"大管家太太"都无法割舍的。

来自厨房／大院的故事

在许多加勒比文学作品中，食物与对话常常交织出现在共享空间里。这些空间通常（但并非总是）带有女性色彩，能够促成亲密关系和一种独特的共享饮食文化。特立尼达作家 C. L. R. 詹姆斯（C. L. R. James）的早期短篇小说《胜利》就是一个很好的例子。该故事以其对"市井人物"生活的初步探索而闻名，这些人生活在一个共享的棚户大院（barrack-yard）中，其中居住着"搬运工、妓女、车夫、洗衣女工和城市家庭佣工"[96]。故事展现了这些工人阶级人物的日常生活，他们依赖口头而非书面交流，故事主题涉及饥饿和食物短缺等，类似于传统的阿南西故事。《胜利》开篇描绘了大院的居住环境，并特别提到院子里没有室内厨房。相反，我们得知"每个住户都在自家门前……用煤炉做饭"[97]。故事的主人公是混血女性玛米茨，她被情人内森殴打并抛弃，陷入贫困。由于找不到工作，她一直依赖朋友兼同住者塞莱斯汀的帮助，才"免于挨饿"。然而，塞莱斯汀也无力继续提供帮助："只要你住在这里，我做饭，我就不会让你少一口茶、少一粒米……

但我帮不了你付房租……你在这里无依无靠！"[98] 玛米茨和塞莱斯汀都依靠男人生活，正如另一位大院住户艾琳所说："你们都坐等男人养活。"[99] 但这种生活方式十分脆弱，故事中始终潜藏着女性之间的竞争和家庭暴力的威胁。詹姆斯提到，"星期天早晨的大院是锅碗瓢盆的游行"，这是与地位相关的烹饪竞争时刻：

114

> 院子里十六个租户中有十二个把锅端了出来，她们用长柄铁叉翻动着肉，或者往锅里加水，让蒸汽升腾而起，每个女人都能闻到邻居在做什么——牛肉、猪肉还是鸡肉。平时煮什么，甚至煮不煮也无所谓。但如果你在星期天早上做咸鱼、排骨、猪头肉或猪尾巴，那就是丢人现眼。你得把锅拿进屋里，自己偷偷摸摸地做。[100]

通过这段描写，詹姆斯揭示了围绕食物的、在共享空间（例如厨房或棚户大院）中发生的对话不仅仅是加勒比文学中的一个偶然片段，更是探索加勒比身份、历史与文化的重要途径。本章并不将厨房视为单一的压迫性空间，认为女性在其中被迫受困于性别分工和父权制规训。相反，本章借鉴玛丽亚·克劳迪娅·安德烈（Maria Claudia Andre）（Andre，2001）和布林达·梅塔（Mehta，2009）的观点，认为在某些情况下，厨房也可以成为女性"自我赋权的场所"，恰恰是因为这些空间通常完全由女性掌控或以女性为主导。第五章探讨了 2018 年巴巴多斯厨房口述历史访谈的相关内容，而本章则回顾文学作品中女性在厨房和大院中的形象，并思考在这些通常具有性别特征的共享空间里"厨房漫谈"的功能。

布林达·梅塔在其研究中，深入探讨了民族特色食物和烹饪母系传承的口述传统在印裔加勒比女性写作中的重要作用（Mehta，2004，2009）。她在《流散（错位）》（Mehta，2004）一书中，分析了所谓的"烹饪语言……是重要的表达方式，能够促进……在传统文化和跨种族模式中对性别身份的必要协商"，这在印裔加勒比女性的写作中尤为显著。[101] 梅塔认为，食物不仅是身份认同的重要来源，也是社会凝聚力和文化延续性的重要力量（例如，饮食文化强化了人们与故土家园的联系）。在她看来，印度契约劳工带到加勒比地区的某些特定香料已成为"印裔加勒比移民历史的必要标志"[102]。这些香料不仅具有实用的烹饪和/或药物功能（这两种功能在印度传统的阿育吠陀医学中紧密相连），而且它们还是"家乡的个人纪念物，用以抵御流放和被迫分离带来的残酷力量"[103]。梅塔进一步指出，与此相关的"烹饪归属感"（了解如何使用这些香料和其他食材）是一种口述文化传承[104]，可以策略性地用来"抵御在新加勒比环境中被支配和同化的命运"[105]。重要的是，厨房空间被视为许多印裔加勒比女性文本中的"赋能空间"，这与男性作家（如塞缪尔·塞尔文）的作品中厨房空间的作用不同，因为后者提供了"通过烹饪行为实现文化权威的基础"[106]。梅塔强调，在她所研究的文学文本中，一种具有抵抗性的文化和烹饪"知识"通过口头传递和性别化的方式得以传承。具有讽刺意味的是，"回归厨房相关职责"反而被视为一种赋权，能够为女性个体及她们所在的更广大社群带来益处。[107] 梅塔认为，这些印裔加勒比女性角色面临的主要挑战之一是适应新的、混合的"克里奥尔化"环境，这也包括烹饪的适应。她认为，这种挑战通常表现为对传统和改变的双重抗拒，但在某些文本中，这也被视为一种解放的机遇，让女性得以"在传统饮食观念和后现代烹饪实验之间协商，进行颠覆性的烹饪改造"[108]。

115

葆拉·马歇尔与"厨房诗词坊"

在《厨房里的诗人》一文中，巴巴多斯裔美国作家葆拉·马歇尔（Paule Marshall）描写了一段对她影响深远的经历：倾听母亲和其他加勒比朋友们的"厨房漫谈"。这些妇女在纽约做完一天的家政工作后，赶在回家为自己家人准备晚餐之前，会在马歇尔家的厨房里聚在一起，一边喝酒一边聊天。对于这些成年女性来说，在这样的共享时光里，小酌和交谈成了一种"疗愈"。而对于年轻的马歇尔来说，这些谈话则成为丰富的创作素材：

> 我在一群诗人中长大。可是她们的样子一点也不像诗人……她们身上没有任何迹象表明诗歌创作是她们的天职。她们只是一群普通的家庭主妇和母亲，包括我的母亲在内。她们穿着朴素（宽松的家居裙、土气的毡帽、又长又厚的庄重大衣），让我完全无法想象她们也曾年轻过……她们也不像诗人那样——整天待在阁楼里写诗作赋。她们几乎从不执笔，除了偶尔给巴巴多斯的亲戚写信……相反，用她们自己的话说，她们的日子都花在"擦洗地板"上了。[109]

马歇尔回忆道：

> 我家褐石房子的地下室厨房是她们聚会的地方。一旦进入厨房温暖安全的氛围中，她们就脱下沉闷的外套和帽子，围坐在大圆桌旁，喝着茶或可可，开始聊天。我与妹妹坐在角落里的小桌子上做作业，而她们则在那里聊着天——不停地聊，热情洋溢，诗意盎然，她们谈论的话题广泛而深刻。

没有什么话题是她们不敢谈的。[110]

她们聊八卦，也谈政治、战争，还谈论巴巴多斯的故乡和她们的新"家园"美国，谈论她们对家人和未来的希望与忧虑。马歇尔观察到：

> 当时我并不理解，但那些聚在厨房里的午后闲聊其实意义非凡。它是一种疗愈……这不仅帮助她们从清晨街角的漫长等待和讨价还价中恢复过来，也让她们重拾自我，重申了自身的价值……更重要的是，这种天马行空、包罗万象、充满活力的闲聊，成为她们释放巨大创造力的出口。这些女性内心有着强烈的表达欲望，而语言是她们唯一唾手可得的工具。于是，她们将语言塑造成一种艺术形式——这种艺术形式遵循了非洲传统中艺术与生活融为一体的理念，成为她们生活不可分割的一部分。她们的闲聊是一种慰藉。她们从未真正适应美国——它的广袤、复杂和强大总让她们感到困惑与不知所措。[111]

至关重要的是，这种"厨房话语"绝非无关紧要的琐碎闲聊，它将力量赋予这些作为贫困黑人移民的女性，让她们得以对抗美国社会中的"隐形"处境："那些海阔天空的午后闲聊，是一种让她们感觉自己能在某种程度上掌控生活和塑造命运的方式。'亲爱的姐妹，尽情说吧！'她们总是这样相互鼓励。'在这个男人主导的世界里，你得用你的嘴为自己打造一把枪！'一切尽在掌控，即便只是在言语上，即便只是在我家待上那么两个小时。"[112]

值得注意的是，作为一名作家，马歇尔不仅赞赏她们谈话的内容，更推崇她们独特的表达方式：

> 对我这个孩子来说……最吸引我的是……她们的表达方式——那独特的风格。她们的故事和讨论充满了洞察力、讽刺、机智和幽默，语言运用更如诗人般富有创造力和大胆革新——这些我当然能感受到，但当时却无法准确地加以概括。她们把在巴巴多斯小学学到的标准英语，改造成了一种独特语言，一种更适合她们的表达工具——她们改变了语法，赋予其特有的节奏和语调，使这些句子听起来更悦耳。她们融入了一些残留的非洲语音和词汇，例如表示嘲笑的"啧啧"声和表示吃的词语"yam"。为了使语言更生动、更符合她们生动的表达方式，她们还融入了大量比喻、寓言、《圣经》引文和谚语……通过日常用语……她们能够表达最复杂的思想。[113]

117　她总结道：

> 当人们……问谁对我影响最大，他们有时会因为我没有立即提到那些著名的文学巨匠而感到些许失望。诚然，我在成长过程中阅读过一些白人和黑人作家的作品，受益匪浅……但在我的生命中还有另一群巨人，我总是在提及其他人之前首先向她们致敬：那就是很久以前围坐在桌旁的那群妇女。她们是我的叙事艺术启蒙老师。她们磨炼了我的耳朵。她们设立了卓越的标准。因此，我最好的作品都应该归功于她们：这些作品见证了她们在厨房这个"诗词坊"里慷慨传授给我的丰富语言和文化遗产。[114]

　　虽然马歇尔的文章生动展现了女性的创造力，令人备受启发，但它并没有具体描述食物准备或烹饪过程。在本研究中，"厨房漫谈"包括任何在食物与言语紧密联系的烹饪场景下展开的对话。这个定义足够灵活，既包含了马歇尔的文章，也涵盖了艾沃里·凯利（Ivory Kelly）最近发表的短篇小说《我们所谓的爱》。在这篇小说中，年轻的女性主人公观察到女性对话与烹饪之间更紧密的联系："我母亲与她朋友们的谈话就像一锅炖菜，大蕉、木薯和其他根茎类食物以及咸肉被随意地扔进一锅水里，煮到它沸腾冒泡，成为一道美味佳肴。"[115] 可以说，在加勒比地区，"烹饪与讲故事如同仪式般的表演"[116]，两者之间紧密相连。因为在这里，口述传承仍然是理解文学和烹饪文化的关键。正如约翰·莱昂斯所说："作为特立尼达岛人，我们喜欢食物和谈话中的辛辣（尖刻）。如果说有什么是我们认真对待的，那就是享受生活。"[117] 在《猪尾巴和面包果》中，巴巴多斯作家奥斯汀·克拉克也表达了烹饪与语言之间的类似联系，当他的母亲在厨房里进行一段特别生动的"厨房漫谈"后，他总结说，"这位女士就是一个诗人"[118]。在这种主要以口述传承为主的文化中，烹饪技巧与语言技能密切相连。尤其是克拉克的回忆录，致力于重现他母亲厨房漫谈背后的节奏、语调与动作。他写道："她有一个习惯……大声说出她要做的每一件事……她会把每个步骤都说出来，好像在努力不让自己忘记。"[119] 厨房话语也并非女性专属，这一点可以从莱昂斯的著作、克拉克的回忆录，以及巴罗和李（Barrow and Lee）编写的巴巴多斯食谱《特权：加勒比烹饪》中精彩的"烹饪闲聊"中得到印证。

珍·宾塔·布里兹的《厨房漫谈》

牙买加裔英国诗人珍·宾塔·布里兹（Jean Binta Breeze）的作品《厨房漫谈》是一个探索厨房中女性同性社交的绝佳文学范例。类似牙买加·金凯德（Jamaica Kincaid）之前颠覆体裁的小说《女孩》[120]，布里兹的作品是一段母亲对女儿的克里奥尔式独白。然而，在布里兹的故事中，母亲是牙买加人而非安提瓜岛人，女儿也更年长且已怀孕。故事在不同话语形式之间自如切换，包括八卦和传闻、坦率的自传细节、哲学反思以及对年轻一代的人生建议。烹饪指导也包含其中，因为母亲鼓励女儿在厨房中帮忙准备食物："给我倒一杯水，让我搓几个小面团。内森家族的人都喜欢在汤里放面团。你兄弟就随他们。"[121]布里兹的《厨房漫谈》在私密而充满可塑性的厨房空间里，运用了一种特殊的女性话语形式。食物作为女性共同的爱好将她们聚集起来，这自然地促进了对话。布里兹短篇故事的美在于其轻盈的笔触。漫谈与烹饪都有其特定的节奏、韵律与停顿，它们在某种程度上反映了两位女士生活的方方面面的节奏。故事对这一点进行了巧妙的暗示，但未刻意强调。同样，食物与性之间的联系也恰到好处地呈现出来（比如甜食和甜味与性的联想，或者饺子与亲属关系和怀孕的关联），但并不会打破故事情节之间的微妙平衡。事实上，直到故事结尾作者才揭示两人是母女关系，这一点很重要：厨房漫谈发生在各类女性之间，她们在一个本质上是公共的，而非私密、个人的空间里共度时光。当布里兹故事中的母亲说，"现在肉和鱼已经煮好了。你看看桌子下面有块黄山药。把它递给我……还有那把大厨刀"[122]，她不仅是在教导年轻女子烹饪技巧，也是在用饭菜的烹饪进程标记时间，标志着叙事即将结束。

通过这种方式，布里兹的《厨房漫谈》完美地引出了本书第五章的一些核心议题。

加勒比食物、写作与精神世界

杰里米·波因廷（Jeremy Poynting）在一篇简短但富有洞察力的在线文章《食物与烹饪》中，深刻思考了食物在加勒比文学中的核心地位："在英语加勒比文学中，对食物与进食的描述涉及众多方面：归属感与疏离感、身份认同、种族、阶级、性别、移民、流亡，食物作为交流沟通的象征与标志，作为性与感官愉悦的通道，进食作为内心感受的外在表现，食物作为圣礼。"[123] 事实上，在印裔加勒比饮食文化中，几乎所有食物都具有灵性意义，这体现在方方面面：无论是婚礼、葬礼和寺庙仪式上共同享用的圣餐（供奉神灵后剩下的食物），还是在家中日常祭拜时私下食用的水果、牛奶等，乃至宗教禁食（upavasa）与誓约（vrata）期间的特定饮食。

印裔加勒比人

波因廷引用拉克什米·佩尔索德的前三部小说，全面展示了食物在印裔加勒比文化中的核心作用。《风中的蝴蝶》（Persaud，2009）探讨了印度教世界中作为"传统印度"标志的食物供品[124]和宗教故事叙述（katha）[125]；同时，像《更明亮的太阳》一样，这部小说展示了女性厨师的性别化世界。然而，小说中的印度教角色也尝试享用克里奥尔（非裔加勒比）食物；在家中组织的宗教故事叙述会上，卡玛尔的母亲反复邀请穆斯林邻居哈桑太太品尝"她的厨艺"[126]。在佩尔索德的小说《风中的蝴蝶》中，穆斯林与印度教邻居之间那种略带警惕的相互猜忌，反映了现实生活中加勒比地区不同种族与代际之间普遍存在的紧张关系。然而，我们需要认识到，即使在印度，"也没有任何一个群体……拥有单一的烹饪文化，正如并非所有高种姓印度教婆罗门都是素食主义者，也并不存在所有教徒都是肉食主义者的宗教派别……饮食习惯正在改变，各个群体都在这个快速发展的国家中跨越烹饪的界限"[127]。佩尔索德小说《圣典》（Persaud，1993）则更关注印度教的食物偏好与"正确"的食物制作。这一点在谈到米莉时尤为明显，她是一名基督教非裔克里奥尔厨师，受雇于一位名叫苏林德·潘德的年长基督教皈依者。与埃斯皮内特《印度美食》（Espinet，1994）中的母亲形象一样，《圣典》对文化与烹饪的变迁及其现代性提出了疑问。《帝国的女儿们》（Persaud，2012）则从流散的视角将食物看作"文化之间的桥梁"[128]，而不仅仅是思念"故土"的纽带。在华裔加勒比文学中，简·洛·沙恩伯恩（Jan Lowe Shinebourne）的《最后一艘船》（Shinebourne，2015）或威利·陈的短篇小说集《恰特尼的力量》（Chen，1994）等作品也显示了特定的食物标记与烹饪传统如何用来维护或打破种族与代际之间的界限。正如陈所说，"狂欢节不只是克里奥尔人的玩意儿"[129]。

对文化与烹饪变迁及其现代性的怀疑在 V. S. 奈保尔的虚构与非虚构作品中也反复出现。在《印度：一个受伤的文明》（Naipaul，1976）中，奈保尔回忆说，他的婆罗门（高种姓）"祖先 100 年前从恒河平原迁移到了特立尼达岛"[130]，并思索了童年记忆中食物仪式所带来的持久影响："我知道献祭之美，这对于雅利安人来说非常重要。献祭使烹饪成为一种仪式：最初烹饪的食物，通常是一种特制的小而圆的无酵饼，总是献给火神。"[131]
在半自传体小说《抵达之谜》（Naipaul，1987）中，奈保尔回忆起自己带着一袋香蕉抵达纽约酒店房间的情景："这是农民外出的某种遗留习惯，随身携带食物；一些真正的印度教徒对航空公司与纽约酒店可能提供的食物并不放心。"[132] 布林达·梅塔（Mehta，2009）从性别视角批判性地研究了印裔加勒比女性的写作，探讨了"世俗饮食习惯与其精神联系之间的关联"[133]，并将其称为"食物的文化神圣性"[134]。

"加勒比地区的非洲源流"

源自非洲的尚戈教（Shango）中（其神灵在卡茂·布拉思韦特的一些诗歌中以加勒比形象出现），不同的神灵会享用特定的食物。因此，据说雷神尚戈喜欢红色棕榈油，而纯洁女神奥布拉塔则偏爱白山药。食物仪式在源自非洲的牙买加库米纳（Kumina）仪式中也占据核心地位。一大桌子被精心布置，摆放一些象征性的物品，其中有十字架状（表示受难）或鸽子状（表示和平）特制硬面包，还有葡萄酒、蛋糕与未开封的软饮料。享用过餐桌上的食物后，人们会倒上酒、水与糖水，并烹制咖喱羊肉与米饭（不加盐）来供奉祖先的灵魂恩库尤。这项仪式所涉及的烹饪过程中从不使用盐，这与仪式中源自非洲的元素（例如对鼓与击鼓的重视）相吻合，因为许多非洲传统文化认为盐会削弱精神力量与生命力。供奉祖先的食物总是最先从锅中盛出。人们认为，通过提供祖先生前特别喜爱的食物，或具有象征意义的食物，也可以使祖先得到慰藉。事实上，祖先仍然被视为家族的一分子，邀请他们参与日常活动，例如共享餐食，是对祖先的纪念与尊重。莫琳·沃纳-刘易斯（Maureen Warner-Lewis）描述道：
"供品被放置在鼓前的地面上，随后人们以言语邀请祖先的灵魂
前来享用。"之后，供奉祖先的食物将原封不动地放置在那里，
不得触碰，稍后会将其掩埋。因为人们相信，食用献给祖先的食
物会带来严重的后果。[135]

121

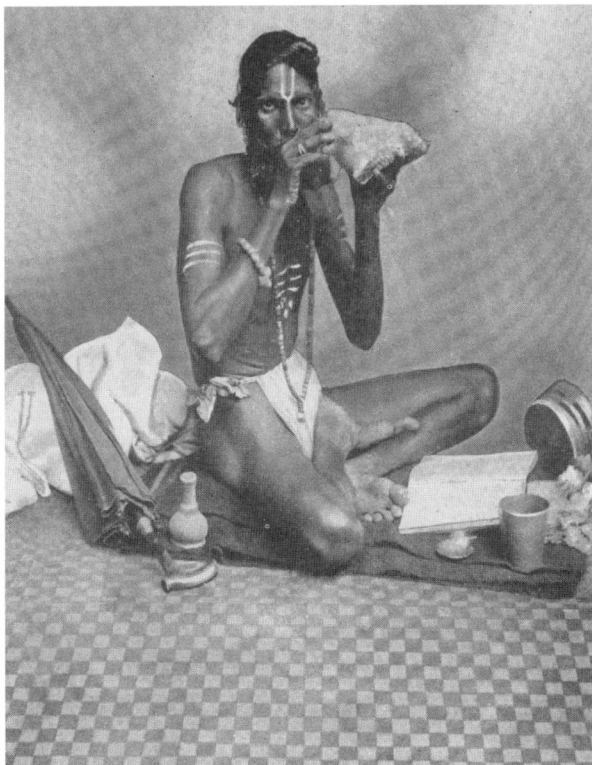

图 4-3 "一名牧师"
（纽约公共图书馆数字馆藏，朔姆堡黑人文化研究中心，简·布莱克威尔·哈特森
研究和参考部，http://digitalcollections.nypl.org/items/510d47dd-d753-a3d9-
e040-e00a18064a99）

伊塔尔饮食与拉斯特法里运动

与库米纳教派类似，拉斯特法里教（或称拉斯特法里运动）起源于牙买加，也拥有非洲文化根基，但它是一个更为现代的运动，兴起于20世纪。与库米纳教徒一样，拉斯特法里教徒在食物准备和烹饪时会避免使用盐，因为他们同样相信盐会削弱精神力量，并阻碍灵魂回归非洲。拉斯特法里教徒遵循他们称之为伊塔尔的"自然饮食"（livet），即纯净、天然、原汁原味的天然食物。这是他们更广泛的信仰体系"自然之道"（livity）的一部

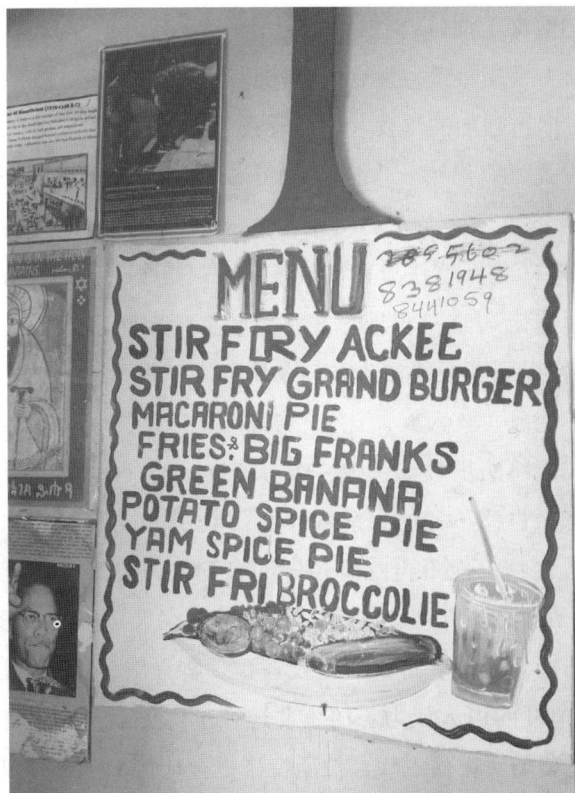

图4-4 2018年巴巴多斯的坦普尔场街区，拉斯特法里菜单
（照片由萨拉·劳森·韦尔什提供）

分，指的是人与神、社会和自然世界之间的和谐关系。值得注意的是，伊塔尔食物被认为与健康密切相关，不仅关乎身体健康、精神健康和性健康，还包括与自然环境的整体和谐。这同时也是一种反抗形式，因为它提倡自给自足，反对"巴比伦"消费社会中猖獗的资本主义和由此产生的依赖性（"巴比伦"一词在拉斯特法里教中指代腐败的、压迫的社会体系——译者注）。大多数拉斯特法里教徒遵循特定的饮食禁忌（主要是不饮酒，不食用猪肉、无鳞鱼和贝类）。伊塔尔饮食要求食物未经加工与掺杂，最好是自家种植（或本地种植）的产品。拉斯特法里教徒常用椰子油替代其他加工油。一些饮食禁忌源自《旧约》，与整个拉斯特法里运动主旨一致，但它们也被解读为一种文化抵抗，即抵抗奴隶制时期被强加的饮食习惯以及在非裔加勒比社群中引入的西方生活方式。[136]洛娜·古迪森（Lorna Goodison）在她回忆牙买加乡村童年的著作《来自哈维河》（Goodison，2007）中写道："'骇人族'（拉斯特法里教徒）正在占领整个牙买加，夺取皇家土地，建造定居点与营地，并吞云吐雾，向年轻人传递不良信号。"[137]她提到了亲英派母亲的矛盾心态。母亲一方面不希望自己的儿子变成"骇人族"，另一方面却"收养"了一个名叫幻影的年轻拉斯特法里教徒。她"像对待自己的九个亲生孩子一样，用那口怎么也盛不完的大锅喂养他"[138]。"由于拉斯特法里教徒不吃含盐食物，他不再吃母亲做的食物，但总来拜访她，每次受到贵宾般的招待，因为母亲以好客而闻名"[139]。正如幻影向她解释的那样，无论在过去还是现在，食物显然是抵抗"巴比伦"（象征压迫性的白人权力）的重要途径。历史上，奴隶自留地是抵抗的重要场所，而近代，拉斯特法里教徒传承了这种自给自足的生活方式，后者被用来反抗"巴比伦"的权力结构及其对资本主义的拥抱——拉斯特法里教徒认为，资本主义导致人与自然和土地疏离，是有害的，不健康的：

> 亲爱的母亲……巴比伦不喜欢我说话的方式，巴比伦不喜欢我走路的样子，因为我的嘴巴太大，我的鼻子太宽，我的皮肤太黑。对巴比伦来说，我们这些被绑架的非洲人就像毒药……我宁愿不吃盐，我根本不碰它，所以我不能吃你做的美味炖豌豆，因为我预见到有一天，商店里出售的东西将无人问津，我将回归土地，种植绿色作物，从快速生长的卡拉萝中汲取铁元素，用食用根茎构建我们的体魄。[140]

加勒比食物、写作与情欲

124

在《重复的岛屿》中，安东尼奥·贝尼特斯-罗霍鼓励评论家与作家"谈论我们可以看到、摸到、闻到、听到、尝到的加勒比；感官上的加勒比"[141]。食物和性、身体和消费、饮食和其他感官刺激带来的情欲，这些意象在各种文化中都长期紧密相连，加勒比地区也不例外。事实上，圭亚那作家格蕾丝·尼科尔斯和约翰·阿加德（John Agard）、牙买加作家奥帕尔·帕尔默·阿迪萨（Opal Palmer Adisa）和安东·宁布莱特（Anton Nimblett），以及印裔特立尼达诗人莱塔瓦蒂·马努-拉明（Lettawatee Manoo-Rahming）[142]等作家都在他们的作品中通过持续的食物与进食意象探索性与情欲主题，例如马努-拉明的《与我共餐》[143]。它让人想起格蕾丝·尼科尔斯的许多诗歌，其中食物与情色相互交织，如《邀请》一诗。[144]在《咖喱风味》中，马努-拉明唤起了一种特有的印裔加勒比烹饪传统。身体各部位散发出精致的香料芬芳，如生姜、孜然、姜黄、豆蔻、玛莎拉泡菜、芫荽与黑芥菜籽。这些香料让情人"在欢欣中哭喊/思念妈妈……在菲扎巴德做的咖喱"[145]。水果也经常与情欲联系起来，如在约翰·阿加德的诗作《英国女孩吃了她的第一个杧果》中；安东·宁布莱特的《橙片》对两者的关联也有精细描述。这些都是贝尼特斯-罗霍所呼吁的"感官加勒比"的重要表达。[146] 然而，并非所有这些作家在运用感官的食物意象时，都忽略了加勒比地区食物种植与消费的黑暗面，尤其是糖与奴隶制之间的联系，格蕾丝·尼科尔斯称之为"甜蜜作物背后的苦涩历史"[147]。卡尔·普拉萨（Carl Plasa）最近也同样指出加勒比作家需要修正"甜美的殖民视角"[148]。

在流行文化与歌曲中体现情欲

加勒比歌曲中也充满了将食物、性和情欲联系在一起的作品。这些流行文化形式很重要，因为它们构建了一种与官方（通常是"体面"或"正统"）食物叙事相对立的反叙事。特立尼达岛的卡利普索和帕朗（Parang）音乐是这种现象的绝佳例证。在经典帕朗歌曲《我想要一块猪肉》中，我们听到这样的歌词，"当我喝巴巴斯酒的时候/我想吃猪肉"。而在布鲁图·舍温顿（Pluto Shervington）的《公羊肝》中，朋友们发现一只被撞死的公羊，决定在路边烹煮，因为它"适合做壮阳汤"，还有"咖喱羊肉午餐能让你生龙活虎/让你的女儿……容光焕发，谈笑风生"。然而，它声称的效果却被实际引发的"腹泻"所消解。卡利普索是一种讽刺歌曲，源自传统非洲习俗，以及加勒比奴隶反

125

抗与法国殖民地传统。它传统上与特立尼达岛每年斋戒节前的狂欢节密切相关。戈登·罗勒尔（Gordon Rohlehr）探讨了20世纪30年代卡利普索音乐中"男性与女性形象、食物获取与生存主义"的作用。他指出，正如许多阿南西故事一样，"饥饿，以及失业、经济萧条、工人运动、绝望、抗争与纯粹的生存主义，始终是我们挥之不去的困境，也正是30年代虚构作品的创作源泉"[149]。这一点至关重要，因为它塑造了两性关系，而这正是许多卡利普索歌曲的核心主题，同时也对歌词中随处可见的性骗子、剥削者与"寄生虫"提出了新的挑战。这一时期，许多卡利普索歌曲记录了食物匮乏造成的饥饿与屈辱[150]，还有一些则将食物与性联系起来。例如，在"爱抚者"（Caresser）的《马卡夫切特》中，男主人公"放下自尊，与各种各样的厨师和女佣达成协议，以获得富裕人家吃剩的食物，否则他就得挨饿"[151]。

除此之外，还有许多最近的卡利普索歌曲和其他加勒比音乐形式将食物与性联系在一起。维维安·吉尔曼（Vivien Gilman）最近在采访"威猛麻雀"（Mighty Sparrow）斯林格·弗朗西斯科（Slinger Francisco）时谈到，后者1964年的卡利普索歌曲《刚果人》广受欢迎但颇具争议，因为歌词中有部分内容对性行为有大胆的影射[152]。

正如罗勒尔所说，几十年来性一直是卡利普索歌曲中的"隐秘主题"。[153] 我们可以从其他卡利普索歌曲中看到这种食物与性的联系，例如"威猛喷火战机"（Mighty Spitfire）的《为罗西烤玉米》。又如，威猛麻雀的《咸鱼》将女性物化为性对象，展现出病态的性政治。这一点在他1970年的作品《出卖身体》中表现得更为明显。

在大卫·鲁德（David Rudder）的后期作品《狂欢节女郎》

126

（1995）中，女性形象变得更加独立且在性方面更具攻击性。可以说，她通过在狂欢节上挑逗年轻男子，使其"欲火焚身"，然后却扬长而去，报复了几十年来的男性沙文主义以及他们对女性身体的物化。在女性卡利普索歌手"卡利普索玫瑰"（Calypso Rose）的《甜布丁男》（1968）和《托盘》中，我们看到了女性对女性身体物化的反击，以及对性自主权的新主张。这两首歌都很重要，因为它们将女性的性欲、性自主权与性反击置于卡利普索音乐的核心位置。[154]

在牙买加舞厅音乐中，也存在"一系列……舞厅歌曲，其中食物是个一成不变的隐喻，实际上……成了牙买加美食的颂歌，即使这并不是歌曲真正想表达的主题"。[155]例如，牙买加舞厅 DJ"超级猫"（Super Cat）威廉·马拉（William Maragh）1985年的《葡萄园派对》列举了岛上本地种植的蔬菜，成为"牙买加社会的绝妙寓言"。超级猫在20世纪80年代末至90年代初的舞厅运动中获得了广泛的人气。[156]"大肚男"（Big Belly Man）阿德米尔·贝利（Admiral Bailey）颇具争议的热门舞曲《给我你的身体》（Bailey，1987）后来以《健康的身体》之名发行，这是一个净化后的版本，通过指涉常见的牙买加食品，用双关语传递信息。雷鬼音乐中也能找到类似的例子，比如李·佩里（Lee Perry）1978年专辑《烤鱼、烟草和玉米面包》中的同名主题曲。

加勒比食物、写作与流散社群

在全球化背景下，烹饪和饮食在加勒比身份（作为加勒比人意味着什么）和文化的协商中扮演着关键角色。流散加勒比群体（包括作家与厨师）试图通过适应新环境来重建自己的文化家

127

园，他们将原有的饮食传统与新地域的资源相结合，创造出具有地方特色的加勒比烹饪和饮食方式。事实上，文学作品不仅反映了，有时甚至直接推动了加勒比饮食文化的去地域化和再地域化进程。虽然格蕾丝·尼科尔斯的《像灯塔一样》（Nichols，1984）[157]和洛娜·古迪森的《硬食》（Goodison，2004）[158]等诗作通过描述流散背景下加勒比食物的匮乏来表达对故土的思念，但其他作品——如牙买加作家凯·米勒（Kei Miller）的自传体散文《但格拉斯哥有大蕉》（Miller，2013）——则开始协商新的身份认同，一种不再是简单、纯粹的流散身份。呼应斯图亚特·霍尔（Stuart Hall）关于流散身份始终处于形成过程中的观点[159]，米勒深思道："在苏格兰建立家园，我在这一过程中所经历的变化，正是这个世界上每个人每天都在经历的——我们始终都在不断地塑造自我。"[160]对于米勒而言，食物在这一过程中至关重要：

> 在格拉斯哥，我开始学习烹饪加勒比风味菜肴……这并非源于突如其来的思乡之情，也不是因为我以前从未下过厨。我一直喜欢烹饪，但在加勒比地区，我从未尝试过烹制鲭鱼炖菜[161]、鸽豆浓汤[162]或醋渍鱼[163]，部分原因是许多人的烹饪水平都远胜于我。[164]

米勒的文章超越了加勒比文学中单纯的饮食乡愁，或者如波因廷所说的"老套的家常菜主题"，展现了这位加勒比作家对更为复杂的当代现象的深刻理解，包括（重构的）传统、克里奥尔化进程、饮食文化的去地域化与再地域化，以及在加勒比饮食日益商品化与全球化背景下出现的泛加勒比饮食新现象。至关重要的是，米勒的烹饪既有加勒比特色，又融入苏格兰元素。他"利

用苏格兰食材将加勒比风味"[165]克里奥尔化，以创造出新的菜肴
（"你得自己摸索，找到属于你自己的风格"[166]）。当他母亲问：
"格拉斯哥真的有大蕉吗？"他向她保证说确实有，"而且供应比
在牙买加更稳定——它们应该是从一个不受飓风影响的地方进口
的"[167]。他暗示了加勒比与苏格兰烹饪之间悠久的历史渊源，同
时还提到"苏格兰帽椒"很容易买到，"我一直以为是牙买加本
地辣椒，但显然很久以前这种辣椒让某人想起了他在苏格兰看到
的东西——一顶苏格兰圆帽"[168]。米勒总结道："这是一种双向
的联系。"[169]

128

迈向全球

　　加勒比食物商品化和全球化的另一个典型案例，是英国企业家
李维·鲁茨在英国推广加勒比食材、食谱书和品牌产品的经历。通
过对鲁茨的一系列烹饪类图书（其中收录了食谱、歌词、自传、个
人经历和口头谚语）的批判性解读，本书最后一章展示了在食品营
销和烹饪写作中，复杂的地方性和全球性力量如何相互作用，共同
塑造所谓"正宗的"加勒比风味。尽管自20世纪40年代以来英国
就有加勒比移民群体，但加勒比饮食文化至今仍未真正融入英国主
流，这使得鲁茨的烹饪故事格外引人深思。本书第七章由此探讨了
一个关键问题："雷鬼雷鬼"现象究竟反映了英国民族食物去地域
化的积极趋势，体现了一种新的烹饪世界主义，还是应该被视为对
"民族"食物的消极物化——一种烹饪旅游的商业模式？

结　论

本章追溯了从原住民早期定居至今，英语加勒比地区食物与叙事之间的密切关系。它展现了加勒比地区漫长而多层次的历史：这是一个贸易与交流、殖民定居、人口迁徙、文化交融、宗教融合以及克里奥尔化的区域，烹饪、饮食与故事叙述等文化实践始终在此紧密交织。为了展现食物与写作之间，特别是食物与加勒比语境下更广泛的口述文化之间的关系，本章引用了大量风格、形式和体裁各异的加勒比文学作品，并将文学文本与其他关于食物的著作进行比较，以此表明它们与更广泛的口述文化以及英语加勒比地区重要的民间传统之间存在着至关重要的联系。而这一点在西方关于食物与文学的论述中常常被低估或忽视。本章借助安努·拉坎提出的文化"呼应"概念，将其作为分析加勒比语境下食物与文学之间关系的有效批判范式，探讨了身份政治的不同层面：加勒比作家如何通过描写他们吃什么、何时吃以及如何吃，来探索、定义并强化其不同的文化、种族、种姓、阶级与性别身份。本章认为，作品中呈现的喂养、宴饮、禁食以及其他与食物相关的仪式和实践，既可以构成强大的社会凝聚力和文化延续力，也可能反过来揭示社会的分裂与隔阂。此外，本章还探讨了食物与身体、灵魂（例如情欲和精神）之间的关系，并最终分析了加勒比食物在全球化与流散背景下的复杂影响，尤其关注身份、烹饪"传统"和"正宗性"等问题。下一章将转向口述历史，倾听当代巴巴多斯人讲述他们关于食物、身份与传统的故事。

129

注　释

1. Philip Sherlock, *West Indian Folk Tales* (Oxford: Oxford University Press, 1966), 9.

2. Sherlock, *West Indian*, 9.

3. Christine MacKie, *Life and Food in the Caribbean* (London: Weidenfield & Nicolson, 1991), 25.

4. Olive Senior, *Gardening in the Tropics* (Newcastle: Bloodaxe, 1995), 91-92.

5. Senior, *Gardening*, 92.

6. Senior, *Gardening*, 74-75.

7. Senior, *Gardening*, 73.

8. Senior, *Gardening*, 72.

9. Senior, *Gardening*, 72.

10. Desrey Fox in Dabydeen, 'Teaching West Indian Literature in Britain', in *Teaching British Cultures: An Introduction*, ed. Susan Bassnett (London and New York: Routledge, 1997), 135-151.

11. La Vinia Delois Jennings, *Toni Morrison and the Idea of Africa* (Cambridge: Cambridge University Press, 2010), 102.

12. Philip Sherlock, *Anansi the Spider Man* (London: Macmillan, 1956), 73-79.

13. Emily Zobel Marshall, *Anansi's Journey* (Kingston, Jamaica: University of West Indies Press, 2014), 23-24.

14. Marshall, *Anansi's*, 24.

15. Marshall, *Anansi's*, 27.

16. Marshall, *Anansi's*, 27.

17. Marshall, *Anansi's*, 77-78.

18. Walter Jekyll, *Jamaica Song and Story* (New York: Dover, [1907] 1966).

19. Marshall, *Anansi's*, 65.

20. Marshall, *Anansi's*, 49.

21. Marshall, *Anansi's*, 49-50.

22. Gordon Rohlehr, 'Images of Men and Women', in *Gender in Caribbean Development*, eds. Patricia Mohammed and Catherine Shepherd (Kingston, Jamaica: University of West Indies Press, 1988), 280.

23. Louise Bennett, *Jamaica Labrish* (Kingston, Jamaica: Sangster's Bookstores, 1966), 199-200.

24. Louise Bennett, *Selected Poems* (Kingston, Jamaica: Sangster's Book Stores, 1982). 130

25. Bennett, *Selected Poems*.

26. Bennett, *Jamaica*, 83-84 and 85-86.

27. Olive Senior, Preface to *Pepperpot* (Leeds and New York: Peekash Press, 2014), 11.

28. Olive Senior, *Encyclopedia of Jamaican Heritage* (St. Andrew, Jamaica: Twin Guinep, 2003), 383.

29. Senior, *Encyclopedia*, 383.

30. Senior, *Encyclopedia*, 386.

31. Senior, *Encyclopedia*, 386.

32. Caroline Sullivan, *The Jamaica Cookery Book* (Kingston, Jamaica: Aston W. Gardner & Co., 1893).

33. Sir Algernon Aspinall, *The Pocket Guide Book to the West Indies* (1907) cited in Winifred Grey, *Caribbean Cookery* (London and Glasgow: Collins, 1965), 208.

34. Lynn Marie Houston, *Food Culture in the Caribbean* (Westport, CT & London: Greenwood Press, 2005).

35. Senior, *Working Miracles: Women's Lives in the English-Speaking Caribbean* (Bloomington: University of Indiana Press; London: James Currey, 1991), 129-147.

36. Houston, *Food Culture*, xxv-xxvii.

37. Grace Nichols, *The Fat Black Woman's Poems* (London: Virago, 1984), 9.

38. Ilari Berti, 'Curiosity, Appreciation and Disgust', in *Caribbean Food*

Cultures, eds. Wiebke Beushausen et al. (Bielefeld, Germany: Transcript, 2014), 115-132.

39. Brinda Mehta, *Notions of Identity, Diaspora and Gender in Caribbean Women's Writing* (New York: Palgrave Macmillan, 2009), 94.

40. George Lamming, *In the Castle of My Skin* (Burnt Mill, Harlow: Macmillan, [1953] 1983), 260-261.

41. 如：Goodison 1986, 2007, Clarke 1999, Nichols 1984.

42. Lamming, *Castle*, 263.

43. 大卫·萨顿指出："过去，长时间烹饪的潜在目的之一是证明女性对家庭与日常家务的尽心尽力，赫希翁（Hirschon, 1998: 150）指出：'正宗的菜肴'需要数小时的准备时间；而那些可以快速制作的食物则被称为'妓女食物'，因为它暗示女性节省厨房里的时间是为了从事不正当的活动。"［引自：*Remembrance of Repasts* (Oxford: Berg, 2001), 132. ］

44. Candice Goucher, *Congotay! Congotay!* (New York and London: M. E. Sharpe, 2013), 73.

45. Lamming, *Castle*, 266.

46. Austin Clarke, *Pig Tails n' Breadfruit* (Kingston, Jamaica: Ian Randle, [1999] 2000), 32.

47. Samuel Selvon, *A Brighter Sun* (Harlow: Longman Caribbean, [1952] 1985), 4-5.

48. "蜜肽"（meetai）是面粉和糖加水混合后油炸得到的食物（常作"mithai"——译者注）。

49. Selvon, *Brighter*, 160.

50. Selvon, *Brighter*, 160.

51. Gillian Richards-Greaves, 'The Intersections of "Guyanese Food"', in *Food and Identity in the Caribbean*, ed. Hanna Garth (London: Bloomsbury, 2013), 88.

52. Mehta, *Notions*, 106-131.

53. Lynn Marie Houston, *Food Culture in the Caribbean* (Westport, CT:

131

Greenwood Press, 2005), 81.

54. Selvon, *Brighter*, 164.

55. Selvon, *Brighter*, 167.

56. Selvon, *Brighter*, 171.

57. V. S. Naipaul, *The Mystic Masseur* (London: Picador, [1957] 2001), 44.

58. Naipaul, *Mystic*, 4.

59. Naipaul, *Mystic*, 40.

60. Naipaul, *Mystic*, 45.

61. Naipaul, *Mystic*, 191.

62. Naipaul, *Mystic*, 191.

63. Naipaul, *Mystic*, 53.

64. Naipaul, *Mystic*, 45.

65. Selvon, *Brighter*, 45.

66. Veronica Gregg, '"Yuh Know Bout Coo-Coo?" Language Representation, Creolisation and Confusion in "Indian Cuisine"', in *Questioning Creole*, eds. Verene Shepherd and Glen L. Richards (Kingston, Jamaica: Ian Randle, 2002), 150.

67. Ramabai Espinet, 'Indian Cuisine', *Massachusetts Review* (Autumn-Winter 1994): 563-573.

68. Gregg, 'Coo-Coo', 150-151.

69. Gregg, 'Coo-Coo', 151.

70. Espinet, 'Indian Cuisine', 574.

71. Gregg, 'Coo-Coo', 159.

72. Gregg, 'Coo-Coo', 160.

73. Espinet, 'Indian', 574.

74. Espinet, 'Indian', 574.

75. Senior, *Encyclopedia*, 107.

76. Senior, *Encyclopedia*, 108.

77. Senior, *Encyclopedia*, 108.

78. Alfred Mendes, 'Her Chinaman's Way', in *Trinidad*, eds. Alfred Mendes

and C. L. R. James 1, 1 (Trinidad, Christmas 1929).

79. Anne-Marie Lee-Loy, 'Identifying a Chinese Caribbean Literature', *Small Axe*, Sx Salon (2014).

80. Michael Anthony, *Cricket in the Road* (Oxford: Heinemann, 1973), 66-71.

81. In V. S. Naipaul, *A Flag on the Island* (London: Andre Deutsch, 1967).

82. Mehta, *Notions*, 98.

83. Merle Hodge, *Crick Crack, Monkey* (London and Kingston: Macmillan Caribbean, [1970] 1985), 105-106.

84. Hodge, *Crick*, 106.

85. Hodge, *Crick*, 106. 普拉利（poolarie 或 pholourie）是一种油炸小吃，将豆面制成球状，添加大蒜、洋葱，有时还会添加玛莎拉香料；安克尔（anchar）是一种用甘蓝腌制的辣味小菜；炸鱼饼（accra）是一种油炸饼，用面粉、盐、酵母，以及黑眼豆或咸鱼制成；油炸面团（fry-bake）是一种传统的配菜，通常是小型的油炸面团球；扎博卡（zaboca）指的是鳄梨。

86. Hodge, *Crick*, 107.

87. Antonia MacDonald, 'Making Room for Tantie', in *Feminist and Critical Perspectives in Caribbean Mothering*, eds. Dorsia Smith Silva and Simone A. James Alexander (Trenton, NJ: Africa World Press, 2013), 202.

88. Hodge, *Crick*, 15.

89. MacDonald, 'Making', 106.

90. MacDonald, 'Making', 203.

91. Ismith Khan, 'Puran' in *A Day in the Country* (Leeds: Peepal Tree Press, 1994), 26. 威利·陈在《狂欢节不只是克里奥尔人的玩意儿》中探讨的主题与此类似，作者分析了印裔加勒比人如何通过所谓的恰特尼音乐将主要由非裔加勒比人主导的狂欢节"克里奥尔化"。印裔加勒比角色亚历山大回忆起自己与同伴在学校被嘲笑为"咖喱嘴"的经历。然而，这些男孩"已经告别了田间劳作、腌制农作物

132

和在骡棚干活的日子，成为成功的商人"。[引自: *Chutney Power* (Oxford: Macmillan Education, 1994), 5.]

92. Khan, 'Puran', 32-33.

93. Chen, *Chutney*, 5.

94. Rooplal Monar, 'Massala Maraj', in *India in the Caribbean*, eds. David Dabydeen and Brinsley Samaroo (London: Hansib & University of Warwick, 1987), 309.

95. Monar, 'Massala', 313.

96. C. L. R. James, 'Triumph', in *The Routledge Reader in Caribbean Literature*, eds. Alison Donnell and Sarah Lawson Welsh (London and New York: Routledge, 1996), 84.

97. James, 'Triumph', 84.

98. James, 'Triumph', 87.

99. James, 'Triumph', 89.

100. James, 'Triumph', 87.

101. Mehta, *Diasporic*, 25.

102. Mehta, *Diasporic*, 25.

103. Mehta, *Diasporic*, 107.

104. Mehta, *Diasporic*, 25.

105. Mehta, *Diasporic*, 107.

106. Mehta, *Diasporic*, 107.

107. 这些作品包括拉克什米·佩尔索德的《圣典》(Persaud，1993) 和《风中的蝴蝶》(Persaud，2009)，以及拉玛拜·埃斯皮内特的短篇小说《印度菜》。

108. Mehta, *Diasporic*, 108.

109. Paule Marshall, 'The Making of a Writer: From the Poets in the Kitchen', in *Merle: A Novella and Other Stories* (London: Virago, 1985), 3-12.

110. Marshall, 'Making'.

111. Marshall, 'Making'.

112. Marshall, 'Making'.

133 113. Marshall, 'Making'.

114. Marshall, 'Making'.

115. Kelly, *Pepperpot*, 80.

116. Mehta, *Notions*, 98.

117. John Lyons, *Cook-Up in a Trini Kitchen* (Leeds: Peepal Tree Press, 2009), 9.

118. Clarke, *Pig Tails*, 218.

119. Clarke, *Pig Tails*, 217.

120. Jamaica Kincaid, *At the Bottom of the River* (London: Picador, 1983).

121. Jean Binta Breeze, 'Kitchen Talk', in *On the Edge of an Island* (Newcastle: Bloodaxe Books, 1997), 75.

122. Binta Breeze, 'Kitchen Talk', 77.

123. Jeremy Poynting, 'Food and Cooking', https://peepaltreepress.com/discover/cultural-forms/food-and-cooking.

124. Lakshmi Persaud, *Butterfly in the Wind* (Leeds: Peepal Tree Press, 2009), 124-127.

125. Persaud, *Butterfly*, 132.

126. Persaud, *Butterfly*, 90.

127. Soutik Biswas, 'Why India's Food Police Are Kicking Up a Storm', BBC, 2016, https://www.bbc.co.uk/news/world-asia-india-37335891.

128. Poynting, 'Food', n.p.

129. Chen, *Chutney*, 1-9.

130. V. S. Naipaul, *India: A Wounded Civilization* (Harmondsworth: Penguin, 1976), 10.

131. Naipaul, *India*, 10.

132. V. S. Naipaul, *The Enigma of Arrival* (Harmondsworth: Penguin, 1987), 102.

133. Mehta, *Notions*, 90.

134. Mehta, *Notions*, 90.

135. Maureen Warner-Lewis, *Central Africa in the Caribbean* (Kingston, Jamaica: University of West Indies Press, 2003), 104.

136. 关于拉斯特法里教饮食及相关讨论的更多信息，参见: Annika McPherson, '"De fuud dem produus me naa go iit it!" Rastafarian "Culinary Identity"', in *Caribbean Food Cultures*, eds. Wiebke Beushausen et al. (Bielefeld, Germany: Transcript Verlag, 2014), 279-298.

137. Lorna Goodison, *From Harvey River* (Toronto: McClelland & Stewart, 2007), 238.

138. Goodison, *Harvey*, 239.

139. Goodison, *Harvey*, 239.

140. Goodison, *Harvey*, 239-240.

141. Antonio Benítez-Rojo, *The Repeating Island* (Durham, NC, and London: Duke University Press, [1992] 1996), 9-10.

142. Grace Nichols, 'Sugar Cane' in *I Is a Long Memoried Woman* (1983) and *The Fat Black Woman's Poems* (1984); John Agard, 'English Girl Eats Her First Mango' (1983) in *Alternative Anthem* (2009), 21-23; Opal Palmer Adisa, *Caribbean Passion* (2004), and Anton Nimblett, *Sections of an Orange* (2009); Lettawatee Manoo Rahming, 'Come into My Garden', 'Come Dine with Me', 'Curry Flavour' in *Curry Flavour* (2000). 134

143. Lettawatee Manoo-Rahming, *Curry Flavour* (Leeds: Peepal Tree Press, 2000), 76.

144. Nichols, *Fat Black*, 12-13.

145. Manoo-Rahming, *Curry*, 81.

146. Benítez-Rojo, *Repeating*, 9-10.

147. Grace Nichols, *English File* programme BBC 1997. 另外参见: John Agard's 'Sugar Cane's Saga' in *Travel Light Travel Dark* (Newcastle: Bloodaxe, 2013), 35-36.

148. Carl Plasa, *Slaves to Sweetness* (Liverpool: Liverpool University Press,

2011), 9.

149. Gordon Rohlehr, 'Images', 235.

150. 例如，"咆哮虎"（Growling Tiger）的《懒汉》与《玛丽小姐的建议》（1938），以及"大猩猩"（Gorilla）的《空肚子》（1938）。在"咆哮虎"的《金钱为王》（1935）中，一位衣着光鲜、受过教育的男士被中国店主拒之门外，因为他身无分文。他饿得"肚子里的蛔虫都开始跳舞了"。其他一些卡利普索歌曲，例如"咆哮虎"的《工人呼吁》（1934）与齐格菲尔德（Ziegfield）的《萧条》（1938），则记录了许多无法养家糊口的男性所感受到的深深耻辱。

151. Rohlehr, 'Images', 239.

152. 参见：Vivien Goldman, 'Mighty Sparrow: The King of Calypso on Freedom, Windrush and Oral Sex', Interview with the Mighty Sparrow, *The Guardian*, November 2018.

153. Gordon Rohlehr, 'I Lawa: The Construction of Masculinity in Trinidad and Tobago Calypso', in *Interrogating Caribbean Masculinities*, ed. Rhoda Reddock (Kingston, Jamaica: University of West Indies Press, 2004), 368.

154. Rohlehr, 'Masculinity', 367.

155. Jesse Serwer, 'Guess Who's Coming to Dinner', website.

156. Jesse Serwer, 'Guess', n.p.

157. Nichols, *Fat Black*, 27.

158. Lorna Goodison 'Hard Food' in *Controlling the Silver* (Chicago: University of Illinois Press, 2004), 78.

159. Stuart Hall, 'Cultural Identity and Diaspora', in *Colonial Discourse and Post-Colonial Theory*, eds. Patrick Williams and Laura Chrisman (New York: Columbia University Press, 1994), 392-401.

160. Kei Miller, 'In Glasgow There Are Plantains', 2013, 45.

161. 这是一道一锅煮的菜肴，通常包含肉或鱼、蔬菜、椰奶和香料，其名称"rundown"源于烹饪过程中油脂与汤汁自然分离的现象。

162. 这道汤以鸽豆为主料烹制而成，通常在圣诞节期间食用。

163. 这道菜以生鱼或轻微煎炸的鱼为主料，佐以醋、油、香料、水、洋葱、盐、糖、胡萝卜、佛手瓜、辣椒和多香果调配而成的酱汁。

164. Miller, 'Glasgow', 46.

165. Miller, 'Glasgow', 47.

166. Miller, 'Glasgow', 47.

167. Miller, 'Glasgow', 47.

168. Miller, 'Glasgow', 47.

169. Miller, 'Glasgow', 47.

135

第五章

"厨房漫谈"

——加勒比女性谈食物

> 这是我的做法，也是我母亲以前的做法。
>
> ——恩托扎克·尚治（Ntozake Shange）[1]
>
> 食谱写在她手上，刻在她老茧的纹理中。
>
> ——大卫·萨顿[2]

本章基于上一章探讨的"厨房漫谈"（kitchen talk）概念，分析了笔者 2018 年在巴巴多斯岛进行的一系列访谈所获得的定性数据。巴巴多斯拥有特别深厚的烹饪传统，这与其文化民族主义和岛屿身份认同紧密相连。需要注意的是，与特立尼达和多巴哥、圭亚那等国相比，巴巴多斯的印裔加勒比人口较少，且其文化存在感较低，这可能为研究带来一定的局限性。然而，聚焦于这个小岛社区也有其优势，即有机会探究那些鲜为人知且研究较少的饮食文化及人们对食物的态度。大多数现有的加勒比饮食研究倾向于关注牙买加，并将其视为加勒比饮食的代表，但其合理性有待商榷。因此，本章的一个重要目标是展现单一岛屿烹饪传统的多样性和独特性。在巴巴多斯开展此类实地研究也迫在眉睫，因为许多受访者年事已高，他们可能是巴巴多斯传统家庭烹饪技艺的最后一代传承者。年轻一代更倾向于（虽然并非总是如此）食用预制食品和快餐，而非依赖口传心授的传统烹饪实践。这标志着烹饪实践和消费模式的重大转变。[3]

本章借鉴阿瓦尔卡（Abarca，2007）提出的重要研究方法[4]，以"厨房对话"的形式对加勒比受访者进行了十八次访谈。所有访谈均为面对面进行，而非通过网络电话、电子邮件等远程方式。这一点至关重要，因为访谈需要考虑文化语境，感知非语言元素，并且把握访谈主题的整体性。同时，部分受访者家中无法上网，且在其他场所进行访谈也与研究的初衷相悖。此外，在特定的加勒比文化背景下，研究需要遵循一定的礼仪，例如采访者需要被引荐并获邀进入私人厨房（或受访者被邀请进入采访者的厨房）。由于厨房被视为私密空间，因此访谈需要考虑到这种特定场景下的行为规范。

主要研究问题

访谈问题根据受访者的不同背景和环境进行了调整，但始终聚焦于一个核心议题：加勒比语境下烹饪"传统"的内涵。受访者被问及一系列问题，包括：在加勒比语境下，"传统"巴巴多斯食物对他们的烹饪实践和饮食习惯的影响和意义；他们对口述传统和非书面传统的依赖程度；食谱书的使用情况；不同年代的人对烹饪"传统"的理解差异；烹饪"传统"与现代性之间的关系；食物与流散社群之间的联系；以及在特定加勒比语境下，厨房空间的功能和意义。访谈中运用了"烹饪母系传承"这一概念，该概念借鉴了著名有色人种作家如爱丽丝·沃克（Alice Walker）（Walker，1983）、恩托扎克·尚治和葆拉·马歇尔（Marshall，1985）提出的女性主义"溯母"理论。访谈项目旨在引发关于性别和厨房空间的讨论，并探究厨房在多大程度上是女性社交、团结和互助（广义而言）的重要场所。访谈还深入探讨了"口述传统"这一概念，主要分析了它作为话语体系的渗透性和可塑性，以及在缺乏文字记载的情况下，作为文化存储和/或媒介，如何保存和再现特定的饮食实践与传统。罗达·雷多克（Rhoda Reddock）、凯瑟琳·谢泼德（Catherine Shepherd）、帕特里夏·穆罕默德（Patricia Mohammed）以及著名的奥利芙·西尼尔（Senior，1991）等加勒比评论家曾进行过口述历史研究，但她们通常没有将女性生活中的烹饪内容纳入研究范围，也没有将其与文学/文化研究的范式结合起来。其他研究者，如厄娜·布罗德伯（Erna Brodber）（Brodber，1980，1988）和霍诺·福特－史密斯（Honor Ford-Smith）（Ford-Smith，1986），则选择将她们对加勒比地区女性生活的社会学研究转化为创作，而非撰写批判性的学术著作。

伦理问题

几十年来，女性主义者一直强调，女性口述史对所有参与者都具有赋权意义。这些记录不仅让原本可能湮没无闻的女性故事得以发声，也让读者有机会了解那些平时难以接触的女性群体的个人经历和独特见解。女性主义研究者通过口述历史发掘关于女性的重要信息，并通过叙述女性故事来推进政治事业。然而，对口述历史工作的伦理进行审视也同样重要，因为可以说，在这个过程中，研究者获益远多于受访者。所有"厨房漫谈"项目中的受访者均为成年人；经过全面的伦理监督与审核后，受访者对访谈及研究结果的发表给予了充分的知情同意。在以下访谈中，所有姓名均已匿名化处理。

研究方法

"厨房漫谈"研究项目以口述历史为主要数据收集方法，强调女性主体性，并立足于口头交流这一媒介。本项目探讨了在充满不确定性和变革的时代——尤其是在传统性别角色不断变化、快餐店蓬勃发展、居家烹饪或"从基本食材开始"做饭的家庭日益减少的背景下——口述传统在家常菜肴的准备、烹饪和消费过程中的作用。本项目借鉴了盖格（Geiger，1990），阿米蒂奇、哈特和韦瑟蒙（Armitage, Hart and Weathermon，2002）以及赫塞–比伯（Hesse-Biber，2007）等女性主义口述历史学家的实践和见解。本项目还受到盖格的启发，她指出，"女性口述历史或女性研究女性口述历史本身并不一定具有女性主义特质"[5]。她认为，"研究目标、研究问题、用于核实或评估口述资料的证据、研究关系的特征、'研究成果'的预期受众以及口述历史转化为书面历史的潜在受益者"[6]，这些都需要在研究的各个阶段进行审视和反思。盖格提出的女性主义口述历史分类法对"厨房漫谈"项目颇具启发意义。该分类法认为，性别是理解女性生活的关键分析工具；女性的生活与其特定的社会、文化、国家及种族/民族现实密切相关，并经由这些关系得以体现。女性主义口述史方法旨在挑战以

140

男性为中心的预设以及将女性视为同质化群体的刻板印象（反之亦然）。该方法重视女性自身经历和生存方式的价值，将其视为宝贵的研究数据，认为其中蕴含着整个研究项目需要挖掘的重要真相，而非仅仅是次要的、逸事性的或主观的信息。个体经验在本研究中被赋予重要意义。与女性主义口述历史方法相呼应，"厨房谈话"项目的研究方法对所有的性别"规范"和观念都进行了彻底的反思与批判，而非局限于影响女性受访者的部分。

大卫·萨顿在其颇具影响力的著作《饮食回忆》（Sutton，2001）中，对希腊的卡林诺斯岛的口述传统、记忆和烹饪进行了研究，也为本章的方法论提供了借鉴。萨顿认为，C. N. 塞雷梅塔基斯（C. N. Seremetakis）提出的"反记忆"概念是一种资源，虽然"正遭受希腊社会消费主义的威胁"[7]，但也可能成为对抗此类威胁的阵地。巴巴多斯的情况与它十分相似。对塞雷梅塔基斯而言，饮食文化的物质性与其身体记忆紧密相连——"我的身体本能地感知到一些我意识中尚未察觉的东西"——这为理解巴巴多斯烹饪传统口述传承的感官途径提供了一种有效方法。正如一些受访者所言，"烹饪是一种'体验式的学徒模式'，与通过烹饪书和书面食谱进行的正式学习方式截然不同"[8]。也正如萨顿在观察一位年长女性做饭时所发现的，"没有索引卡片或折痕斑斑的纸张。食谱就在她手上，刻在她老茧的纹理中"（Sutton，2001）[9]。萨顿还指出"食物如何构建日常生活，以及季节性收获、节庆和斋戒、人生庆典所体现的更长期的生活节律"[10]，这在以下访谈中对特殊食物和节庆膳食（例如圣诞节）的讨论中得到了充分体现。从这层意义以及其他方面来看，我所采访的巴巴多斯受访者的食物话语可以被视为一种社交辞令；换言之，其目的在于"维系和巩固社会关系，而非传递新信息"[11]。正如西德尼·明茨（Sidney

Mintz）所说，"关于食物的闲谈……对于创建一个共享的饮食社群（至关重要）"[12]。

关于食物交换和食物慷慨的话题，萨顿的见解也颇具启发性。他认为，"食物慷慨是……阐述群体身份观念的一个关键领域，尤其是一种与过去失落传统相对立的'现代'身份。在过去的社会中，慷慨行为是岛上人们日常生活的共同基础"[13]。同样，几位"厨房漫谈"的受访者也提到了"旧的"或"传统的"饮食习惯和饮食实践，认为自己失去了一些宝贵的东西。这些通过食物形成的群体记忆，有助于我们追溯"食物制作方式的变迁及其对饮食记忆形成的影响"[14]。然而，我们也需要警惕，不要将受访者对"传统"和"传统事物"的构建不加批判地解读为比现代性和当今的饮食实践更有价值。这种矛盾张力在诸多访谈中清晰可见，人们对现代性（以蓬勃发展的快餐业为代表）抱有复杂的态度：它一方面满足了新的需求和生活方式，另一方面却导致了"传统"家庭烹饪以及其他劳动密集型饮食方式的衰落甚至消失。[15]访谈中的一些细节，例如斯特拉的生日鸡蛋，也表明了"食物细节蕴含着丰富的象征意义"[16]。萨顿问道："在烹饪知识从母亲和（外）祖母向女儿和（外）孙女代代相传的传统过程中，烹饪与'日常生活'之间存在着怎样的关系？又是什么取代了这些知识？"[17]这些问题也是"厨房漫谈"的核心所在。萨顿将烹饪视为一种"实践性知识"的观点在此也极具启发性，因为厨师们会从"记忆和想象的宝库"[18]中汲取灵感。在实践中，这意味着他们既借鉴记忆和已有的知识库，又为"即兴创作留下了相当大的空间"[19]。这一点在多篇"厨房漫谈"采访中都有体现，受访者在谈论如何烹制黑蛋糕或飞鱼库库等巴巴多斯特色菜肴时，提到了如何根据家中女性长辈的认可程度进行调整和发挥。最后，访谈中反复出现的一个观点是，人们对烹饪中的"精确计量"抱有怀疑甚至"不屑"的态度。[20]这既是口述传承的固有特征——许多厨房直到最近才摆脱设备匮乏的困境；也是萨顿所说的"反社会性"的一种体现。他指出，"对传统烹饪技艺的追忆，唤醒了人们日常生活中日渐式微的物质性和身体性体验。而这些特质已经（或被认为已经）被'现代性'所消解"[21]。有趣的是，在梅尔和米歇尔这对母女的访谈中，这种二元对立关系发生了反转，接受过精确计量训练的反而是年长的一代，而年轻一代则摒弃了这种烹饪方法。然而，几乎所有访谈都体现了这样一种理念：烹饪不仅是物质活动，也是一种身体力行的体验（在市场上感受食材，学习如何处理食材，在烹饪过程中触摸和品尝食物），而食谱书无法如此亲密地或令人难忘地传递这些体验。

访谈录

本章仅收录了部分完整访谈，而不是所有访谈的摘录，目的是为访谈故事中关于食物与文化"呼应"的丰富例证提供篇幅。这些访谈经过轻微编辑，保留了受访者的举例、命名、犹豫和重复等表达特征，因为从社会语言学和口述理论方法角度来看，这些策略对访谈形式至关重要。大卫·萨顿引用了社会语言学家黛博拉·坦南（Deborah Tannen）的著作《对话的声音》（Tannen，1989）以论证"对话的亲密感是通过重复和细节（以及其他方式）来营造的"[22]。坦南认为，重复使用某些表达（如固定短语或谚语）是一种"参与策略，可以吸引听众加入对话"[23]，同时也是"提供谈资、促进自然交流、延续和深化对话的资源"[24]。

142

格蕾丝（Grace）是一位四十多岁的专业人士，受过大学教育。她曾在加拿大生活和学习，现居巴巴多斯，从事与小企业相关的工作。

采访者：我得问问你，尤其你如此热心，给我带来那么多新旧食谱——你会使用食谱吗？你的母亲或祖母会用吗？食谱是干啥用的？

格蕾丝：我先说我自己吧。我特别喜欢食谱，我喜欢它们的排版、图片，也喜欢做饭。嗯，我会用食谱。这要看我想做什么。从小就熟悉的那些加勒比家常菜，我不一定需要看食谱，嗯……但如果想做点不一样的，我就会去翻食谱……我会用它们的方法……

采访者：……然后再调整？

格蕾丝：对，做些调整。嗯，我就是这么用食谱的。

采访者：那你自己是怎么学会做饭的？

格蕾丝：谁知道呢？（笑）嗯，我想，作为西印度群岛女孩——他们都这么叫我们——我们长大后几乎不可能不会做饭。所以，学做饭和学会做饭之间，几乎没有界限。我总是，我总是在厨房陪着我母亲。我是家里第一个也是唯一一个女孩，我们家就是这样，只要我母亲在厨房，我也在，我自然而然就学会了一些东西。母亲会让我做些小任务，比如剥洋葱、切豆角、洗生菜什么的。对我来说，这就是我学做饭的开始。

采访者：所以，这不是什么正规的学习？

格蕾丝：不，当然不是。我认为是非正式的。嗯，你问我母亲用不用食谱——可以说用，也可以说不用。我们之间

143

有个挺好笑的事儿。她从来不按照食谱做菜。直到今天，当我跟她聊天时，她还提到一个朋友给了她食谱。她们有很多杜果。她说，"嗯，给我留点杜果，我不在家"。她夏天通常不住这儿，所以吃不到杜果。于是我问："那你要我留杜果干什么？""哦，我朋友莫妮卡给了我一个杜果蛋奶酥和杜果慕斯食谱，我想回来的时候做，所以把杜果存起来，放冰箱里。"我当时想："真的吗？"我太了解她了。她确实喜欢食谱，也会拿起来翻看，但她从来不会照着做。

采访者：对她来说，这些书能够激发灵感吗？

格蕾丝：或者说，她有时候会想去尝试做点什么，她肯定……好吧，她通常没有那些原料，她只是临时起意，"我想做这个那个"，然后我会说，"你没有食材"。"没关系，我可以改一下。"但有些东西是没法改的，我说，"那样做出来就不是一样的东西了"。所以，关于是否要按照食谱来，我们常常会有一些小争论。她有一位来自加勒比地区安提瓜岛的朋友，会做传统的圣诞蛋糕，也就是黑蛋糕。现在不同的家庭、不同的女性制作这种蛋糕的方法各不相同。准备水果的方法基本一致，但在烘焙和具体操作上会有不同。为什么呢？我妈一直在做，她就说，"我做出来的不像你的，我做不出你的效果"。玛丽阿姨则会说："好吧，这就是食谱，严格按照食谱来做！"

采访者：但，当然，即使有说明，人们还是会即兴发挥……那她是在罐子里泡水果，一层一层地泡吗？

格蕾丝：对，她把水果泡起来。我过去看的时候，发现她已经把所有水果用破壁机切碎了，放进大罐子（科纳里罐）里。所以里面有葡萄干、红醋栗、混合果皮、梅干，还有其他水果，其他水果一起放进去，再加上朗姆酒——这个很重要——朗姆酒，还有波特酒。这两种酒是非常重要的原料。有些人还会在混合果料中添加烈性黑啤或者健力士黑啤。反正就是所有东西都放进罐子里。就这样，盖上盖子放着就行。有些人会提前六周开始准备，烤蛋糕之前才开始泡，其他人则是一年到头都在泡。所以，放在我厨房台面上的那个罐子，现在已经泡了四年。她去年圣诞烤了一个蛋糕。前年没烤，但她还是得往罐子里加些水果。所以你不停地加水果……水果继续浸泡——你们怎么说呢，叫作腌制吗？你加水果，加入朗姆酒，继续加水果，再加朗姆酒。有时候我还会通过视频聊天或者电话收到指示，"你去看一下水果，看是不是有点干了，倒点朗姆酒进去"。

采访者：在英国，我们也做类似的事；你先做蛋糕，然后"喂"它喝酒。

格蕾丝：蛋糕还是要烤的，你知道的，蛋糕在准备过程中要加不少朗姆酒。蛋糕烤好后，趁热还要再加一些朗姆酒。

采访者：（笑）你和你母亲都在加拿大待过。如果食物代表"家"，那么你最想念哪些食物？你会联想到巴巴多斯的什么菜肴？

格蕾丝：你是说离家生活的时候吗？

采访者：是的。虽然你可能没有特别想家，但总会有一些时刻，你会渴望某些食物吧？

格蕾丝：对我来说，我能很快适应不同的环境。所以我会根据环境调整烹饪方式。我想："好吧，我不在那里，买不到那些食材，但我还是得吃饭。"我的做饭方式已经适应了加拿大的环境。巴巴多斯有一种传统食物叫布丁腌肉[25]，我不得不说这是在加拿大完全找不到的。虽然如果我真的、真的很想吃，我也能自己做，但这是我"最想念"的食物之一。

采访者：传统上（你说的布丁）是在猪肠中灌猪血，还是灌红薯？

145

格蕾丝：我会灌红薯，我们叫它蒸布丁。嗯，在加拿大很难找到猪肠！（笑）那实在是太麻烦了！

采访者：有些年长的女性无论在哪儿都会坚持传统版本，但其他人似乎已经适应，已经现代化了。

格蕾丝：是的，但我属于不一定非得做传统猪血布丁（将猪血等食物塞进猪肠里）的那一代，更别提处理猪血的时候有多麻烦了！

采访者：你有没有早年的饮食记忆？

格蕾丝：嗯，我是随着年龄增长才开始下厨的，你知道的，你会参与做饭。有时候，我是厨房里做饭的那个人。我大概十一二岁的时候，烤过一个蛋糕，虽然是用预拌粉做的蛋糕，但好歹是个蛋糕。从那时起你就一直做下去了……不，我会做各种沙拉，所以我是沙拉女王。今天，无论我去哪儿，大家都会说，"沙拉得让格蕾丝做"，所以我一直负责做这个。接着就是做红腰豆米饭配鸡肉。你要给鸡肉调味，把它放进烤箱。所以，你在烤，知道吗，鸡肉的各个部位、整只烤鸡、鸡蛋等等，因为你一直在观察和学习，所以你知道这些事。你不需要一个"待办事项"清单来做这些，你只是通过想象就能做到。

采访者：所以，你母亲和祖母会告诉你"放这个，放那个"？没有任何量化，你会尝味道吗？

格蕾丝：这要看情况。是的，会品尝，你必须得尝一下。

现在我，一旦我知道了用料和用量，我就不用再尝了。所以，这是我们之间的另一点争执："你一定得尝尝！""我不需要尝！"

采访者：那么，还有其他东西进入那个空间吗？我在想，厨房空间常常是女性化的……厨房通常是女性主导的空间。她们会聊八卦吗？讲故事吗？……还是仅仅谈论我们在做什么，怎么做？

格蕾丝：我不太记得谈话的细节了。可能是因为一切都发生得太自然了，以至于……

采访者：有些年长的女士说，那是一个没有男人在场，女性相互交流的时机。那么，这种从母亲到女儿或从祖母到孙女的传承有什么特别之处吗？

格蕾丝：我觉得，我觉得这只是一种下意识的行为。我得坐下来好好想想，不过确实，准备周日午餐、为某个活动备餐、招待朋友来访。你准备着饭菜，而如我之前所说，在我大部分的居家生活中（我直到十九岁才离开家），我的角色就是"你来收拾桌子""你准备好要用的所有餐具""你来做所有沙拉"。

采访者：你们家里的男人做饭吗？

格蕾丝：我父亲偶尔会下厨，但那不是常态。他做不了任何主菜。

采访者：这种情况有改变吗？

格蕾丝：嗯，这要看家庭情况，也要看家里男性的喜好。比如说，我爱人就很喜欢做饭，所以这不是性别问题，就是"好吧，我来做这个"。

采访者：这是一个技能问题？

格蕾丝：没错，这是一个技能问题。你得吃饭。总得有人做饭（笑）。所以，这不是性别问题。

采访者：但有些加勒比食物是男性展现自我的方式，比如烧烤。它不只是加勒比地区才有。全世界的男人都在烧烤。

格蕾丝：确实如此。我在多伦多的生活中，在北美，烧烤是男人的领域。我也烤过，但通常来说，那确实是男人的空间，没错。

采访者：那什么是典型的巴巴多斯菜？说实话，不是游客想听的那种！真有这样的菜吗？在英国，我们可能会说是咖喱，而不是烤牛肉，也不是炸鱼薯条。

格蕾丝：真的吗？

采访者：是的，因为"去吃咖喱"是我们的国民爱好之一。当然，我们所说的"咖喱"有点误导人，因为它掩盖了印度菜系的地方特色。我们说"去吃'印度菜'"，但在英国开第一家"印度"餐馆的厨师和工作人员主要是孟加拉国人或克什米尔的巴基斯坦人。所以，其中有很多讽刺意味，但确实是这样。

格蕾丝：嗯，如果说国菜，巴巴多斯国菜，我得说是红腰豆米饭，或者烤猪肉。还有什么？飞鱼库库。

采访者：有些女性说这道菜由来已久，但也有人说这是旅游局在独立前后构想出来的，（如果这是真的，）那就太令人惊讶了。

格蕾丝：我不同意这种说法。我的意思是，我相信你可以追溯到很久以前，我也在一些食谱中看到过，说玉米粉是加勒比地区，乃至美洲的主食之一。

采访者：是的，甚至在种植园出现之前。

格蕾丝：等等。如果你了解我们的历史，跨大西洋奴隶贸易的故事，伴随西非奴隶而来的是：玉米，玉米，玉米。

采访者：还有小米、高粱，但主要是玉米。

格蕾丝：是的。

采访者：它与芬吉[26]和其他玉米粉食物有关。

格蕾丝：我以前有一本食谱……那是我母亲给我买的非洲食谱，那本书里的菜肴跟我们从小吃到的非常相似，玉米就是其中之一。我不知道你的研究追溯到多久以前。

采访者：一直追溯到美洲原住民，是的，肯定可以追溯到那个时期。

格蕾丝：我敢肯定你也能在他们的饮食中找到玉米，而对我来说，库库就是巴巴多斯菜肴。当你去牙买加，他们管它叫拌玉米粉。它跟库库是一样的，做法也相同。在安提瓜岛，我在安提瓜岛的家人，我母亲的朋友，他们也叫它库库，然而做法不同。

采访者：有时会加些秋葵，有时则不加？

格蕾丝：是的，是的。我发现那种加了秋葵的，基本上是我在其他地方没见过的，如果要说的话，我会说那是巴巴多斯的特色。

148

采访者：而那些以非洲为中心的饮食文化遍布整个加勒比地区，包括各种根茎类食物。一些年长女士觉得年轻一代的口味已经不同了……你同意吗？我可以带点讽刺地说，就像我从受访者那里听到的，奇芙特（快餐）是二十岁以下年轻人的首选食物。这是真的吗？

格蕾丝：但你也得看看生活、社会以及所有其他因素，看看这些因素是如何让人们远离"传统"根茎类食物或常规做法的。想一想，是谁在做饭？

采访者：嗯，确实是。如果你工作忙，不在家。

格蕾丝：这就是问题所在，所以人们转向快餐，你现在的生活方式变得不一样了，你得接送孩子，他们要去打冰球。他们要去这儿，要去那儿。你还得回家，转身又要忙别的事。

采访者：你认为传统的饮食方式最终会消失吗？……它们只会在特殊的日子里出现，或者只为游客保留吗？

格蕾丝：不，我觉得有一代人能够欣赏并理解某些食物的营养价值，这些传统的饮食方式会继续存在。

采访者：这也许就是为什么你会看到那些百岁老人。他们工作努力，饮食非常健康。

格蕾丝：每当人们看到报纸上出现这些人，听到这些故事，有些人会产生共鸣，觉得也许我们应该回归旧时的生活方式。当疾病来袭，症状显现，他们最终会回到传统的饮食方式。这就是我的感觉。所以现在的挑战是，当前这几代人，或者说我们这一代人，是否足够聪明，能够意识到这一点并做好准备。

采访者：如何看待回归本地食物的必要性？从历史上看，加勒比地区几乎所有食物都是进口的，除了那些能在自留地和菜地里种植的。食品进口有很长一段历史了。我跟联合国粮食及农业组织的人聊的时候，她说她希望看到回归本地食物，更多的酒店使用本地农产品。这当然是好事，但她承认，你需要相应的基础设施来实现这一点，还需要保证产品的稳定供应和产量，对吧？毕竟这只是一个小岛。

格蕾丝：我觉得这情况已经存在很多年了，（我们）多年来一直试图解决这些问题。但我不确定（解决方案是什么）。

采访者：你曾在国外生活过。根据你的经验……加勒比文化在多伦多的哪些方面有所体现？你在小摊位、餐馆、街头小吃中看到了吗？

格蕾丝：多伦多是一个相当大的城市，你会发现各种族群分布其中。所以，你会在不同的社区看到各自的小天地。你会看到我们所谓的西印度商店。在西印度商店里，你会找到很多你在家乡熟悉的东西，不管是来自圣卢西亚、圣文森特岛、牙买加、巴巴多斯，还是百慕大。比如进口的山药、红薯——加勒比人能非常明确地指出美国山药和红薯、白山药和黄山药的区别，嗯，这些都是你能在西印度商店里找到的。商店还供应很多——怎么说呢——罐装商品和那些专门为加勒比地区出口生产和制造的产品。

采访者：比如罐装阿奇果？

格蕾丝：从牙买加进口的罐装阿奇果，格雷斯牌罐装鱼，如罐装鲭鱼，还有各种罐装豆子，如罐装鸽豆。我想他们还有罐装的甘蔗。我从未尝试过。

采访者：所以这些出口商品是供海外西印度社区使用的？价格还挺贵的吧。这些商店主要是西印度人在去吗？

格蕾丝：不是。

采访者：所以，大家都对加勒比食物感兴趣？

格蕾丝：主要还是加勒比侨民。不过，如果你是我的朋友，住在隔壁，来我家吃饭，尝过某道菜，觉得好吃，想再尝一次，那你还会去哪儿呢？当然是去西印度商店了。所以随着西印度裔人口的增加以及文化之间的相互融合，那些商店也得到了非加勒比侨民的光顾。

采访者：我想问，没有想制造任何对立的意思，纯粹是

150

225

好奇：为什么加勒比食物没有像印度食物一样在全球范围内传播，至少在英国是这样……因为（英国）有几位知名的（加勒比）厨师，比如安斯利•哈里奥特（Ainsley Harriott），李维•鲁茨……在很多方面，鲁茨提升了加勒比食物的知名度，但你可以说这是弊大于利，因为现在很多人认为加勒比食物就只有那些。加勒比食物等同于牙买加食物，而牙买加食物又等同于烤肉。随着某些产品的推广，人们对加勒比食物的认知简化为"加辣椒酱"。考虑到我们与加勒比地区有着长久的历史联系，为什么加勒比食物没有被更广泛地接受呢？

格蕾丝：这是一个有趣的问题。

采访者：是因为与印度的联系更早，存在某种奇怪的怀旧情结吗？也许英国人的口味——不管那是什么——主要通过印度接触到了辛辣食物（尽管英国烹饪早期也使用了其他香料）。

格蕾丝：很久以前就开始了。

采访者：是的，马德拉斯咖喱粉和咖喱菜，咖喱肉汤，所有这些……是一种融合、同化了的"印度菜"。维多利亚时代的厨师比顿（Beeton）夫人在她的著名烹饪书中记录了这些。为什么到了 21 世纪，情况依然如此？在英国，我们对加勒比食物仍然了解不多。

格蕾丝：我不知道。

采访者：所以，这不仅是食物获取难易的问题。还有其他因素。

格蕾丝：是因为我们不想分享吗？我不知道。

采访者：我觉得问题不在你们这边。我认为是缺乏……

格蕾丝：对你们的接纳？

采访者：绝对是这样。

格蕾丝：但是，你是否考虑过加勒比流散社区的西印度侨民在英国是怎样被接纳的吗？或者说，英国人是如何接纳他们的？

采访者：是的，这点至关重要。如果你看看20世纪40年代和50年代（加勒比移民作家以英国为背景）创作的小说，里面经常提到"我们从未进过英国白人家庭的房子。他们从未邀请我们一起吃饭"，这是在巴巴多斯永远不会发生的事情。所以，我认为这是问题的一部分。

格蕾丝：是的，这关乎他们如何以及是否接受（我们）。嗯，我没有在英国生活的经历，但我听过很多关于去"母国"（英国）的故事，似乎并不都是那么美好。你知道，你听到的都是一些关于种族歧视和他们如何被（消极）对待的故事。所以我不知道食物方面的情况。而在北美，加勒比的食物还没有被广泛接受。我想，尽管有些地方以一些不同的方式接受了它，但本质上并没有改变。多伦多有加勒比餐厅，有……

采访者：与"灵魂食物"（奴隶制尚未废除时美国南方黑人的传统食物——译者注）和非裔美国人食物不同？

格蕾丝：是的，你能找到非洲餐厅、西印度餐厅——不，它们被称为加勒比餐厅，无论是供应咖喱、烤肉还是其他菜肴的。但据我了解，加勒比食物与印度食物有一些融合？

采访者：确实是这样。它与中国菜、中东菜也有融合。

格蕾丝：圭亚那与特立尼达岛都有相当规模的亚裔（印裔加勒比）人口。

采访者：这种克里奥尔化的印裔加勒比食物与我们在英国所说的印度食物有一些相似之处。

格蕾丝：是的，有一些相似之处，但也有很大的不同。

采访者：而且岛屿之间食物也有差异。

格蕾丝：是的。

采访者：朗姆酒和朗姆潘趣酒是加勒比文化传播的重要组成部分。但是，有时候我觉得这也是一种帝国主义怀旧情绪的体现，比如坐在阳台上喝朗姆碎冰鸡尾酒之类的场景。

152　**格蕾丝**：（笑）所以朗姆酒的出口量，据我所知，已经超过了加勒比地区其他大多数出口商品。

采访者：是的，这是理所当然的，因为世界其他地方找不到品质这么好的朗姆酒。牙买加咖啡也类似……它享誉世界。所以，有些东西……

格蕾丝：是的，我明白这一点，虽然牙买加咖啡不太合我口味，但它确实很出名。

采访者：此外，它是一种原产地认证产品。我们知道它产自哪里：特定的地区，蓝山……说到进口，有一件事让我很着迷，那就是当初布莱船长把面包果带到加勒比地区用来喂养奴隶，但奴隶们并不喜欢，反而用它喂猪，这种情况持续了近五十年。

格蕾丝：这事我还真不知道。

采访者：即便在极度饥饿的情况下……他们仍然保有选择的自主性。拒绝某些食物，这本身就意味深长。当然，现在你们的超市里都是那些价格高昂的维特罗斯超市进口商品，大概是为富裕的外籍人士准备的。我没想到，认为所有外国货、外国食品都比本地食品好的观念依然存在。现在这里还是这样吗?

格蕾丝：在社会的某些层面，是这样，嗯，虽然我认为比二十年前要少了。确实还有一些人，嗯，不愿意尝试本地产品，因为他们习惯了市场上原有的产品，无论这个产品存在多久了。

采访者：但这是双向的。比如，保维尔和吉百利这样的产品是帝国时代的品牌，它们被推广到了全世界。它们是你祖母那一代人生活的一部分，也是我祖母那一代人生活的一部分。

格蕾丝：是的。

采访者：巴巴多斯和向风群岛这些小岛是否在文化上越来越美国化了? 食物是否也在全球化?

格蕾丝：我发现快餐行业比其他任何领域都明显。因为生活方式的变化，以及生活方式的适应，快餐随之而来。我不知道还有多少二三十岁的女性会烘焙蛋糕。

采访者：英国的情况也一样：整整一代人都不做饭。

153

格蕾丝：是啊，因为……但很多情况并非如此。不是因为他们不喜欢食物或者拒绝食物。我认为很大程度上是因为我们的社会和世界变了。我们在办公室花了太多时间，在家里的时候，又在电脑上花了太多时间。我们不是在学习就是在工作，所以你开始寻找快捷方便的"不需要站在厨房里准备"的食物。

采访者：那些以前种在后院的东西怎么样了? 我祖母以前总在那里种植迷迭香。

格蕾丝：你总会有一个厨房菜园，即使是小小的一片地。我记得，因为我小时候由祖母抚养了几年，房子前面种着生菜、茄子和用来调味的绿叶菜，比如青葱。还有西红柿、山药这些东西。

采访者：现在许多家庭还会这样做吗？还是因为人们整天工作，所以这种习惯受到了影响？

格蕾丝：确实受到了影响。还是有人会这样做，但我认为，但我认为这一切都受到了影响。说实话，我自己试过。我坦率地告诉你，我很喜欢园艺，但我老是种不好。晚上从办公室回到家，我实在不想外出，就在花园里顶着炎热忙活。所以，如果要搞园艺，我一大早就出去——6点——那时候还算凉快。因为一年里有段时间，7点（天气就变得很热），你出去的话会热死！

采访者：你认为加勒比食物是前景光明呢，还是正面临危机？正如你所说，我们巴巴多斯将面临肥胖症和糖尿病的流行。

格蕾丝：嗯，我觉得这些疾病已经开始流行了，但我仍然认为传统加勒比食物有未来。我不认为它会消亡。我们很多人会继续传承下去，因为我认为在这样的文化和环境中传统依然根深蒂固，而我们会坚守它。我们喜欢谈论它，或者当有像你这样的朋友和访客时，总是想分享本土的、由来已久的东西。所以基于这些原因，我认为它会延续下去。我还没回答你的第一个问题。你问我最初也是最美好的食物记忆是什么。是炸大蕉！

154

采访者：太棒了！难怪你的文学作品中总是提到祖母做饭的场景，年长的女性照看着孩子们，确保他们吃得饱饱的。

格蕾丝：我想这确实是祖母的角色。一个并非明确规定但与生俱来的角色：去分享，去传承。对于那些没有孩子或不会有孙辈的人，她们也发现自己在做同样的事情，分享那种母性。女性长辈的智慧和方法就这样传承下来。所以，总有一天我会尝试不再购买食谱！

采访者：（笑）

格蕾丝：大约两年前，我开了一场庭院拍卖会，处理掉了很多食谱，但你总是忍不住想要创造……总是想要尝试新的东西。我属于那一代人，乐于拥抱不同的文化。我在多伦多生活的一大体验就是食物，或者说主要是体验不同文化的食物。

采访者：我觉得你关于母亲和祖母的那段话很感人，因为你没必要非得是生物学上的母亲或祖母（才能像她们那样分享和传承）。

格蕾丝：是的，确实如此。

采访者：成为这样的文化传承者——太重要了。

格蕾丝：是的，因为，嗯，我觉得我从很多像母亲一样的人身上受益良多，比如我母亲的朋友、姑姑、阿姨、教父、教母等等。他们会不断地重复"看，就是这么做"，而你也明白就应该照着做。

采访者：这话已经说过很多遍了。洛娜·古迪森有一首很棒的诗——《我正在成为我的母亲》，其中有一句是"手指总是散发着洋葱味"。还有格蕾丝·尼科尔斯的诗《献给母亲的赞歌》。

格蕾丝：我知道这首诗。

采访者：谢谢。你有什么想问我的吗？

格蕾丝：你在这期间对巴巴多斯食物有什么样的体验？

采访者：简直太美妙了！它们就像这里的人一样温暖而 155

多彩。经过漫长的岁月洗礼，那些淀粉类食用根茎作物依然是人们钟爱的烹饪食材，不禁令人遐想和激动。看到你们以各种不同方式烹饪丰饶的海洋馈赠，人们依然大量食用鱼类，同样令人惊奇。我们英国也是一个岛国，但说到吃鱼，我们通常比较保守。我们喜欢炸鱼薯条……但我们似乎已经忘记了如何做新鲜的鱼。所以，我在这儿的生活真是一种愉悦而特别的体验。

格蕾丝：我很高兴你能体验到这些。

采访者：当人们看到你喜欢他们做的食物，对食物感兴趣时，他们就会非常开心。这种感觉很棒。显然，食物仍然是文化的核心，而不仅仅是旅游业的卖点。它关乎日常生活，关乎生活的乐趣。

格蕾丝：饮食很重要。它是社交的重要组成部分。你知道，聚会总是离不开食物。

采访者：是的，那种欢聚一堂的感觉，那种相聚的氛围。

格蕾丝：（笑）所以我说，每当我们相聚，总少不了用食物来联络感情，活跃气氛。

采访者：这是世俗的交流方式，不是吗？的确如此。

格蕾丝：食物是必不可少的。

采访者：谢谢你的分享。

安妮特（Annette），三十多岁，在巴巴多斯旅游委员会工作。她有教会背景，在巴巴多斯的一所酒店管理学校接受过培训，与丈夫、女儿、婆婆和祖母住在一起。

采访者：你是怎么学会做饭的，在家做吗？谁教你的？

你用食谱吗？你母亲会用吗？

安妮特：嗯，我是跟我祖母学的，我曾祖母也教过我不少。我母亲在我十岁时去世了，所以我和祖母一起生活。

采访者：是她把你养大的？

安妮特：对，是祖母把我养大的。那时候我就住在她家。我母亲只有在做蛋糕时才会用食谱，其他时候几乎都不用。

采访者：她会尝味道吗？

安妮特：会，她会尝，用勺子。

采访者：（笑）

安妮特：她会尝一尝，看看还要不要加点什么。然后她会说："哦，我觉得要加点这个和那个……"她还会说："这个放多了。"所以，她做饭时不用食谱。而且，嗯，我的祖母也不用食谱。（笑）她就是凭感觉放。她唯一会量一下的就是，她不用食谱，但会量米，比如一勺或者一杯；如果她做，嗯，烤椰子面包，她就会拿出秤来，称一下面粉的重量。她几乎全凭记忆。她从她祖母那里学的。

采访者：那你祖母高寿？

安妮特：她八十六岁了。快八十七了。

采访者：她从她祖母那里学的？

安妮特：她是在20世纪30年代从她的祖母和母亲那里学的。

采访者：她母亲是什么时候出生的呢？

安妮特：20世纪初。

采访者：那她聊过她祖母的事儿吗？

安妮特：就聊过一些以前的事情。她还记得她的祖母。她母亲在她十四岁时就去世了，我不太清楚她的祖母是什么时候过世的，后来她应该是和兄弟们住在一起。所以，她是那种从小就不得不独立生活的人。嗯，她总能想起一些老话，但却记不清那些做菜的方法了。

采访者：她用什么做饭呢？

安妮特：她做饭用，最初是，煤油（炉），她是这么告诉我的，后来用炉灶，也就是现在的煤气灶。然后，她做饭有些固定的日子。比如说，星期天是红腰豆米饭，通心粉派，还有鸡肉。

采访者：另一位受访者说通心粉派是最近才从美国传来的，但你说不是，它更早。

安妮特：我不太清楚。我才三十八岁。她以前星期天都会做，做你们说的星期天自助餐，大家坐在餐桌旁一起吃。

采访者：所以每个人都穿着漂亮的衣服来吗？

安妮特：是的，在家里，而且是在做完礼拜之后。

采访者：所以你们都穿着盛装！

安妮特：嗯，我们会换衣服。我们不能穿着漂亮衣服吃饭！我的祖母会说："去换掉那些好衣服再吃！"你来餐桌前得换衣服，这样才不会弄脏。她也喜欢，嗯，椰子水。新鲜的椰子，会用新鲜的椰子水。她会做，有时候她会做水果潘趣酒，加点雪碧或苏打水，清爽宜人。对，她会用那种特别的餐具来摆设桌子，只有在星期天才用她的那套餐具。（笑）你想象一下那时的情况。有沙拉，有肉，有淀粉类食物，然后还有甜点，通常，如果没有烤蛋糕，她可能会做果冻。

采访者：给我讲讲更多你祖母年轻时的故事吧。

安妮特：那时煤油短缺，你得去商店，是定量供应。你只能买到他们给你的东西。

157

采访者：是在战争期间吗？

安妮特：是的，在战争期间，你得等船进港。是的，得等船进到卡里纳奇港，然后，要看你住在哪儿，那时的交通不像现在这么方便，各种物资都很匮乏。你得去商店领取配给。因为缺货，店主会优先供应老顾客。

采访者：她是老顾客吗？

安妮特：是的，她是。

采访者：所以，她能买到煤油？

安妮特：那时候还没有超市，只有杂货店，你必须去店里买东西。所以，你可以在那里买糖、面粉、黄油，而商店的角落里会有个卖朗姆酒的柜台，柜台老板会开门营业，但小孩不允许靠近那里。因为那是卖朗姆酒的地方。

采访者：他们不能进去吗？

安妮特：不能。

采访者：所以，朗姆酒铺是成年人的专属区域？

安妮特：是的，那是成年人的地方，男人的空间。所以，他们就去那里买酒或其他东西，但那时候食物很匮乏……全国上下都一样。

采访者：你对食物有什么早期的记忆吗？

安妮特：嗯……我们喜欢过生日。我记得每次生日我都能得到一个蛋糕。

采访者：是特制的蛋糕吗？

安妮特：是的，特制的。专门为我做的一个，或者给我买的。然后我总是很期待，在我小时候，我们会烤火腿，嗯，烤好之后切片的那种。

采访者：好比放了丁香的约克郡火腿？

158

安妮特：是的，放丁香、糖，有些人还会加啤酒。所以，人们使用不同的配料。关于黑蛋糕（类似英国的圣诞蛋糕），人们总是在10月份买好水果，然后放进朗姆酒里浸泡。我祖母会用一个大桶浸泡。

159

采访者：就像猴子罐那种？

安妮特：是的，但比那更大。在圣诞之前要不断加朗姆酒。

采访者：你是把水果取出来，然后再加朗姆酒吗？

安妮特：是的，这样能充分吸收。

采访者：所以圣诞节是个很重要的日子？

安妮特：是的，圣诞节很重要。在圣诞夜，你得烤火腿、烤火鸡和烤猪肉。所以，圣诞节前一天晚上你就开始烤（火腿），但在圣诞节早晨之前不能吃。我们会在五点去教堂，回来后就盼着吃巴巴多斯咸面包和火腿，配上蛋黄酱、番茄酱或辣酱，然后加点生菜。接着还有一道巴巴多斯圣诞特色菜，叫"加克加克"（Jug Jug）。你听说过加克加克吗？

采访者：听说过！

安妮特：就是用豆子和各种肉做成的。

采访者：为什么叫加克加克呢？

安妮特：我不知道。我从小就听人这么叫。还会加，嗯，加上高粱，把它们混合在一起。对我来说，成长过程中，圣诞节我最想要的也就是这些了……

采访者：家里主要是女人做饭吗？男人不做吗？

安妮特：我叔叔，他最近几年开始做了，他会用烹饪书，照着食谱做。（笑）他会做比萨。他从和面团开始……剩下的面团会做一点咸面包。如果有剩下的面团的话。

采访者：听起来主要是女人做饭。

安妮特：现在不是这样了，没那么绝对了。

采访者：所以，情况在变化，是吗？比如在牙买加，男人负责烤肉。

安妮特：村里的男孩子们玩耍的时候，尤其是在夏天或者周末，想吃面包果了——因为那时候正是面包果的季节——他们就会烤面包果吃，抹上罗伯茨氏梅洛克林姆黄油。它是橙色的（笑）——很好吃，有点油腻，但跟面包果很搭。它会给食物增添一种美妙的油脂香味，或者你也可以用人造黄油，但在过去，他们常用罗伯茨氏梅洛克林姆黄油。现在仍然有卖，是小罐装的。它能让食物看起来更有食欲。而且有一点点咸味。

采访者：我和一些七十多岁的人聊过，他们说现在的年轻人不喜欢面包果，他们不吃面包果。你祖母通常做什么吃？

安妮特：星期天是自助餐，星期一是吃剩菜，星期二则可能是，嗯，吃根茎类蔬菜，或者可能是山药派——其实我今天过来之前和祖母一起吃了晚饭（笑），她吃了……我祖母做了山药泥和清蒸马林鱼。我记得星期五是喝汤的日子。汤里会放根茎类蔬菜和咸肉，就放一点点咸肉，不会很多，主要还是根茎类蔬菜；她还会加土豆，有时候还会加些鸡爪——对，就是鸡爪，这取决于她有没有加鸡肉；还有，她做土豆的时候会加羊肉，或者用其他肉类代替。

采访者：那第二天也会吃这个吗？

安妮特：她第二天就吃这个。那个时候家里有很多人，差不多六个人住在同一屋檐下。所以得做足够的量，足够的汤。根据她的说法，她会留一份给第二天。

采访者：那么，你们星期五吃鱼吗？

安妮特：是的。

采访者：你们在大斋节会像一些以天主教为主的国家那样吃鱼吗，例如特立尼达和多巴哥？

安妮特：是的，在大斋节期间吃很多鱼，尤其是在受难日。不过这个传统现在慢慢变了，因为，嗯，奇芙特快餐店。

采访者：哦，奇芙特。（笑）

161

安妮特：我记得我们年轻的时候，会在受难日去教堂散步。所以每个受难日，我们都会去散步，然后去（巴巴多斯）阿克拉的奇芙特餐厅。我们差不多走一个小时或两小时的路程。我记得老年人总说，不要去奇芙特，不要去奇芙特。但我们还是会去那里买冰淇淋。等我们长大一些，就开始吃鸡肉了……这可是个老传统。有些人现在还保留着这个习惯。如果你路过快餐店，在受难日，你会发现进去的年轻人越来越多了。以前大家会吃飞鱼之类的，现在不一样了。不过在受难日，你会有更多的时间（做饭）。以前大家会做飞鱼，但现在一些人会做豆子米饭配鱼，也有些人会做玉米粉库库配飞鱼……

采访者：库库有两种，一种面包果做的，一种玉米粉做的？

安妮特：玉米粉库库，主要是玉米粉库库吧。

采访者：你喜欢哪种？

安妮特：只要是面包果的季节，是的，我喜欢吃面包果库库。显然，配上任何有机的东西都会更好。我喜欢黄瓜，腌黄瓜搭配面包果库库和咸鱼。

采访者：传统的做法是不是在消失，因为年轻人没时间或者不喜欢做饭？

安妮特：有时候是因为他们没时间，因为你得从家里出发，还得考虑交通、拥堵之类的情况。是的，有时候确实很难。星期天肯定很忙，至于星期六，我们吃工作日剩下的。但是传统还在，对，老年人和一些年轻人还是会早起做饭。我早上会为女儿做饭。我是说，她喜欢巴巴多斯食物，虽然她在学校吃到的是学校餐，但她更喜欢我做的家常菜。

采访者：那你教她做饭吗？

安妮特：是的。我和她的祖母一起教，因为我们和她的祖母、外曾祖母住一起。

采访者：太棒了！

安妮特：所以她们也教她。

采访者：这样就有好几代女性（在传承厨艺）了？

162

安妮特：是啊，是啊。母亲节那天她父亲会给我们做饭，有时在星期天也会下厨。确实，现在越来越多的人开始承担起做饭的职责，尤其是，嗯，有些女性工作很忙很累，或不能一直待在家里，所以她们需要男性挺身而出，但大多数情况下，女性依然是家庭主厨。我爱人喜欢做饭。他喜欢为我们做饭。是的，所以女儿学会了如何烤，自己烤一些东西……有时她不喜欢出去（笑），因此，我的祖母会做鱼饼和炸面包。所以我可以选择吃鱼饼和炸面包，或者咸饼干搭配鱼一起吃。

采访者：你觉得代际之间最大的变化是什么？

安妮特：快餐，是的，年轻人喜欢快餐。比如我女儿，如果你把食物放在她面前，她会吃，也喜欢吃，但她不喜欢那些捣碎的食物。她不喜欢土豆泥、山药泥之类的东西。她喜欢薯条。

采访者：我听说麦当劳也来过这里，但是没能成功？

安妮特：对，巴巴多斯是……我们是全世界鸡肉消费量最高的地方之一。

采访者：（笑）

安妮特：但是，是的，汉堡王来这里开过店。可是巴巴多斯人其实不太爱吃汉堡……因为汉堡王有很多汉堡和肉食，而巴巴多斯人并不喜欢这些，所以过一阵子就关门了，突然之间就不行了。但现在汉堡王倒是有鸡肉了。

采访者：我有几个关于旅游方面的问题，因为你在巴巴多斯旅游局工作。11月份，你们举办一年一度的美食和朗姆酒节，情况怎样？这里的美食是怎样推广的？

安妮特：今年实际上是美食体验年。刚开始是美食、葡萄酒和朗姆酒节，吸引了高端人群，他们瞄准的是，你知道，外部市场。一些美国顶级厨师，他们会来，但价格也很高，导致（本地）顾客不多，他们的工作没能与当地美食真正结合起来。但是现在，他们已经把它改成以朗姆酒为主的美食和朗姆酒节，并且聘请了更多本地厨师。因此以前，亮点往往是国际人士，一些（顶级）厨师会来，但现在他们把它变成了更本土化的东西。

采访者：有没有教育方面的活动，还是仅仅是推广促销？

安妮特：（有的。）为此，我们在去年二三月启动了一个试点项目，举办了首届巴巴多斯糖和朗姆酒节。我们想要宣传的是，在我们岛上，制糖业是主要的，是我们的支柱产业。

163

甘蔗种植对我们岛屿的发展贡献巨大，它不仅是经济支柱，也塑造了我们今天的历史和文化传统，所以我们一直想要关注朗姆酒、这种烈酒，并赋予其教育意义。所以……你能听讲座……内容涵盖不同领域。比如，今年我们邀请了犹太社区的代表来分享他们的贡献。我们关注糖，糖贸易带来的土地，糖如何融入我们的历史，以及它为国家创造的外汇。此外，还有朗姆酒标签，我们有人专门研究这些标签。

采访者：当然，糖贯穿了你们整个文化。

安妮特：是的，的确如此。我们还开设了烹饪课程，并邀请一位厨师进行现场教学。他会亲自授课。他会跟你讲解如何用朗姆酒给肉汁提味，或者用它来腌猪肉，又或者用巴巴多斯糖和朗姆酒浸泡过的葡萄干做甜点。他会向你展示各种不同的做法，并讲解相关的历史背景等等。此外，还有巧克力制作课程……所以，朗姆酒节的目的是吸引游客，与游客互动，并向大家介绍朗姆酒的历史，提供相关的教育内容。此外，我们还鼓励酒店参与，他们也会举办相应的活动，推出朗姆酒主题菜单。有人还举办了种植园晚宴。所以游客可以参观房子，享用五道菜的晚餐……而且，你知道，我们也与酒店管理学校建立了联系。

采访者：谢谢你的分享！

米歇尔（Michelle）是一位四十多岁、受过大学教育的职业女性。她提到了下一位受访者，她的母亲梅尔。梅尔现在已经七十多岁了，她曾在20世纪60年代就读于（巴巴多斯）布里奇顿的家政中心。她们都热爱烹饪，但在烹饪方法上存在一定分歧。

采访者：你带了一些很棒的食谱书，很多是你母亲的，我看有些能追溯到20世纪六七十年代，甚至更早？

米歇尔：我不太确定具体多早。大概可以追溯到20世纪60年代吧。我母亲1950年出生，她十几岁的时候就去了家政中心学习。因为我是1971年出生的，那时她已经完成了学历认证，所以（这些食谱书）应该是60年代中后期的。

采访者：那么，她是在接受家政教师的培训吗？

米歇尔：嗯，我觉得一开始不是。这更像是一个机遇吧。嗯，她毕业以后学了一些商业科目，比如打字、速记什么的，那时候很多女孩子都学这个，也学了所谓的家政。后来她有机会去布里奇顿的家政中心学习。具体是怎么回事我不太清楚。不过我知道，即使到现在，她还会时不时地冒出一句，比如"我在家政中心的时候""我不明白你为什么不按食谱做饭"，因为她想教我，但总是教不会。但是，我有点儿抵触。

采访者：（笑）

米歇尔：也不是说我反对按食谱做，但是我觉得任何食谱都可以改进。你尝过之后，可以根据自己的口味，或者根据你了解的家人的口味调整一下，或者……

采访者：你觉得她到现在还觉得那是一种……特权吗？接受正规培训是一种身份的象征？

米歇尔：对，我觉得跟当时的背景有关系。我觉得她很认同那是一次机会，对她帮助很大。我出生的时候，她在一所中学教家政，一直教到1981年还是1982年，所以教了十多年。后来她在内部调动了一下……然后教了大概十到十五年的商业科目，最后是以英语老师的身份退休的……我母亲是个特别有系统、有条理的人。她对每件事儿都有自己的一套……

采访者：你是说因为这个，或者说可能因为她做事很有条理，所以她会用食谱……

米歇尔：对。她是我认识的唯一一个……（笑）

165

采访者：她现在多大年纪了？

米歇尔：嗯……她今年 12 月份就要六十八岁了。

采访者：在巴巴多斯，家庭烹饪是否正在慢慢消失？这算不算是一门快失传的手艺了，因为现在的人都出去吃，叫什么来着，奇芙特，还有……

米歇尔：奇芙特，汉堡王，路边摊，到处都是快餐！我女儿不像我和我母亲那样经常做饭，这可能在某种程度上是我们的错。我和母亲都喜欢做饭，而实际上我女儿从来不用下厨房。嗯，我母亲对伊丽莎白（Elizabeth）和我一样，嗯，她骨子里是个老师，所以有些假期总是围绕着"这个夏天我要教你什么"。（笑）所以，其实伊丽莎白会做饭。对我来说，嗯，如果我压力很大但又不是特别累，或者心里有事，我总是会不自觉地去厨房做点什么。有时候我会稀里糊涂地走进厨房，做到一半才想起来："我为什么要做这个？"

采访者：你做饭的时候，会不会想起你母亲，回忆起她想教你怎么做这些菜？因为有些人说，做饭时有种特别的感觉，能够把他们与母亲或祖母、外祖母联系起来。即使她们已经不在我们身边，我们也有这种感觉。

米歇尔：大多数时候是这样，我记得母亲曾因为我没有在她眼皮子底下好好称量食材而责备我。我母亲就是那样的人。比如，如果菜谱上是一汤匙，你就要放一汤匙进去，那么你得拿刀把多余的抹掉。

采访者：我不是那种人。（笑）

米歇尔：而且，你知道，她做事很有条理。即使到现在，我也没见过谁能像我母亲那样做饭。她可能不像二三十年前第一次教我做饭时那样严格了，但她仍然非常认真仔细。我想这和她接受的训练有关，但是，嗯，你我做饭，可能会随意一些，把东西放进去，然后觉得"嗯，胡椒看起来够了"……而实际上，我根本不会去尝味道。很多时候，我要等到饭菜做好一两个小时后才会尝，因为我几乎完全依赖我的嗅觉。我只要闻一闻就能判断它应该是什么味道，如果这么说你能理解的话。我记不清上次尝味道是什么时候了。人们喜欢我的厨艺，但我从来不尝味道。

采访者：（笑）你觉得你母亲这么做是不是为了节俭？她是不是很注重节约，充分利用现有的……季节性食材？

米歇尔：哦，是的，非常注重，这让我回想起我的外祖母。外祖母种东西不是为了卖给别人。事实上，卖东西给别人让她很烦恼，因为有些人总是说"我回头给你付钱"。她不喜欢拐弯抹角的，所以要么直接给你，要么干脆不给。直到今天，有些东西我还是不想买。有的时候，我真是一口都不想再吃了……

采访者：能举个例子吗？

米歇尔：嗯，我不买面包果，不买梨，不买金苹果，柠果也不买。我会买大蕉，但不买无花果（即香蕉）。我外祖母大约有六棵梨树。嗯。她种了甘蔗，一棵金苹果树，几棵面包果树。她还种了青柠、柚子、小芋头和刺果番荔枝。现在想想，其实那块地不大，但可种的东西真不少，密密麻麻的。哪儿有点空地儿，她就种点吃的。我们家大概就买点胡萝卜

166

什么的吧。她还养羊，每次羊羔一下来，我和我哥就一人领养一只。羊卖了，钱就存到银行账户里。外祖母出身贫寒，她有个观念，那就是努力工作、存钱，因此，对我们来说，即使到现在我也不忍心浪费任何食物。我真的，真的不忍心，因为我依然记得外祖母曾提到比亚法拉（Biafra，指尼日利亚东南部的一个短命国家——译者注）的人们。我甚至不知道比夫拉在哪里。我还以为那是个虚构的地方！（笑）一直以来，事实是，外祖母未受过良好教育，但她读报纸，看新闻。所以，直到成年后我才明白，外祖母告诉我的很多事情都是完全真实的，而不是编造的故事。

采访者：她不依赖食谱吗？

米歇尔：哦，不。我真不知道外祖母这手艺是从哪儿学的，她味觉其实不怎么好。你跟我母亲聊的时候，看看能不能让她给你讲讲更多的家族历史。

采访者：（笑）

167

米歇尔：不不，外祖母跟我讲过好多故事，我大概是在青少年时期听到的。也许是在我十岁出头，反正就是些零零碎碎的故事。因为你熬夜的时候，大家聊天，然后她会爬上床和你一起聊，直到大家都睡着了。嗯，所以那些故事都没有连贯性……我与母亲和姑姑还真没这么聊过。后来有一次，偶然说起，我才知道，我们家是从圭亚那来的！外祖母的外祖父，从圭亚那来的，是个锅炉工，在糖厂工作，还把他的女儿带了过来。后来他要回圭亚那，但他女儿已经跟一个巴巴多斯的黑人好上了，他们显然都不愿意跟他走……我知道这事儿是个禁忌，所以关于我外祖母的母亲，我几乎一无所知。

采访者：你觉得什么是典型的巴巴多斯菜？你有圭亚那血统，这就更复杂了，不是吗？

米歇尔：我对圭亚那菜也不太了解，可不敢说自己是圭亚那人！

采访者：比如辣椒锅，那可是典型的圭亚那菜吧？

米歇尔：唔，辣椒锅我吃过。其实我男朋友是圭亚那人，但我跟他在一起很久之后，才知道自己有圭亚那血统。纯属巧合。嗯，我喜欢一些咖喱，但不是所有都喜欢。你要是听他讲话，那可是三句话不离咖喱了。

采访者：圭亚那人有句谚语，"如果你吃了'拉巴'（labba，一种小型鹿科动物）并喝了溪水，你就一定会重回圭亚那"。我在想巴巴多斯是否有类似的菜肴？我听说飞鱼库库是国菜，但现在看来，奇芙特快餐才是！

米歇尔：（笑）某种程度上，还真是这样。每个刚会说话的孩子都知道奇芙特是什么。奇芙特的市场营销做得太棒了，还有蕾哈娜（Rhianna，巴巴多斯裔歌手）也帮了不少忙，她每次回家都说奇芙特有一项服务，可以提前打包好你的罗蒂，这样就能通过海关，把它们带到世界任何地方。而现在，显然，奇芙特的罗蒂已经国际化了，这是我听过最可怕的事情。（笑）说真的，那不是正宗的罗蒂。那不是正宗的。

168 **采访者**：我听说麦当劳在这里没能维持很长时间。你认为是什么原因？是因为你们巴巴多斯人更爱吃鸡，还是因为它过于美式了？

米歇尔：嗯，那时候美式的东西不太容易被接受——那是80年代初到中期吧——不像现在。那时候反美情绪更强烈。我记得麦当劳刚来的时候，我应该还在上初中……我记得最开始几周，得来速（快餐店的汽车购餐车道——译者注）的排队车辆把黑斯廷斯村的道路给堵了，根本过不去。但后来，大家普遍觉得不好吃，尝一次就说"不行，不喜欢"。我自己其实没吃过，后来在其他地方吃过，也不喜欢。也许是这种食物不太适合巴巴多斯人的口味。

采访者：所以问题不在于快餐本身？

米歇尔：不。麦当劳倒闭了，但汉堡王活得很好啊。到处都有汉堡王分店。汉堡王很成功，还有肯德基，主要卖鸡肉产品，但你知道，在我印象中，肯德基在这里已经很久了。而且肯德基做得很好，虽然大家老抱怨他们服务不好，但这一点也不影响生意……他们确实做得很好，而且是巴巴多斯比较贵的快餐店了。不过我们是真的爱吃鸡肉。巴巴多斯的鸡肉店多得数不清，到处都是烤鸡店，还有那些新式的快闪店。在（布里奇顿）伊格豪尔街区，有一家叫麦克士的店。他们做旋转烤鸡，我记得麦克士一直都在那儿。他们就在巴巴多斯最繁忙的十字路口之一，有时候傍晚那条路被完全堵死，因为大家都在那儿双排停车，他们没有停车的地方。他们真的没有停车的地方！

采访者：我在老家有一些（加勒比）朋友，对他们来说，"家乡"食物是一种怀旧的东西，一种慰藉。

米歇尔：是的。

采访者：然而，加勒比食物似乎没有在英国广泛流行起来。我们在伦敦和伯明翰等地有一些连锁餐厅，还有一些更加知名、新开的加勒比餐厅。但大多数英国人对加勒比食物了解不多，我不知道为什么，因为最近的民意调查显示，我们居然把咖喱当国菜。我认为它甚至可能已经超过了传统的

169

烤牛肉套餐和炸鱼薯条。

米歇尔：我听说过。（笑）

采访者：其他地方的西印度流散社群是否也这样？

米歇尔：我想，我想是这样。我在加拿大、英国和美国都有朋友，但我们喜欢的很多东西，比如我们说的"腌肉"（souse），其实就是腌猪肉。我们腌制猪尾巴和猪耳朵，就是你们说的猪身上的边角料。我们的布丁非常类似于苏格兰黑布丁。

采访者：就像哈吉斯（羊杂碎肚）？

米歇尔：对。我认为部分原因可能是，我们自认为独特的巴巴多斯风味，在脱离巴巴多斯语境后，未必就那么独特了。例如，"库库"。嗯，加勒比地区有很多类似的菜肴，名字也差不多，而在西非也有像"芙芙"这样的食物。虽然会有不同变种，但基本上我们都是用玉米粉做一种粥状的食物。

采访者：意大利的波伦塔（polenta）也是类似的东西。

米歇尔：是的。所以我们在制作时，唯一真正不同的可能就是酱汁了，我想，这也是人们难以区分的地方。我意思是，咖喱是一种非常强烈的文化符号，也就是说，它的起源无可争议，但它在我们吃的很多菜肴中并不（显得那么）独特，我是说，奇芙特的罗蒂依然还是罗蒂，虽然是咖喱味的。还有布丁腌肉，我们经常在周五、周六，甚至周四吃。在巴巴多斯，有了布丁腌肉，其他的食物往往就黯然失色了。

采访者：我听说过这个。也许这是一种文化禁忌，对于食用猪身上的某些部位，其他人会感到恶心，但实际上应该尝试一下。从某种角度来看，这很奇怪，因为所谓的英式全套早餐通常包含黑布丁——也就是血肠。

米歇尔：没错。嗯，我们这里不再做血肠了。对年轻一代来说，解释这一点又成了一个问题。好吧，当我还是个孩子的时候，你可以买到血布丁或其他布丁。现在你根本找不到售卖血布丁的地方了，我想这与人们的喜好有关。我从来没有从头到尾自己做过库库。我看过我母亲做。我虽然尝试过一次，但并不喜欢，所以成年之后，我就没怎么想学了。

采访者：为什么呢？

米歇尔：嗯，实际上，我想我从小就不喜欢。我不喜欢烤玉米，也不喜欢煮玉米面，我觉得库库的味道和玉米面差不多。我们有一种面包果库库，跟普通的库库不太一样，但基本上用同样的酱汁来搭配，只是你做的那个糊状物——如果你想这么叫的话——是用面包果做的。那个我会（狼吞虎咽地）吃掉！（笑）

采访者：（笑）

米歇尔：只要是面包果库库，什么样的做法，什么样的吃法，我都喜欢，我就是爱吃。我会搭配各种肉汁吃，也会拌黄油吃，但我唯一的要求就是做好的库库不能有太多结块。至于我女儿，她现在开始喜欢做饭了，但她完全不知道怎么做库库……我也从来没有亲手做过库库。比如说，我母亲会做库库，但她会按照家政培训中心教的方法来做，必须做成一个漂亮的碗状，中间有凹陷，上面还会精心摆放一条飞鱼……看起来就像是在餐厅里上的菜，这也是我从母亲那里学到的家政技巧之一：虽然我们不一定精确计量食材，但我摆盘很讲究。我喜欢看摆盘精致的餐点……这可不是典型的西印度风格！西印度风格是把所有的东西都堆在一个大盘子里。是的，我很不喜欢那种方式。

采访者：年轻人是否已经遗忘了传统的饮食方式？我们

170

249

刚才在谈论面包果。面包果之所以成为主食，是因为它最初是为了喂养奴隶而引入的。

米歇尔：这是一个很难回答的问题。我认为这和你住在巴巴多斯的哪个地方有关。如果你在农村长大，你也许能够更好地了解各种各样的食物，因为有空间和土地的人们通常会饲养家禽家畜，并种植根茎类作物，所以他们的饮食可能不会像城市居民那样依赖淀粉类食物，而城市居民往往只能买得起便宜的食物，因为肉类价格昂贵。如果你自己饲养，那么肉就更容易获得，嗯，但像在我家里，我的外祖母，她有自己偏爱的食物。嗯，我记得小的时候，每当听说有渔船进港，我就会跑到市场去帮忙。外祖母总是会买回两三百条飞鱼，坐在后院的台阶上为我母亲和姑姑处理，刮鳞、去骨、切块，还会——因为通常在价格低廉的时候大量购买，而且那时几乎家家户户都有冰箱和冰柜——预先包装好，像这种小包装的飞鱼，你只要取出需要的量，在锅里煎炸就可以了。即便捕鱼季结束了，我们也还有鱼吃。我们做某些事是出于不同的原因，例如，嗯，我们虽然不像特立尼达和多巴哥等天主教国家那样严格遵循大斋节的习俗，但我们确实有在大斋节期间吃鱼的习惯。你知道，比如，鱼的市场价格实际上会对这种宗教习俗做出反应。在大斋节期间，鱼价更便宜。

采访者：那么，吃鱼不只限于星期五吗？对很多有严格基督教背景的人来说，星期五意味着吃鱼。

米歇尔：嗯，有些餐馆，我发现他们在周五会提供鱼类菜肴。但许多巴巴多斯的年轻人并不一定遵循这个习俗。比如，我知道我女儿就是这样。我觉得我家并没有严格遵循这种方式来过大斋节，但我注意到随着年龄增长，母亲会更主动地吃鱼，同时去教堂的次数也更频繁了，这之间似乎有一些联系。但是，很多年轻一代，他们的——我甚至对女儿说，她的知识体系存在很大的空白，这一点从她对食物的认知就能看出来。如果她有面包果……如果必须做饭，她也许会做面包果库库，但我认为她甚至没见过怎么用玉米面做库库。我母亲偶尔会做，但现在不常做了。我父亲也退休了，他喜欢做饭。

采访者：其他男人也做饭吗？

米歇尔：是的。

采访者：因为在全球范围内，烧烤都是一件能够体现男子气概的事。在牙买加也是如此，尤其是路边和海滩等烧烤。但日常烹饪，那种"维持生计"的烹饪，还是由女性来做。这是真的吗？

米歇尔：我的确认为在大多数家庭里，女性主导着烹饪，但我觉得这也取决于你在巴巴多斯的哪个地方长大。我们有很多单亲女性家庭，基本上，不管最大的孩子是男是女，他们都需要做饭，所以，一些男性也不得不学会做饭。我觉得喜欢做饭的人就一直会做下去。我叔叔温斯顿（Winston）其实根本不用做饭，但他总是带着吃的来我家！我叔叔温斯顿非常非常自给自足。他不是那种一进厨房就束手无策的男人；但我想我母亲会认为这本应该是一个妻子展示厨艺的机会。

采访者：关于菜园，我听很多人说，虽然外祖母的菜园只有几平方英尺，但她还是把它打理得漂漂亮亮的，种了些可以做饭、治病的植物，甚至还种了些花。

米歇尔：我的祖母也一样。我不知道别人有没有提到过，但她无论到哪儿，如果看到有她没有的植物，她就会去，你

172

知道吗，她会剪一段枝条或者带些种子回来，或者她会问："我能不能拿点回去种？"她确实有一个很棒的菜园。有一条漂亮的小路通往房子，其他的东西都在后院。

采访者：她会种植（草药）茶之类的东西吗？

米歇尔：不太会。她一直觉得生病就得去看医生。（笑）

采访者：我跟（布里奇顿）坦普尔场街区的一些拉斯特法里教徒聊过，他们跟我讲了他们的伊塔尔饮食，还告诉我应该吃什么喝什么来治病。他们非常反对（正统）医生。

米歇尔：她确实会用一些家庭疗法，但她也相信医生。如果你有点儿胀气，嗯，她会给你喝姜茶，喉咙痛就给你喝柠檬水，诸如此类。不过，我不应该说她相信医生。我应该说她相信药剂师。她对药剂师有一种执念……我也知道她从小相信草药疗法是有效的。

采访者：谢谢你的分享！

梅尔（Merle）是米歇尔的母亲。她是一位已退休的家政、商科及英语教师，现年七十多岁。20 世纪 60 年代，她就读于布里奇顿的家政中心。

173

采访者：这太棒了（指着梅尔带来的一本有注解的食谱）！我看了很多你的笔记和食谱。能跟我说说你年轻时参加的那个课程吗？

梅尔：好的，那是在家政中心。

采访者：你（去那儿）是自己的选择吗？

梅尔：其实是我自己选择的，因为，呃，我小时候，嗯，学校里有一些所谓的家政课，但我从来没上过，因为，最好还是告诉你真正发生过的事情吧！我十岁的时候参加了一所私立学校的入学考试，并且通过了，嗯，所以我实际上没有上完小学，我只上了一年级，而且那还不是一所好学校……

采访者：所以你错过了一些课程？

梅尔：是的。所以像科学、体育和家政这样的专业课……那些专业课我从来没有真正接触过。

采访者：但是，是谁教你做饭的？

梅尔：我得说是我母亲，虽然她不觉得自己很会做饭。她会做，她会告诉我做什么。但我觉得那不够，我想要学习更多。所以，如果你要做米饭，嗯，她会告诉你，嗯，比如说锅里的水要到某个高度，所以那都是凭感觉。我不太喜欢凭感觉做事。

采访者：你女儿也这么说。我猜你做事儿一丝不苟，喜欢按自己独特的方式来？

梅尔：哈哈，她是这样做的，这个放一点，那个放一点，结果所有东西都放进去了，但我不会那样做。

采访者：她说她就是一股脑儿地把所有东西都放进去。

梅尔：对。（笑）

采访者：一些我采访过的女性说她们有食谱书，但其实并不真的使用它们："我们这样弄弄，那样弄弄，然后再改动一下什么的。"你说，"不，我不一样，我有自己的食谱，而且我真的会用。"你觉得烹饪更像一门科学还是一门艺术？

梅尔：也许两者兼而有之吧。因为毕竟家政课是一门课嘛。

采访者：那么对你来说，什么是家常菜？我听说有些年轻人现在不怎么做家常菜了，他们只吃快餐。

174

梅尔：我发现用食谱做菜，就像人们说的，至少可以保证做出一道菜。对，所以我现在做菜，嗯，我现在会照着食谱做，不过会根据情况调整一下。我可能会加一些这个或那个。

采访者：因为你是一位经验丰富的厨师？

梅尔：对，但即使以前，有些食材，我不是很熟悉，或者说是可选的，那我也会加进去。

采访者：那么你调整食谱时，你会把它们记录下来吗？

梅尔：我其实不太会这样做。

采访者：你觉得真正好吃的巴巴多斯菜是什么？我说，你总有邀请家人聚餐或者周六聚会的时候吧。那是吃布丁腌肉的日子吗？

梅尔：（笑）嗯，是的，有时候会吃布丁腌肉。你看，食谱只是课程的一部分，因为当时我以为课程是关于烹饪的。你知道实际上并不是……我们一周只做两天的饭。你知道我们一整个上午都要学习怎么保存食物，然后还要学家务管理、洗衣，接着是家庭护理和家庭理疗……

采访者：有人跟我说很多年轻人不会做饭，他们只吃快餐，不在家做。这门手艺要失传了吗？他们都不学做饭了吗？我知道你女儿会做饭……但她说过她做饭的方式"我母亲肯定不会同意"。

梅尔：（笑）嗯，我认识的人都会做饭。你知道，你总得做饭。

采访者：他们都是同一代人吗？

梅尔：我觉得年轻一代逼不得已的时候也会做饭，哪怕只是周末，嗯，但我觉得他们，他们可能更有钱，所以更常

175

在外面吃饭。但不一定总是去吃快餐。

采访者：最有巴巴多斯特色的食物是什么？

梅尔：哦，说到巴巴多斯特色菜，我有个九十多岁的叔叔，他会做饭。嗯，他会做一些我不会做的菜，我真应该跟他学。我可喜欢吃那些了，比如酱汁黑眼豆饭，他还会做玉米粉库库配熏鲱鱼，或者玉米粉库库配咸鱼或飞鱼。

采访者：所以，每个人的搭配都不一样？那么，飞鱼库库是国菜吗？

梅尔：嗯，他们是这么说的。飞鱼库库和各种别的库库。

采访者：对，这也在你们的国徽上体现出来了。

梅尔：对。我们还有面包果库库。

采访者：不是玉米粉库库吗？

梅尔：不是，里面还加了咸牛肉的那种，嗯……

采访者：特立尼达岛有很多印裔加勒比人，而你们（巴巴多斯）也有罗蒂。那也是你们的传统食物吗？

梅尔：罗蒂不是巴巴多斯的传统食物。

采访者：道哺饲（doubles，与罗蒂相似，都是源自南亚的特立尼达传统食物，而罗蒂在加勒比各地有不同变种——译者注）是特立尼达岛的（传统食物）。

梅尔：哈。

采访者：所以，罗蒂是"外来"食物？

梅尔：对，唔，不过巴巴多斯人，他们接受了，并且他们也能做咖喱之类的（加在罗蒂中）。

采访者：你知道现在还有多少人自己种菜——有几块地，自己种蔬菜？还有这种情况吗？

梅尔：我不认识这样的人，因为我不住在乡下。

176

采访者：所以，这种情况更多发生在农村？

梅尔：嗯，在我第一次去学习的地方，也就是我现在住的地方，我丈夫当时还打理一个菜园……我想他意识到他需要一些东西。我拿了些豆子来种，种了之后就一路试错摸索。然后他也种了些，结果长得有点稀稀拉拉的。然后好多朋友跟他说，他们也种了豆子，也遇到一样的问题，不过多少还是有点收获。我母亲种了蔬菜。她有地方，有地方种各种东西。一开始我没太在意，我真没啥园艺天赋。一开始，我母亲种了各种蔬菜、卷心菜、大头菜等等，之后又种了一些她最喜欢的作物，比如两棵面包果树、一棵苹果树，嗯，刺果番荔枝和豌豆，当然还有辣椒。

采访者：那种类还挺多的吧？

梅尔：对，我们种了柚子、百香果，你知道，什么东西都种，还有番荔枝。她那儿应有尽有。

采访者：那她做饭的方式和你做饭的方式有什么主要区别吗？是不是现在能买到的食材不一样了？

梅尔：嗯，说实话，自从我开始做饭，她就不做了。（笑）

采访者：（笑）有意思！

梅尔：我记得现在都买不到了，但我记得以前早上会去摘木瓜当早餐。那棵树就在房子旁边。

采访者：巴巴多斯人是不是吃太多进口食品了？我知道有些东西必须进口，因为本地没有。你觉得他们需要回归本地食物，吃应季的东西吗？

梅尔：有时候吧。

采访者：你女儿说你记得以前渔民进港时，大家都会去那儿买新鲜的鱼回家。而现在，冰箱里随时都有鱼。现在，随时都可以吃到鱼了。我还注意到这里的超市有草莓。

梅尔：它们是进口的，没错，是进口的。但除此之外，更令人困惑的是——到底什么才算本地水果？我真说不清。唯一能确定的本地物产恐怕只有香蕉了，可我们竟然连香蕉都需要进口。

采访者：你们进口香蕉？

梅尔：是的，有些东西我们不能自给自足。我想，缺了香蕉可不行。

采访者：我和联合国粮食及农业组织的一位工作人员交谈过，她说我们需要回归本地食物。我们需要教孩子们农业，因为人们不愿意从事土地工作，他们认为这是低级、辛苦的活儿。

梅尔：我的，呃，我的记忆中，呃，我们小时候，我们不种粮食。我记得以前会看到从多米尼克、圣卢西亚和圣文森特岛来的帆船，它们运来煤，那种煤，它们运来煤，还有椰子、大蕉，你会看到它们……这是常态。我们并不种东西来卖。

采访者：你是否还记得分享食物的经历：如果你有一点东西，你会给邻居或附近的家人，他们也会这样做？

梅尔：这种情况依然存在，依然在我的圈子里发生。在杧果成熟的季节，你能吃多少杧果呢？（笑）……过去经常这么做，我们需要重拾这些传统。所以，即便我在烹饪时也常用别人分享的食物，而且这是很自然的事。我记得小时候种了番石榴，我们用它制作番石榴果冻和果酱。我现在不做这些东西了，因为……

采访者：你可以买得到？

梅尔：我用不到它们，因为，嗯，我试着远离那些东西，我不知道她（我女儿）是否提到我过去用小芋头制作（水果）酒。

采访者：她没告诉我。给我讲讲！

梅尔：是的，我不再做了，因为我实在不想做。

采访者：你是怎么做的？

梅尔：嗯，我有一本好食谱。怎么做的？照着食谱做就行。

采访者：（笑）

梅尔：放入水果，然后加沸水，再加酵母、糖。

采访者：酒好喝吗？

梅尔：（笑）嗯，我常用来送人。我过去常把它送给别人，他们会带着出国。我也做干果送给他们。我会做干浆果，用来制作蛋糕或者百香果茶。

采访者：这正好引出了我想问你的最后一个问题，关于圣诞节。你会做什么特别的东西吗？你们会在圣诞节特意吃蛋糕吗？

梅尔：在孩子们的成长过程中，我们其实不会。圣诞节你可以吃很多本地食物。巴巴多斯人喜欢吃猪肉，猪肉，猪肉。然后，嗯。

采访者：火鸡呢？

梅尔：嗯，其实不多，尽管现在火鸡正在逐渐流行起来。我认为火鸡并不是巴巴多斯传统食物。

采访者：是美国的？

梅尔：是的，嗯，不过在50年代，像火腿这样的东西，你只有在圣诞节才能吃到，而现在你几乎每天都能吃到。我们很早就开始做蛋糕。我们把各种水果混合起来，然后倒上朗姆酒。嗯，我小时候通常是用波特酒。不过，话说回来，以前我做酒的时候，我们也会把自酿的酒倒进去。

埃德娜（Edna）是一位退休的家政老师，20 世纪 70 年代曾在布里奇顿的家政中心任教。1961 年至 1970 年，她住在伦敦。她是教会的活跃成员，热爱烹饪，目前正在编写一本巴巴多斯食谱。

179

埃德娜：我带来了我正在编写的个人食谱。嗯，这些食谱，我是这样接触到的，我在教课的时候，让那些女士们自己开发。然后我收集了这些食谱，其中有些人已经去世很久了。我在写前言的时候，特别想提到她们中一些人的名字，因为你知道，她们仍有亲属在世。她们的亲属还在。所以，我打算在前言里说明一下这些食谱的来源，并感谢所有这些人……我还来不及重新整理。但我会的。

采访者：你是从小跟着食谱学做饭，还是有人教？是跟着别人学，还是自己摸索？

埃德娜：我上学之后才开始用食谱。在我成长的过程中，我的祖母，还有外祖母，她们经常做饭。所以，我是通过她们学会烹饪的，类似于"倒进去"，"随便你怎么倒"。没有量具，没有量勺和量杯，什么都没有。只有当我上正规学校后，我们才开始使用量杯、量勺和秤。因为之前都是"倒进去，倒进去"，我不知道之前是否都靠记忆。看着她们做的一些菜，我就想起了做婚礼蛋糕的画面：拿一个鸡蛋，又拿一个鸡蛋，然后"倒进去，倒进去"，蛋糕就这么成了。

采访者：你是必须严格按照这些步骤来做，还是说她们只是在教你如何凭感觉掌握火候？

埃德娜：我想我是因为好奇才学会的……我一直都喜欢动手。

采访者：你的祖父母或外祖父母有小块地或小农场之类的吗？他们在院子里种东西吗？

埃德娜：那时候，大多数房子，几乎家家户户都会在房前屋后种点东西。我的祖辈同样会种些东西，可能会种些咖喱叶、百里香、马郁兰，还有红薯、山药、小芋头和其他类似的东西。至于没有的，他们就从种植园里拿。是这样，没错。

180

采访者：所以，也算是互相交换吧。如果哪样东西多了，他们会跟邻居分享吗？

埃德娜：没错，因为今天你可能有面包果，明天你可能有南瓜，所以我们相互交换。是啊，递一个碗过去，就能要到没有的东西。所以做饭的时候，就能做一大锅加了各种东西的汤。我还会做"芙芙"。你拿一个碗或别的容器，送点吃的过去；我也有个装了食物的容器送来。你知道，你不可能什么都有，但总归有东西吃。

采访者：嗯，这样吃的东西种类就多了，对吧？饮食也多样化了。

埃德娜：没错。有时候找容器的时候，你会说"看看这些碗，我的背都要被它们压垮了"。你把一周积攒下来的所有容器堆在一起，然后说，"哦，这个是玛蒂小姐的"，"那个是玛丽戈尔德小姐的"，"哦不，那不是玛蒂小姐的，是布彻小姐的！"因为那就是她们的生活方式，她们就是这样生活的。

采访者：那么，你觉得最具巴巴多斯特色的食物是什么？

埃德娜：这个，我认为是飞鱼库库，它大约五十年前才成为巴巴多斯菜。以前，人们吃的是咸鱼库库，或者面包果库库配红鲻鱼。

采访者：会在上面浇汁吗？

埃德娜：会啊，当然。

采访者：我知道库库可以用玉米面或者面包果做。

埃德娜：对，也可以用青香蕉或其他东西做，只要质地合适就行。

采访者：你说五十年前，是不是指巴巴多斯独立前后？那是 1966 年。

埃德娜：对，差不多那时候，他们开始发展旅游业。他们在寻找一些能吸引游客的东西。但在我看来，飞鱼库库对我们这些老一辈来说，不算正宗的巴巴多斯菜。现在的人不这么想了。都这么多年了，五十年了，可能只有我还在纠结这个。

181

采访者：所以，是政府或者旅游局制定了一份他们想用来代表巴巴多斯的菜单？

埃德娜：没错，就是这样，对。

采访者：你最喜欢做什么吃？

埃德娜：我喜欢美食。（笑）……我喜欢美食，嗯，我喜欢慢慢做饭。我喜欢煮一大锅美味的汤，可以吃好几天的那种……真的。我会放肉、豌豆，还有各种根茎类作物。

采访者：我知道你以前是家政老师，那时候你上课必须用食谱吧？

埃德娜：是的，没错，我以前用食谱。我买过一本很大的食谱，是英国出版的。我记不清了。

采访者：是玛格丽特·帕顿（Marguerite Patten）的吗？

埃德娜：对，就是那本。现在还在我的书架上呢，因为我现在不用了。我不怎么看它了，但那本书里有很多英国的，约克郡的，饮食习惯。它介绍了英国各地的食谱。我买那本书是因为我当时在学食物保存。那本书里有很多关于食物保存的内容，还有很多其他菜谱，比如怎么做肉菜等等。我现在还留着它。

采访者：所以那是一本……50 年代的旧食谱？

埃德娜：不，是 60 年代的，比那新一些。它就在书架上，我会偶尔翻翻，因为我还是喜欢尝试做些东西……圣诞节的时候，我还做了约克郡腌火腿……这里还有一些人常跟着我学。腌火腿是我教会他们的其中一个菜。我外出学习时，学的是饮食实践，这是我的专业。回来之后我就教食物保存——腌制火腿，做果冻、泡菜、开胃菜之类的。

182 　　**采访者**：如果家里没有冰箱，这些就特别重要。我猜你祖父母、外祖父母那时候没有冰箱吧。

埃德娜：对，他们没有。他们用很多醋来保存食物……他们用煤炉做饭。我外祖母家有个大家叫荷兰锅的东西。它是用砖块在院子里砌成的。每到星期四，那些在种植园卖椰子面包、松饼和鱼饼的女人会过来。她有一套固定的流程，某个人会在特定时间过来做饭，因为那时候就像社区的开放日一样。你会准备好食材，（然后大家一起分享，）轮流做饭。

采访者：具体是什么时候？

埃德娜：那应该是在 40 年代。你得在规定的时间过去。我很幸运，每个星期四都能去那里。女人们会在规定的时间过来，带着她们的面包或者其他东西，在那里烤。你结束后，别人再烤。烤炉整天都开着，大家轮流用。因为附近的人都会来。

采访者：奥斯汀·克拉克说过，他小时候，所有这些女人都在厨房里施展着某种魔法，但她们并不是默默地做这些。她们总是在聊天。大家聚在一起的时候，聊天是不是很重要？

埃德娜：是啊。她们……确实如此。对，对，对。（笑）

采访者：跟我说说吧。

埃德娜：嗯，我们会聊上次见面之后发生的所有事，什么都聊。你可能正说着一件事，然后有人说，哦："其实事情是这样的。"然后另一个人又说："哦，我们去了……"就这样，大家就聊起来了。

采访者：这很重要，对吧？

埃德娜：各种社交活动都很重要。

采访者：女人们私下里聊天，说话的方式会不一样吗……？

埃德娜：会的，确实会不一样。

183

采访者：这些事情——食物和讲故事——在加勒比地区一直紧密相连。我们有时忘记了这一点，因为现在越来越少的英国人会围坐在餐桌边一起吃饭了。

埃德娜：是的，是的，是的。

采访者：这里也是类似情况吗？

埃德娜：是的，现在大家都是随便抓点什么就吃了。

采访者：（坐下来一起吃饭）这不仅仅是关于食物的事。

埃德娜：对，是社交。我有一个姐姐住在英国，最美好

的时光……她生命中最美好的时光，过去三十多年了，她在
英国和德国之间来回跑，因为是军人家庭。她规定每周三大
家都要坐下来一起吃饭——她有三个儿子——每周三，她都
会精心打扮，好像要出门一样。她会用漂亮的餐具布置餐桌，
不管发生什么事，他们都必须坐下来一起吃饭。他们必须坐
下来吃晚饭……孩子们现在都长大了，三个都回英国了，住
在伯明翰和邓迪，就是那一带。但是这家人，他们仍然保持
着这个传统，凑一个晚上一起吃饭……她住在德国的时候，
规定每周凑出一个晚上，每个人都得放下所有事。五十分钟
的晚餐时间，你得准备好，餐桌也得布置好。

采访者：你说你祖母的生活很不一样。她能获得的东西
与你现在能得到的非常不同。

埃德娜：哦，我祖母一直是个职业女性。她有工作，她
在邮局工作……

采访者：她还做饭吗？

埃德娜：啊哈，什么事都做。所有的事，所有的事。我
记得我大概八岁的时候，开始放学后去她家。我记得她大概
两点半或三点下班回家，放学后我就去她那儿。她让我去后
面的开放式厨房。她能做甜库库，天哪！（笑）

采访者：你刚刚去过美国，你也在英国住过。我想知道
为什么英国人对加勒比食物了解这么少……吃咖喱在英国很
普遍，但是……人们对加勒比食物几乎一无所知。他们认为
加勒比食物只有牙买加烤鸡，而牙买加代表了加勒比的一切。

埃德娜：是啊，他们确实这么认为。即使是现在。

采访者：那么，你觉得为什么"印度"食物在英国流行
起来了，而加勒比食物没有？

184

埃德娜：每次去印度餐馆，那些香料的味道都很吸引人，而我觉得英国食物很清淡，就只有盐和胡椒。我住在那儿的时候，食物很淡。

采访者：那是什么时候？

埃德娜：1961年到1967年。非常清淡。一堆土豆，煮——嗯，白菜，炖鸡。所有东西都淡而无味。烤的东西……我唯一喜欢的就是约克郡布丁。

采访者：你当时会因为食物想家吗？有什么你特别想念的东西吗？

埃德娜：没有，没有，因为我经常旅行。对我来说，去一个地方就要适应当地的风俗！

采访者：你觉得在这里，做饭主要是女人的事吗？你会看到男人做饭吗？男人们都做什么？

埃德娜：这取决于他们是否思想开明，因为有些男人思想并不开放。如果出于某些原因他们不得不转换角色，他们会认为自己在做所谓的"女人的工作"。基本上很多男人认为做饭、做家务、照顾母亲和孩子是女人的职责。有些人很不情愿做这些，但现在某些地方，我觉得年轻一代，他们叫什么"千禧一代"……他们有一些新潮的叫法！（笑）但确实有明显的变化，因为我父亲，他从来不做饭，也不愿意做饭。

采访者：你父亲？

185

埃德娜：我从未见过我父亲做饭，即使我们（家里）有那么多人。我们永远不会看到我父亲做饭。现在想想，我父亲从来不需要做饭，是因为我母亲有很多姐妹。如果我母亲刚生完孩子或有其他原因，她的一个姐妹就会过来做饭。但近来我发现，男人能做饭，也愿意做。你只要别管，让他们自己去做就行了。我儿子四十多岁了。你要知道他不是十六岁，所以在离开前的那一周，我去了一趟超市，把冰箱和冷柜都塞满了。之后一段时间，他自己把所有事情都搞定了。他还去超市，然后给我发消息说："妈，你知道吗，我自己去超市了。"（笑）

采访者：我很想知道在其他岛上是否有所不同，因为在牙买加，似乎有一种能够真正彰显男性气概的烹饪文化。男人会做一些特定的烹饪工作。

埃德娜：是的，牙买加到处是烤肉、烤肉、烤肉，烤肉男。男人烤肉，这一点我很确定。

采访者：但是维持日常生活的烹饪是女人在做。

埃德娜：没错，是女人在做。男人们会在外面烤鸡，炸面包，制作节日小吃，但说到家里的活儿……

采访者：这真的很有趣，尤其是关于飞鱼库库的事情。

埃德娜：是的，男人们对此视而不见。明明这个国家一直在推广飞鱼库库，已经有五十年了……

采访者：那香料混合物呢——你会自己研磨香料吗？

埃德娜：是的，你得自己做。你永远不可能买到现成的。你把丁香、多香果、肉桂这三种香料放进一个小袋子里，然后用锤子敲碎。那是在有研钵和研杵之前，因为以前人们没有研钵和研杵，那是富裕人家、上层人家才有的东西。所以普通人家，你把香料放进袋子里，就这样敲，然后筛出来，放回容器里，以备下次使用。你得那样做，但现在变成了去超市买，买现成的、做好的调味料。那时候，家家户户都有一个小小的香草园，里面种着青葱、百里香、韭菜，应有尽有……你说的那种飞鱼，配上新鲜研磨的调味料，味道一定

186

很鲜美。

采访者：圣诞节呢？你们会做什么特别的菜吗？

埃德娜：嗯，圣诞节的时候，我们一定会准备火鸡和鸡肉。我们还饲养了猪、羊和兔子。它们大部分都是自家养的。

采访者：你做黑蛋糕吗？加朗姆酒还是波特酒？

埃德娜：天哪。（笑）我有一个容器，它永远不会空。如果我做了蛋糕，会不断往里加酒，所以它永远不会干，它永远不会干。我就是这样长大的，看着祖母用科纳里罐做黑蛋糕。你可以在博物馆看到科纳里罐的样子。你把干果，对吧，你会把干果放进去。你把葡萄干、醋栗、丁香放进去。有些人会用它来保存肉，腌肉，用的就是科纳里罐。它，它相当于你们那儿的瓷器，只不过一个是用陶瓷做的，另一个（科纳里罐）是用陶土做的。而且它是上釉的。很像你用来装水的猴子罐。它有一个用和罐身同样材料做的盖子。然后她们会用盐腌肉，把肉放进去。她们会做咸肉……你一层一层地放，一层又一层，有些人会专门用一个（科纳里罐）来放肉，偶尔使用，然后还有一个用来放水果蛋糕。所以，他们会倒酒，朗姆酒，什么酒都倒。

采访者：所以，这是一个持续的过程？

埃德娜：是的，我就是这么做的。

采访者：谢谢你的分享。

斯特拉（Stella）是一位受过大学教育的女性，现年四十多岁，曾在英国生活和学习。她出生于牙买加，但小时候随家人搬至巴巴多斯。现在她在布里奇顿的历史街区担任导游，有一个女儿。

采访者：你告诉我你收藏旧食谱，但你会使用它们吗？你是怎么学会做饭的？学过吗？

187　**斯特拉**：这，这很有意思，因为我对食谱的态度，我想，可以分为三类。首先，就像你在讲座中提到的，就是单纯地喜欢一本食谱，喜欢它的外观，喜欢它给你带来的期待，它让你觉得你也能做出那道菜。但有时深入了解后，你会发现，哦，等等，这没那么容易，或者，我只看看图片就好了。所以，嗯，不管怎样，我就是喜欢食谱书，这还是因为图片，有些图片设计得非常精美，能够启发读者。其次，我喜欢历史，这让我关注那些与历史相关的图书，那些能够展现和诠释特定时代的食谱。你在讲座中提到的内容很有趣，正如我们从你的来访中学到的，嗯，是的，这些食谱传达的远不只烹饪本身，它们在某种程度上是一个了解那个时代、那个时期的窗口。这一点也让我很感兴趣。至于我自己如何使用食谱书，这也是一个有趣的话题，你在讲座中确实提到了很多相关的观点。因为我所属的群体，大概混合了两种态度：一方面是家族传统，从外祖母到母亲再到女儿，一代又一代传承下来；另一方面是对"英式"做事方式的推崇，嗯，就像"这种方式更好"一样，你知道的。嗯（笑），所以这三点，它们交织在一起：对食谱书的喜爱，对书中历史的热爱，以及烹饪在家族中的实际意义。这是否回答了你的第一个问题？

采访者：是的，而且非常有趣，因为你说……食谱……既是一种工艺品，一种商品，同时也是通向其他事物的渠道，无论是欣赏图片还是尝试菜谱。你自己会下厨吗？有人教你烹饪吗？

斯特拉：这又是一个很有趣的问题，嗯，我出生在牙买加，父亲是巴巴多斯人，即使在这种混合的家庭背景下也存在着两种截然不同的社会阶层，这种复杂性可以说塑造了我的一切。母亲那一边非常欧洲中心主义，或者说英国中心主义，推崇君主制；而父亲那边则是纯粹的乡村生活，尽管他是教师，但也扎根乡土，与乡村融为一体。所以，我同时受到了两方面的影响。作为女儿，我继承了母亲的衣钵，自然而然地更倾向于母亲那一边，这影响了我最初的烹饪方式和思维模式。有趣的是，我的外祖母有着欧洲文化的背景，因此她家里有寄宿者，而她不做饭，你知道，家里有仆人，专门有人为他们做饭。

采访者：所以她自己不下厨。她告诉厨师怎么做，对吗？

斯特拉：是的。但她从她的母亲那里继承了一些烹饪知识，这些知识必须传承下去。所以，她懂得足够的烹饪技巧来指导厨师们。厨师们负责实际操作，但她仍然知道每一道菜肴应该是什么样子。而且她不用食谱。厨师们也只是按照她们所知的牙买加方式烹饪。

采访者：她会测用量吗？还是边做边尝？

斯特拉：不会，就说"放这个，放那个"。绝对是这样，"放这个，放那个"。不过，由于当时的阶级观念，任何体面的家庭都会有一本食谱。但那只是摆设而已。她知道她的厨师懂得如何烹饪，而且知道她们会用牙买加方式烹饪，她们是通过自己的传承学习烹饪的。她只是负责监督。双方各有分工，而又相互依靠。对她来说，这种情况仍在延续，因为她的母亲是有色人种——尽管是混血的，所以她仍然保留着

188

一些乡村烹饪的传统。

采访者：但她的父亲……

斯特拉：是，是的，是白人，有欧洲血统……她说"像上帝一样白"，说过吗？是的，她确实说过"我父亲是白人，'比上帝还白'"。

采访者：这是一种自豪的说法吗？

斯特拉：是的，那可是最有面子的事。那就是她的身份地位。对此，嗯，我笑着说，但是外祖母，你知道吗，我们还在讨论上帝是什么肤色呢。你知道，他可是从中东来的。不过，这话让她有点不高兴。有趣的是，她那里确实有食谱书，但那只是摆设，因为她想展示自己和英国的联系，我们也理解。但因为我在牙买加长大，那是我第一次接触厨房的地方。我去那里是因为我母亲是在那种环境中长大的。我外祖母总说"你不用做饭。我们请了佣人"，所以她（母亲）跟厨房很疏远……她跟我说过，嫁给我父亲后，她不得不去上烹饪课。

采访者：你外祖母是什么时候出生的？

斯特拉：大概是 1912 年。我母亲出生于 1946 年。嗯。

采访者：所以她是婴儿潮一代！

斯特拉：她是婴儿潮一代，结婚了还得学做饭。她会做一些家传菜，但基本上很少下厨，因为她不需要。这就是她的故事。到我这一代，嗯，我母亲继承了外祖母传下来的东西，尤其是做圣诞布丁。这很重要，是必须学会的：我们什么时候吃什么，复活节吃什么，都是家族传统，你得知道怎么做。因为我这一代算比较现代了，所以不会被指望做饭。在同样的家庭地位下，我们不需要做饭，我们有管家。外祖母说："我们有厨师，所以你不用操心。"但我还是被要求待在厨房里看着，所以我得待在那里。这一切就是一个完整的循环。因为我做饭主要是看着学的，所以菜肴都很有牙买加风味，受我母亲的影响，我会做椰奶红腰豆米饭、咸鱼、炖菜，嗯，还有玉米面饼，这些都是我常做的。然而，巴巴多斯，我十岁时搬到这里，直接到了乡下，在乡下根本看不到食谱，那可真是……

采访者：这跟识字率有关吗，还是仅仅是一种文化传统？

斯特拉：哦，是文化传统，我们在（巴巴多斯）圣约瑟夫区的家就这样。其实，做饭对他们很重要，我姑姑后来成了家政老师，很受尊敬。我是说，她是 60 年代最优秀的老师之一。

采访者：我还采访过另一个教家政的女士。你会发现教法很不一样。她用独特的技巧教学生。

斯特拉：但我记得，1976 年我们搬到巴巴多斯，开车去乡下，那时候真的很乡下，我是说标准的乡下，能闻到水果的香味。闻到猪肉和番石榴奶酪的香味，你就知道到圣约瑟夫区了。开车进入乡村，各种食物的香味扑面而来。我祖母的厨艺很好，我去她家，嗯，那时候我祖父已经去世了，她总是在厨房里忙活。厨房是我们向她问候的地方："奶奶好！"

采访者：所以这是女性主导，母系传承？

斯特拉：正是。

采访者：男人会做饭吗？……因为在牙买加，男人好像得会烤肉，显得有男子气概，要在海滩上烤。

斯特拉：这是另一个话题，很有意思，你说得对。一旦在户外，就变成男人的事了。（笑）烤面包果，那是男人的事，如果他们要烤面包果，得挖火坑，那是男人的工作。我提这个是因为现在还是这样。

采访者：在牙买加？

斯特拉：不，在巴巴多斯。但是，烤猪肉这事你说得对。有趣的是，这也是做饭的一部分。就是这样。直到60年代，在工人阶级社区，做饭都在户外进行。在户外，那时候是女性用煤炉做饭。这很有意思。在我的记忆中，我记得60年代人们已经不用煤炉了。一旦不用煤炉，就变成女性在厨房做饭，男性在户外做饭。就像你说的，他们可能会把一些面包果送进屋内，但户外成了男人的地盘。是的，这和围着火堆烤肉完全不同。是男人在外面做饭，然后送一些进屋。但主要还是他们在外面喝酒，吃面包果，享受他们的社交时光。

采访者：那么，你最早的食物记忆是什么？

斯特拉：不，嗯，某种意义上，对我个人而言，还是跟牙买加有关，因为我是在那儿长大的。但确实，没错，那是关于我外祖母的记忆，嗯，因为她做的周日午餐是人生一大亮点。的确是。你会发现，既有克里奥尔风味，又有英国风味。嗯，那时候就吃这些：烤牛肉是主菜，偶尔有约克郡布丁，但大蕉也很重要，有烤鸡，烤大蕉，烤牛肉，还有阿奇果烩咸鱼，因为，嗯，早餐通常吃这个，但午餐，烤牛肉才是主菜。

采访者：你们需要穿着得体吗？

斯特拉：是的，当然要穿得体面。我母亲和我说起外祖母的寄宿客人，那些英国客人，嗯，比如科利尔夫人，还有其他人，都很端庄体面。科利尔夫人和另一位先生，我不记得他名字了，总之，我母亲讲，他们穿着西装打着领结下来吃饭。

采访者：他们单独吃，还是跟家人一起吃？

斯特拉：嗯，所有都是准备好的。家人的菜比客人丰富一些。还是以米饭和豆类为主，但混合了英式和加勒比风味。

采访者：那些寄宿客人都是做什么的？他们只是在这里工作吗？

斯特拉：科利尔夫人是老师，出身于某个特定阶层，那个老先生我不记得他以前做什么，可能是顾问之类的。据我所知，寄宿客人的饮食比较标准化。两餐都是（英式和加勒比风味的）混合菜。

采访者：我跟一些人聊过，说有些早餐是前一天晚上剩下的。真的吗？他们没意见吗？有个女士说："哦，吃锅底烧焦的一点米饭，这真是工薪阶层的做法。"

斯特拉：因为他们什么都不会浪费。我得说，我母亲那边的家庭不会这样。在我祖父母家会这样，部分原因是他们有八个孩子。我父亲就是其中之一，孩子多的时候，你最好赶紧吃，不然就被别人抢了。一转眼就没了……

采访者："赶紧吃，不然别人会把它吃了！"

斯特拉：可不是嘛，他们会让大家一起吃，我确实听到过很多这方面的趣事。而且，食物真的把我的祖母和外祖母联系在一起，让我有了一些特别的回忆。令人惊讶的是，正是食物让我对她们俩都有了美好的记忆。我生日的时候，牙买加的外祖母会送漂亮的裙子。

采访者：她自己做的？

斯特拉：有些是她做的，但也有买的。总之，我被宠上

192

了天，坐在漂亮的椅子上，像个小公主。作为独生女和长外孙女，我真的很受宠。外祖母大张旗鼓地给我过生日，真的非常隆重，非常隆重。我感觉自己很特别，而我祖母呢，你知道，她不在乎这些，她就是个典型的乡下人，"我就是这样，爱咋咋地"。你什么都不是，她会说"我有八个孩子"，不会因为你是那众多孩子中的一个而哄你，而我好像就只是她一千个孙子孙女中的一个。但她会送我一个后院的鸡下的蛋。后院就是她的小农场，她把鸡蛋作为生日礼物送给我。说来惭愧，这就是我的生日礼物。没有漂亮的裙子，只有一个鸡蛋，因为她知道我喜欢，我会去后院喂鸡，嗯，这就是她给我的礼物。一个鸡蛋，特意给我的，我也很喜欢。太奇妙了，两人截然不同，但我认为那个鸡蛋对我来说很特别。嗯，然后我十五岁的时候，她送了我一只鸡，是那种烤鸡，因为我喜欢吃东西。毫无疑问，两人都（很好）：一个关注外面精彩的世界，另一个关注"后院里的事"。就像我说的，一个不下厨，严格监督她的厨师；另一个则在厨房里忙活，做番石榴奶酪、番石榴果酱，各种番石榴食品，然后分给整个社区。每个人都能分到一些。

采访者：我听说了。对老一辈来说，保存食物很重要，尤其是在没有冰箱的情况下，很多人都没有。所以分享很重要：东西多就应该分享，因为别人会回馈你。

斯特拉：正是，你说到点子上了，她从来没有……我是说，这是大智慧。原本是这个计划（即分享食物后接受回馈），但她会把食物送给斯通夫人，而戈德马斯特夫人则会再转送给其他人。这是大智慧，嗯，而且总是在给予，她会给邻居分青柠，比如乔伊小姐。她总说"这里没有奶奶（的说法)",牙买加的会说"叫我外婆,不是外祖母,外婆",而这边的却说"直接叫我乔伊小姐"。完全不同。就是这样。所以这两个人挺有意思。我问她(卢小姐):"你为什么要给哈克特小姐面包果,哈克特小姐自己就有面包果树啊?"她说:"是啊,但我一直在观察那棵树,它一个成熟的果子都没有。"

采访者:所以对邻居的这种关心和了解很重要吗?

斯特拉:非常重要。这就是过去的巴巴多斯,现在完全不同了。那时候没有电话,你会直接喊"哈克特小姐",你会听到整个村子中名字此起彼伏,人们隔着篱笆喊话,嗯,我记得这没什么特别的,但确实很美好。但现在,才过了三十五年甚至更短的时间,巴巴多斯人会说不认识邻居,或者他们已经搬离村子去了别的地方,而且他们也不做饭了。所以我现在想起一件事,我的祖母认为我们是外来人。因为在她看来,我是一个外国孙女,我母亲是牙买加人,不理解巴巴多斯人的生活方式;在她眼里,我母亲很时髦,所以她觉得,她不应该强迫我做饭,可能是因为我太娇贵了?即使我还是个孩子,我祖母也不会强迫我。嗯,这有点区别对待的意思。但因为我自身的天性和兴趣,她意识到,要成为一个自尊自爱的巴巴多斯女性,我必须为了自己学会这些。所以我去了姑姑家,上了你说的那种课,我说:"伊丽莎白姑姑,我能来学吗?""我能学怎么做吗?"她很高兴,所以我就去了,正式地学习了一番。但我现在仍然会去找我姑姑,她一直在传承这些传统。

采访者:这与女性的端庄得体和成为一个真正的巴巴多斯人的观念有关。

斯特拉:确实如此。

采访者：这就是为什么当我在（巴巴多斯博物馆和历史协会的）演讲中说，衡量一个理想妻子或女性伴侣的标准之一是能否做出一份正宗的库库，很多人，包括你，都笑了。

斯特拉：嗯，是的，因为如果有人问我而我做不到，我会很沮丧。是的。

194

采访者：这很大程度上关乎不同的叙事方式。你听过女人在厨房里讲故事或八卦吗？

斯特拉：嗯，有点模糊，因为我很小就离开牙买加了，所以对那边的情况记不太清。但我记得厨房里厨师们聊天，她们谈的不是家长里短，而是正在用的各种食材，比如苹果、奥塔果[27]，还有不同水果之间的区别，因为有些水果带有……一些非洲的寓意，有些跟精灵有关，还有一些民间故事。所以，关于奥塔果，我还有一些隐隐约约的记忆，比如吃了果核之后会怎样，对了，在不同的岛上它还有不同的名字……

采访者：所以这些都是非洲文化的影子；你们做饭不仅是为了维持生计，更是为了祖先。

斯特拉：是的，通过关于树的故事，你可以了解一些村庄。有时故事是关于阿南西的，她们确实提到了阿南西，我不只是从书上看到的。我不记得任何细节了。但她们确实谈论过类似的事情，谈论特定树木或红腰豆米饭被赋予的意义，或者它们的作用，还有如果你低头看茶杯，她们能从茶叶中解读出什么，还有一些跟椰子有关的事，如果你看着摇晃的椰子什么的。我记得那些是在外祖母的厨房里听到的，因为厨师们很友好，我记得她们很友好，希望我进去，当然还有她们跟我说话的方式——"斯特拉小姐"或"女主人"，从来没有别的称呼，即使在六岁的时候。有人告诉我就是这样，然后我到了巴巴多斯，情况就不一样了。你不再是斯特拉小姐。事实上，情况大相径庭，因为这里根本没有厨师。巴巴多斯人永远不会被称为女仆。我们来这儿的时候，已经不再叫女仆或厨师了，而是管家。我觉得巴巴多斯烹饪面临一个困境，因为他们实际上并不是，嗯，他们并不是在按照食谱或其他方式做饭。像奇芙特这样的快餐店——他们好像生活在快餐店里。

采访者：你认为人们忘记了传统食物是因为……

斯特拉：他们甚至不喜欢传统食物。他们喜欢鸡肉。是的，假如你端出飞鱼，他们可能会说从未见过这样的东西。我不敢相信我们的整个身份认同就这样被抹去了。

采访者：美国化了吗？

195

斯特拉：他们甚至不吃飞鱼。他们不喜欢，但那是巴巴多斯的国菜……他们不会做飞鱼，我告诉你，如果你带二十个女孩过来，问哪个（会做这道菜），你一个都找不到。

采访者：那么这些传统的菜肴将会怎样呢？一位年长的受访者告诉我，飞鱼库库是被选定的国菜。这与民族主义和独立有很大关系，在旅游局构想出来之前，它从来没有被视为国菜。

斯特拉：不，不，不。它肯定要久远得多，我姑姑说，这跟旅游业无关。我是说，她一直在做这道菜，这是一代又一代传下来的，所以，是的，我确信它植根于历史。被炮制出来的，我敢肯定，是通心粉派。我以前从未见过这东西。我喜欢吃，但它最多也就二十年的历史，我不知道它从哪来的。我们都不知道它从哪来的。[28]

采访者：这是一种美式食物吗？它在这里略有不同，因为你们加了番茄酱和卡宴辣椒粉。

斯特拉：人们对它非常（重视），我们总是吃通心粉派，在牙买加也吃。通心粉派在加勒比地区很受欢迎，但人们对它的喜爱程度已经堪比国菜，只差一步就正式命名了，而且他们也开始这么做了。每个家庭都对通心粉派非常重视。但我的意思是，巴巴多斯通心粉派是一种容易堵塞动脉的食物，因为其中油脂很多，还有一些对健康不好的东西。这种食物其实没什么营养。

采访者：人们有没有过一种感觉，"所有外来的东西都比本地的好"，或者并非如此？你记得有这样的感觉吗，进口的东西很特别或让人很有面子？

斯特拉：是的，嗯，对我这一代人来说没有这种感觉，但我听过父辈的故事。显然，英国苹果的进口是件大事，他们告诉我。他们还谈到过特色火腿的进口。

采访者：约克郡火腿？

196
斯特拉：是的，他们觉得那是一件大事，这才是重点。巴巴多斯从一开始就一直在进口，正如你听到的，一直都是这样。

采访者：是的，自殖民和奴隶制开始以来。

斯特拉：我兄弟谈到了维特罗斯和乐购。他住在英国，那儿有一些超市自有品牌。在巴巴多斯，巧婆婆这个牌子的果酱有几千万瓶，售价40美元、30美元、25美元不等。谁知道有多少巴巴多斯人买得起？所以他们一直说这是给法国侨民准备的，但这些昂贵的商品挤满了货架。于是，我们有为法国人准备的巧婆婆，我们还有维特罗斯超市，我们有（这个和那个），但我们反正也买不起。两周前，我拍了一张照片，三个从葡萄牙进口的西红柿卖 15 美元；这太疯狂了……是啊，我跟卖西红柿的伙计开玩笑说，我要站在这儿看看谁会买。我真想看看谁会花 15 美元买三个西红柿。我们为什么要从葡萄牙进口？这不正常，肯定是哪里出了问题。

采访者：你在很多地方生活过，包括英国。你认为为什么英国人不像接受印度食物那样接受加勒比食物？

斯特拉：（接受程度）甚至不如中餐。

采访者：你觉得为什么它没流行起来？伦敦和其他城市都有加勒比餐厅，但在全国范围内，它从未真正流行起来。

斯特拉：这，这不是个有趣的问题吗？嗯，哇，确实，它们在那儿，但分布得很零散，一家，一家，一家，考虑到这两个地方之间的关系……

采访者：是啊，这段关系很久了。

斯特拉：它融合得那么好，嗯，这很吸引人……我认为……我们得从"温德拉什号"（Windrush）移民社区说起。

采访者：你是什么意思？

斯特拉：嗯，因为（他们和英国人）唯一的不同就是肤色。这些人被同化了。我的意思是他们被同化了，穿着英国当地的衣服，说着当地语言。也许在家的时候，他们还是牙买加人，但出了门，他们试着像当地人一样说话，像当地人一样工作，他们用心观察，努力适应。然而，其他文化进来（加勒比地区），情况却完全不同，这些文化更容易被接受，他们的食物被接受了。相反，西印度群岛的一切却有点被排斥。我说"排斥"，这个词有点刺耳，但它一直（与主流文化）保持着距离。也许音乐是个例外，但即使是音乐也没真正发展起来。

197

采访者：大多数人对加勒比音乐的了解，可能仅限于雷鬼和舞厅音乐……

斯特拉：我完全明白，你被束缚在那里，被困在那里了。

采访者：英国人对印度食物的喜爱是否源于对王权和帝国的怀旧之情？我是说英国占领印度很长一段时间，吸收和改造了一些食物。我们知道比顿夫人在她著名的维多利亚烹饪书中融入了咖喱酱和咖喱菜谱，尽管她并没有进行太多大胆的尝试。

斯特拉：这很有趣，而且，你知道，正如你提到的，我的意思是，食物涵盖了一切，包括身份、尊重、地位、阶级。你看，这又是一个值得探讨的问题。在牙买加，即使到了今天，无论贫富——我在那里的亲戚都非常富裕——在家里，他们每天早上都吃牙买加式早餐：一天是阿奇果烩咸鱼，另一天是煮根茎类作物。无论多富裕还是多贫穷，他们都吃山药，吃各种食物。然而在巴巴多斯，根茎类作物几乎被摒弃了。他们不吃山药，也不吃红薯。

采访者：因为它们仍然被视为奴隶的食物或穷人的食物？

斯特拉：我希望这不是因为他们太懒惰了。我认为这些食物的消失确实是因为懒惰……但也和住房有关，因为他们不再自己种植果树了，更别提这些根茎类作物。问题的核心是，在巴巴多斯，当你有一大块地和一栋大房子的时候，你就"成功"了。然后你会把地面全部铺上水泥，因为你不想扫落叶。

采访者：人们连一小块地都不种了吗？很多女士说，她们的祖母曾经有一小块地，或者就在门边种些香草……

斯特拉：直到20世纪60年代和70年代初，每家每户都还会种一棵香蕉树，种些香草和根茎类作物，还养些牲畜。现在完全变了，这就是为什么我认为很多人越来越不适应，因为巴巴多斯的地理风貌在二十五年间发生了巨变。我勉强还能记得某些地方原来的样子。变化太快了。我父亲的记忆更清晰，因为他经历过更长的时间。我已经记不清通往机场的那条老路了，现在我们有了高速公路，我甚至不知道以前有哪些路穿过那里。我依稀记得那时到处都是甘蔗，布萨（Bussa，反抗奴隶制领袖）雕像所在的地方曾经是甘蔗地，一整片都是，绵延数英里，现在都变成了柏油路。

采访者：真是令人沮丧。

斯特拉：是啊。

采访者：就在这次旅行中，我也看到科德灵顿学院的树木被砍伐……我还听说岛上最后一家制糖厂即将关闭，这意味着巴巴多斯农业的一个核心部分正在消失。

斯特拉：甘蔗田，甘蔗田也在减少，我说过《血液中的糖》是本好书，因为确实如此，人们经常谈论糖尿病，据说我们应该是世界糖尿病之都。他们就是这么称呼我们的，因为糖尿病在这里很普遍。人们总是怪糖，但这并不是糖的错。如果巴巴多斯人要接受这种观点，那就随他们去吧。不过我们也有世界上最多的百岁老人，这可是载入吉尼斯世界纪录的。我是说，我们这里经常出现百岁老人，他们与总督握手，而他们一辈子都在吃糖糕，喝莫比饮料。但他们经常散步，经常运动，他们从圣约翰区走到布里奇顿卖锅具，非常健康，还能敲能打。你在圣尼古拉斯修道院看到的视频里，所有那些男人都在敲打，从火中拉出铁器，这很消耗体力，而这才是我们现在应该追求的目标。这是我最后要说的。加勒比地区必须变得更明智。这里的人很聪明。（但是）他们有各种各样的目的和盘算，为不购买（我们的产品）并继续压榨小岛而开脱，你知道，其中一个说法就是西印度群岛的糖不好，要停用西印度群岛的糖。这也关乎适度的问题，没有人认为你必须完全戒糖。

采访者：你可以吃些"好"（精炼程度较低的）糖，偶尔吃一下？

199

斯特拉：确实如此。夏威夷正在推广龙舌兰，面向所有人，把它作为一种健康的替代品进行宣传，但他们只是，只是想推广他们的产品。他们有一些龙舌兰，又想赚钱，所以会告诉你它是健康的。当然，在这里我们并没有想过要推广。巴巴多斯本可以成为健康型国家的典范，可我们太懒了。每个人都开车，不敢在酷热中走路。这就是糖为什么产生了这样的影响。这一切都太可怕了。另外，我们巴巴多斯据说是以一种树命名的，一种带须的无花果树（the Beared Fig Tree），后来变成了"巴巴多斯"，我们是以一种带须的无花果树命名的。

采访者：就是你们所说的香蕉树吗？

斯特拉：现在"无花果"（fig）这个词也可以指一种小香蕉，但我所说的是那种根须下垂的树。这树的名字和胡子有关，可以说我们巴巴多斯的名字来源于男子的胡须。然而我们讨厌树，我们砍树，然后我们得到了现在不想要的糖，尽管人们曾经为了糖来这里定居，也因此而遭受了各种痛苦。巴巴多斯烹饪中到处会用到糖浆，莫比饮料还有糖滋养了众多百岁老人。所以，嗯，他们忽略了某种联系。此外，还有一种被人们抛弃的食物。我们有一种以卡罗琳·李〔Caroline Lee, 著名妓院老板雷切尔·普林格尔（Rachel Pringle）的朋友及旅馆同行〕命名的红薯，但我们弃之不用。她是一位美丽的"棕色女郎"，他们因为红薯的颜色而这样称呼她。她是一位了不起的商人，经营着自己的酒店，他们以她的名字命名了一种红薯，叫卡罗琳·李，但是，但是现在没有人吃和购买这种红薯了。

采访者：谢谢你的分享。

注 释

1. Ntozake Shange, *If I Can Cook / You Know God Can* (Boston: Beacon Press, 1998).

2. David Sutton, *Remembrance of Repasts* (Oxford: Berg, 2001), 125.

3. 巴巴多斯学者格林·穆雷（Glyn Murray）在其著作《巴巴多斯——值得珍视的习俗》（Murray，2014：89-91）中的"食物作为巴巴多斯遗产"一章指出："人们对文化的观念正在发生积极转变……开始重新拥抱巴巴多斯本土美食，特别是鱼饼、炸面包和布丁腌肉等传统食物……这些食物曾一度……在大众中的受欢迎程度和食用频率显著下降，甚至濒临消失，这主要是因为它们被视为'低俗文化'的产物。这种令人担忧的局面……缘于人们普遍认为这些食物是巴巴多斯最贫困阶层的食物，这种观念可以追溯到奴隶制时期。因此，这些食物被认为不体面，与那些在1838年解放后通过辛勤工作提升了社会地位的前奴隶后裔的生活方式不相符。结果……人们认为自己有资格在社会和经济地位提升后追求品位更高的、通常来自海外的更精致的美食，并把这些美食视为更高端、更尊贵、更文明、更具吸引力和更现代的生活方式的象征。就鱼饼和炸面包而言，

200

它们之所以能够重新流行并被更广泛的社会阶层所接受，很大程度上得益于一首在 20 世纪 80 年代末期风靡一时的卡利普索歌曲《鱼饼和炸面包》。这首歌由'敲诈者'（Blackmailer）温斯顿·莫里斯（Winston Morris）创作和演唱，并在广播和巴巴多斯电视台广泛播出……通过这种方式，新一代人开始喜爱鱼饼和炸面包，从而确保了这些食物在未来一段时间内的传承和流行。"

4. Meredith E. Abarca, '*Charlas Culinaris*: Mexican Women Speak from Their Public Kitchens', *Food & Foodways* 15 (2007): 183-212.

5. Susan Geiger, 'What's So Feminist about Women's Oral History?' *Journal of Women's History* 2, no. 1 (1990): 169-182.

6. Geiger, 'Feminist', n.p.

7. Sutton, *Remembrance*, 14-15.

8. Sutton, *Remembrance*, 125-126.

9. Sutton, *Remembrance*, 125.

10. Sutton, *Remembrance*, 16.

11. Sutton, *Remembrance*, 111.

12. Sutton, *Remembrance*, 110.

13. Sutton, *Remembrance*, 17.

14. Sutton, *Remembrance*, 17.

15. 伊恩·库克和米歇尔·哈里森（Cook and Harrison，2007）在研究中运用了一种"追踪物品"的民族志方法，即将"商品及其生命历程作为跨学科研究的组织原则"（40），以此关注牙买加和英国的年轻一代在"西印度"辣椒酱的营销和使用方面所面临的类似问题（48）。虽然我选择在本研究中不采用这种"追踪物品"的方法，但我认可其研究价值。

16. Sutton, *Remembrance*, 111.

17. Sutton, *Remembrance*, 125-126.

18. Schlanger 1990, 44, cited in Sutton, *Remembrance*, 127.

19. Sutton, *Remembrance*, 129.

20. Sutton, *Remembrance*, 133.

21. Sutton, *Remembrance*, 133.

22. Sutton, *Remembrance*, 113.

23. Sutton, *Remembrance*, 113.

24. Deborah Tannen, *Talking Voices* (Cambridge: Cambridge University Press, 1989), 48.

25. 在《巴巴多斯——值得珍视的习俗》中，格林·穆雷还谈到，随着巴巴多斯人猪肉食用量的减少，这道传统菜肴也逐渐式微，并在概述其在 20 世纪 90 年代因"正宗猪肉"运动而复兴时指出（Murray，2014：93）："随着布丁腌肉的命运回春，人们的消费模式也发生了细微却重要的变化。如今，提供这些菜肴的人更倾向于选择制作更便捷的蒸红薯布丁，将其作为单独的菜品或与其他菜搭配……以制作布丁腌肉，从而取代费时费力的黑布丁腌肉（黑布丁指猪血等制成的香肠——译者注），这两道菜都要用到腌猪肉。因此，现在蒸红薯布丁腌肉的消费量据悉已经超过了传统的黑布丁腌肉，而且需求和供应也不再局限于传统的星期六，在工作日也能吃到。"（96）

26. 芬吉（fungee，或作 funghi、fengi 等）是由玉米粉和秋葵混合制作而成的一道菜肴，也被称为库库。该词最常用于背风群岛和多米尼克。

27. 这种水果的全称是"ottiose apple"，但牙买加人称它"奥塔果"（OTT apple）。

28. 在《巴巴多斯——值得珍视的习俗》中，格林·穆雷还指出："飞鱼库库这道国菜的地位似乎……岌岌可危，近年来，意大利通心粉派异军突起，大有取而代之之势，尤其是考虑到它在巴巴多斯年轻人中广受欢迎。它的流行速度如此之快，以至于许多游客……都误以为巴巴多斯的国菜是意大利通心粉派，而不是飞鱼库库。"（Murray，2014：9）

第六章

解读烹饪之国

——食谱、书籍与巴巴多斯

　　本章以"烹饪之国"巴巴多斯为例，通过解读其食谱来探究岛屿的文化身份。首先，本章将详细分析现存较早的一部巴巴多斯食谱——H. 格雷厄姆·贝西·耶尔伍德（H. Graham Bessie Yearwood）夫人所著的《西印度及其他食谱》（1911 年初版，1932 年再版）。随后，本章将考察巴巴多斯后期的一些烹饪著作，重点关注本土烹饪传统、政府对巴巴多斯饮食文化的周期性干预，以及本土与进口食品、传统与现代性之间持续存在的张力。

耶尔伍德夫人的《西印度及其他食谱》（1911，1932）

　　《西印度及其他食谱》（Yearwood，1911，1932）由一位地位显赫的克里奥尔白人女性贝西·耶尔伍德[1] 于 20 世纪初编纂而成，收录了超过 2300 个主要由女性提供的食谱。这种情况实属罕见，因为即使在今天，西印度群岛的人们依然不习惯使用书面或印刷食谱。他们更倾向于个人的即兴创作和／或家族传承的烹饪方式，而这些个人厨艺和家族传统主要依靠口耳相传。小说家奥斯汀·克拉克（生于 1934 年）在回忆其 20 世纪 30 年代末至 40 年代初在巴巴多斯的童年生活时写道："在我小时候，'食谱'这个词在巴巴多斯几乎无人知晓。儿时，我身边总是围绕着一群女性——母亲、姨妈、姑姑、表姐妹、堂姐妹，以及所有的邻居妇女和母亲的朋友们——她们总是在厨房里忙碌，施展着令人困惑而又奇妙的烹饪技艺。与这些女性在一起的日子里，我从未听到她们任何人提起过'食谱'两字。"[2]

克拉克的"巴巴多斯回忆录"《猪尾巴和面包果》（Clarke，204 1999）中通过食物追溯了他早年的生活以及巴巴多斯的历史。书中描述的并非他母亲不屑一顾、称之为"洋人做的""噱头菜"[3]，而是源自非洲、保留了许多"奴隶食物仪式"的菜肴。在开篇几页，他深思道：

> 推荐一本关于巴巴多斯的烹饪书，真是讽刺。因为在每个巴巴多斯体面人家，女性（无论是妻子、女儿还是女佣，她们都是烹饪的主力）绝不会被看到手里拿着烹饪书。阅读烹饪书意味着她没有记住母亲的教诲，意味着她不懂烹饪，意味着她不懂得如何照顾自己的男人，意味着她的母亲没有教会她如何在厨房里"游刃有余"、如何得体优雅地"操持家务"。[4]

换句话说，在克拉克那一代巴巴多斯人以及他所属的（非裔加勒比）族群看来，烹饪书与女性、厨房或她们的烹饪世界格格不入。相反，口耳相传的烹饪实践根植于一个由种族、阶级和性别共同构筑的复杂体系之中，其核心是传统、口味偏好，以及关于体面的行为准则。因此，当克拉克宣称"我母亲家里过去没有，现在也没有烹饪书"时，他的语气充满了自豪。他所指称和肯定的，不仅仅是一套烹饪实践，更是一整套不成文的价值观和为人处世之道。

《西印度及其他食谱》也体现了类似的社会文化背景，该书的价值观、口味偏好和得体的行为准则通过其印刷文本以及两个版本中的广告副文本得到了更清晰的呈现。这本早期印刷食谱的存在本身就证明了编者耶尔伍德夫人为收集食谱所付出的巨大努力，更重要的是，这也表明她能够轻松接触到当时富裕或"小康"阶层的投稿者和订阅者，以及她所属的岛上白人精英群体所拥有的众多文化和经济资本。耶尔伍德夫人的食谱最初由巴巴多斯圣迈克尔区的《农业记者报》于 1911 年出版。[5]

尽管耶尔伍德夫人在 1911 年第一版序言中显得颇为谨慎，但这本食谱经久不衰，直到 1932 年由鼓动报出版社（1895 年成立于巴巴多斯）再版。[6] 因此，该书对于揭示 20 世纪初巴巴多斯岛上一个独特的少数族裔传统——欧裔克里奥尔"白人精英"及殖民地侨民社群为自己创作书面食谱的传统——至关重要。尽管《西印度及其他食谱》是一部印刷作品，但它具有重大历史意义——这部作品是最早记录和整理巴巴多斯/加勒比传统饮食文化的文本之一，甚至可能是第一部此类作品。这些饮食文化此前仅存在于口头传统中，从未进入印刷文化的范畴。[7] 事实上，2013 年，在该书出版八十周年之际，巴巴多斯博物馆和历史学会（耶尔伍德先生曾是该学会的重要成员，并给予了积极支持）将这本 1911 年的食谱集描述为"最早（如果不是第一部）的巴巴多斯/加勒比美食汇编。书中收录的食谱代表了巴巴多斯和加勒比地区数百年的美食传统，包含了面包果、椰子蛋糕、康妮奥尔（Corn and Oil）鸡尾酒、姜汁啤酒、酸模汁、黑布丁、拔示巴煎饼（Bathsheba Pancakes）、康奇、海绵蛋糕和番石榴果冻等食谱，不胜枚举"[8]。

该学会进一步分析道：

> 许多特色食谱至今仍在使用，并被巴巴多斯的烹饪专家，如已故的卡梅塔·弗雷泽（Carmeta Frazer）和依然活跃的马里昂·哈特（Marion Hart）重新诠释。他们曾倡导（马里昂·哈特仍在积极倡导）利用巴巴多斯的烹饪遗产，在滋养巴巴多斯人民的同时，将其作为吸引游客的一种手段。在如今这个将食品自主和美食旅游视为巴巴多斯未来发展关键的时代，这的确耐人寻味！[9]

本章认为，《西印度及其他食谱》作为一份以口述文化为基础的书面文本，主要记录了口耳相传的烹饪实践以及当地企业的广告。它是一份引人入胜的早期文献，揭示了在阶级、性别和种族层面存在明显差异的殖民社会的物质文化、口味偏好和得体的行为准则。尤其值得关注的是，它阐释了欧洲克里奥尔精英以及日益壮大的黑人和混血中产阶级群体对文化和经济资本的渴望，以及他们将消费物质产品作为向上层社会流动的标志。从这个意义上说，烹饪书既是"文化使者"，也是"可以购买的商品"[10]，同时也标志着这一时期印刷文化与更广泛的"商业世界"的密切联系。[11]

本章对 1911 年和 1932 年两个版本的《西印度及其他食谱》

进行了全面分析，包括解读序言和探讨食谱与广告之间的关系。本章的研究方法借鉴了克莱尔·欧文等学者近年来在 20 世纪早期加勒比文学和物质文化批评领域的研究成果，特别是欧文关于 20 世纪初加勒比文学杂志的重要研究（Irving，2015）。她认为，（烹饪书的）副文本元素提供了大量关于西印度群岛（烹饪）写作、阅读、印刷和出版的物质条件信息，这反过来塑造了我们对 20 世纪（尤其是最初几十年）烹饪文化的理解。[12]

206

烹饪书中的许多食谱都注明了具体的贡献者，包括几位男性和一位名叫哈里斯（Harris）的厨师。这本身就意义重大，并且证明了在岛上乃至更广阔的范围内存在一个不断发展壮大的投稿者和读者网络。可以合理地推测，耶尔伍德夫人的食谱可能完全是从欧裔克里奥尔人的视角出发，与其作者以及大多数投稿者和订阅者的社会阶层和族群身份完全一致。然而，在两个版本的序言中，耶尔伍德都明确表示，她"试图编纂一本实用的书，主要收录传统的西印度群岛食谱，其中许多在人们追求新事物的浪潮中正逐渐被遗忘……无论从哪个角度来看，它都不是一本收集新式菜谱的烹饪书"[13]。

事实上，这种对巴巴多斯更古老烹饪传统的强调，以及对记录"正被遗忘"的饮食方式的需求，使其成为一个非常重要的史料来源。本章认为，这本烹饪书并非仅仅代表狭义的欧裔克里奥尔烹饪文化，它也呈现了一些以非洲为中心或源自非洲的烹饪元素，展现了殖民影响下多元并存的加勒比烹饪文化，其中也包含了一些迎合英国口味的食谱。同样，两个版本中的广告不仅反映了更广泛的文化品味和消费模式，也是对非裔加勒比厨师的有趣描述。

烹饪类别、口味偏好与族裔身份

　　耶尔伍德夫人的食谱书收录了飞鱼的多种做法，例如炸飞鱼、蒸飞鱼以及飞鱼汤。这些菜肴均被归入"鱼类和汤类"部分，但它们与库库毫无关联。库库甚至没有出现在索引中，而是被归类到书后面的"其他早餐菜肴"部分。同样令人费解的是，经典的西印度菜肴辣椒锅和腌肉也被归入"其他早餐菜肴"部分，而该地区最具代表性的菜肴之一——红腰豆米饭——却又被放在了"早餐和午餐菜肴"部分，而非正餐的部分。烤山药、面包果和类似粽子的康奇等淀粉类主食在这两个部分中都能找到。耶尔伍德对两个版本中食谱的分类完全基于欧洲中心主义的视角，而非西印度群岛传统的烹饪或食物搭配习惯，并且她也没有尝试解释特定菜肴的历史渊源。事实上，她的食谱中最引人注目的一点是其几乎完全忽略了传统菜肴的搭配，也没有考虑到不同族裔的饮食文化差异。因此，一些英文名称的菜肴，例如海绵蛋糕或火腿煎蛋卷，与使用加勒比特色食材和烹饪方法的菜肴并列出现。经典的法式洋葱汤与更具地方特色的海龟汤并列，而没有任何解释说明。[14] 只有在绝对必要时，该书才会区分欧洲食材和本地食材，例如提到"英格兰土豆"，以及令人费解的"英格兰哈吉斯"（哈吉斯是一道典型的苏格兰菜肴——译者注）。

　　此外，食谱中明显缺少印裔加勒比或华裔加勒比菜肴。例如，耶尔伍德夫人的食谱中没有罗蒂或印度炸洋葱，这可能表明她和食谱的贡献者与印裔加勒比厨师以及他们扎根乡村的社区缺乏联系。只有"美味咖喱"[15]和"马德拉斯开胃酱"（一种酸辣酱——译者注）这两个食谱提到了源自印度的烹饪传统，与当时许多英式印度食谱一样，食谱中建议分别加一茶匙咖喱粉和酸辣

207

酱到热吐司上作为咸味浇头，这被认为是一种更"安全"（因为更为人熟知）的食用方式。[16] 这些遗漏可能是出于口味的偏好。[17] 当然，世界其他地区的殖民地烹饪书也常常强调"简单烹饪"和清淡饮食，并将其视为一种美德（与辛辣食物所带来的"刺激"内涵形成对比）[18]，同时认为清淡饮食有助于病人的康复。克拉克提到，他的母亲曾抱怨种植园主们（欧裔克里奥尔人）倾向于偏爱清淡的食物，这无意间触及了一个领域：白人精英或许通过使用特定的调味料和香料来塑造和界定自身的口味身份认同。"在巴巴多斯，大家都知道种植园主们（其中大多数是白人）不会在食物里放'大量调料'，甚至盐和胡椒都很少加！"他的母亲常说，"他们的食物太过于清淡了，简直让人倒胃口！好像他们都患有低血压一样！"[19]

然而，耶尔伍德夫人的食谱中缺少印裔加勒比食谱，这或许是因为她与不同族裔厨师接触的机会有限。这本书之所以能够呈现源自非洲的食谱和饮食传统，很可能是因为她能够通过一些受雇于白人精英家庭的非裔加勒比厨师获取相关信息。事实上，该书第二版中，有一则布鲁斯·韦瑟黑德药房的烹饪香精广告占据了半页篇幅，十分醒目。广告中有一幅黑白漫画，描绘了一位黑人厨师和她的白人"女主人"在家庭厨房中的场景。这位厨师的体态和服饰显然被夸张地描绘了：她身材高大，体态臃肿，卷起的袖子露出结实有力的手臂，而她的头部和侧脸轮廓却显得与身体其他部分比例失调。她穿着格子连衣裙，系着围裙，但头饰设计却显得模棱两可，似乎介于厨师帽和非洲传统头巾之间。然而，最引人注目的是她的姿势：她高高举起一根大擀面杖，悬在瑟缩的白人雇主头顶，仿佛随时要挥下去。广告通过这一画面清晰传递出信息："劣质香精影响厨师的情绪，所以她们要求使用韦瑟黑德牌香精！"在这一场景中，非裔克里奥尔厨师显然掌握了主动权，尽管白人雇主仍然控制着经济大权。即使是这则广告的语法结构，也明显保留了非裔加勒比语言的痕迹，体现在"essences"与"reflects"的主谓不一致上。[20] 有趣的是，同一页面上的另一则广告却是面向一个不同的目标人群——"家庭主妇"，尽管在这一宣传中，种族和族裔身份被巧妙地隐藏了："如果家庭主妇注重这本精美烹饪书中的各种食谱细节，她将赢得家人的感激。而如果食材购自约翰逊及雷德曼商店（经营现代杂货及面包等），这份感激将是永恒的。"[21]

图 6-1　耶尔伍德夫人《西印度及其他食谱》中的布鲁斯·韦瑟黑德药房的广告

"凡是外国的东西都比本地的好"：
殖民背景、物质文化与消费

两个版本都包含了耶尔伍德夫人亲自撰写的相同序言和烹饪指南介绍。为了符合欧洲烹饪书的惯例，耶尔伍德夫人引用了菲利斯·布朗恩（Phyllis Browne）的《全年厨艺：每日早餐、午餐和晚餐食谱及烹饪实用指南》（Browne，1892，1910）中关于烹饪原理的详细入门指南。其中有"烹饪规则"和如何最大限度地利用烤箱的建议，关于煮、炸、制作布丁、烧烤的详细步骤，甚至还有一个非烹饪类的"杂项"部分。这种引用早期文本的策略在殖民地食谱中并不罕见。事实上，夏尔曼·奥布莱恩（Charmaine O'Brien）[22] 在其研究中指出，19 世纪殖民时期的澳大利亚烹饪书从经典的英国烹饪书中借鉴并吸收了"烤、煮、炖和烘焙的原则"，例如伊丽莎·阿克顿（Eliza Acton）广受欢迎的《现代家庭烹饪》（Acton，1845，1858）。通过这种方式，殖民地作家试图强调其纯正的英国血统，以使自己的文本合法化；他们的烹饪文化建立在对英国食物和烹饪历史的深刻理解之上。[23] 正如奥布莱恩所说，"大多数殖民地厨师的愿望是复现英国烹饪……（殖民地）烹饪书中存在明显的食谱和技术规范，这些作者都在相互借鉴并参考早期作品"[24]。

《西印度及其他食谱》的两个版本都刊登了整页和半页广告——第一版在开头和结尾都有，而第二版只在开头有。在第一版中，更多的广告针对的是普通商品和服务——女帽、袜子、衣料和裁缝服务、"精品服饰"，"明信片、古玩和纪念品"，柯达摄影用品，以及假日和休闲活动——车库、酒店、马车租赁，远至纽约和挪威的轮船旅游套餐，还有烹饪相关的广告——炉灶、清洁产品、银器、饮料、香精、茶叶。这些与食谱结合的广告表明，这本烹饪书的读者群体既富裕又具国际视野——其目标甚至可能是旅游市场；事实上，格雷厄姆·耶尔伍德先生曾多次利用海上旅行的机会，前往英格兰和纽约。

　　第一版最显著的特点是对进口商品的更多关注，这反映了殖民地物质文化中的一种普遍现象，尤其体现在白人精英阶层从殖民初期到 20 世纪的饮食消费习惯上。因此，例如，J. R. 班克罗夫特（J. R. Bancroft）强调其业务的现代性和国际影响力（相对于狭隘的岛屿地方主义），宣称"每一艘来自欧洲和纽约的轮船，都为我们带来最优质的窗帘织物，产地包括英国、爱尔兰、法国、德国、瑞士、美国和秘鲁"。事实上，在第一版中，许多广告商将这本烹饪书的读者定位为厨师和消费者。因此，位于布里奇顿的布罗德大街的乐蓬马歇百货公司宣称，"您应该知道两件事：如何烹饪以及去哪里购买食材"。它用较小的字体补充道："这本书将指导您如何做到第一点。而我们可以告诉您如何做到第二点。"明确的信息是，厨师也是消费者，"现金支付可享受特别折扣"。在一幅图片（图中是一只精致小巧、饰有蕾丝花边且手势得体的女性的手）下方，一句颇为含蓄的广告语——"我们的顾客就是我们最好的广告"——彰显了当时对上流社会的体面行为规范与阶级跃升的推崇。这暗示着，只有最优质的顾客才会购买最顶尖的商品，而能够购买如此高品质商品的人，往往属于某个特权消费群体。

　　只有两个广告商在《西印度及其他食谱》的两个版本中都出现：约翰逊及雷德曼商店和达科斯塔公司。1911 年达科斯塔公司在宣传"复兴新势力或苏格兰炉灶"的广告中强调了"烹饪经济性"。在当时的巴巴多斯，很少有人买得起家用炉灶。奥斯汀·克拉克将巴巴多斯穷人使用的简易炉灶和壁炉[25]与种植园家庭中空间更大、设备更好的厨房进行了比较，并提到岛上一些厨房的现代化是第二次世界大战后很久才出现的现象。[26]此外，宣扬经济性、提倡节俭可以说是一种中产阶级美德，而与非裔克里奥尔工人阶级以及印裔和非裔乡村农民"凑合"或"勉强度日"的饮食特征不甚相关。这一点在苏格兰炉灶广告后面详细的消耗品清单中表现得最为明显，其小标题为"舒适家庭必备"："烤家禽、煮兔肉、牡蛎、龙虾、沙丁鱼、鲱鱼、酸果、果冻、玉米淀粉、豌豆、菜豆、长豆角、甜玉米、胡萝卜、拉森比氏汤料、火腿、培根、烹饪用梅干、酱汁、烹饪用葡萄酒、胡椒和香料等。静止葡萄酒和起泡葡萄酒、顶级利口酒、弗莱可可、吉百利可可、范·豪森可可、朗克可可。"[27]接下来是一系列被描述为"每一滴都蕴含健康"的滋补品和营养补充剂："保维尔肉汁、布兰兹肉汁、浓缩牛肉汁、瓦伦丁肉汁、维布罗纳补酒、保维尔葡萄酒、圣拉斐尔开胃酒、牛肉汁铁酒。"

这份详细的清单为人们了解当时巴巴多斯富裕阶层的饮食习惯以及市面上可供他们选择的商品品牌，提供了一个宝贵的视角。总的来说，这份清单虽然谈不上奢华，但也琳琅满目，选择丰富。最耐人寻味的是其对英国殖民地品牌的推崇，这反映了人们普遍偏爱进口商品这一由来已久的现象——正如圭亚那裔英国作家格蕾丝·尼科尔斯（Nichols, 1997）所说："凡是外国的东西都比本地的好。"[28]这提醒我们，英帝国主要是一个商业经营实体，像吉百利、弗莱或保维尔这样的品牌在西印度群岛殖民地和在英国本土一样知名。克拉克同样注意到从国外购买食物所体现的重要社会地位[29]，并描述了他姑姑家里的进口物品[30]。他从更务实的角度指出，"来自加拿大的货物"很重要："在殖民时

211

期……我们吃的几乎所有食物都不得不从外地运来——英格兰、加拿大和澳大利亚。由于我们被殖民者视为低人一等的二等公民，我们的食物也被认为是次等的，甚至是劣质的。"[31]

在《西印度及其他食谱》的第二版中，烹饪文化和印刷文化（以及它们的消费者）之间的联系在《巴巴多斯鼓动报》的半页广告中得到了最明确的体现。该报创立于1895年，被誉为"岛上唯一有效的广告媒介"。达科斯塔公司（一家佣金代理和综合商行，轮船和保险代理商，以及船舶用具供应商）的整版广告显示，像巴巴多斯这样的加勒比岛屿在很大程度上仍然依赖进口外国食品；其他岛屿，例如格林纳达岛，情况则有所不同，因为它们不同的农业实践使得人们对本地生产的粮食作物（包括食用根茎）的文化接受度更高，因此自给自足的能力也更强。[32]达科斯塔公司在这一版的广告中宣称自己是"优质和精制糖蜜（糖浆）的运输商……欧洲、加拿大、美国和东印度食品、鱼类及农产品的进口商，（并且是）干货、服装、家具、五金器具和各类家居必需品、食品杂货、烟草、葡萄酒及烈酒、船用物资等的通用供应商"[33]。

显然，海外食品很受欢迎，它们通常被视为名贵或奢侈的商品，这种情况深受外籍白人种植园主及其餐桌文化的影响。在20世纪30年代初加勒比地区的经济形势之下，这种贸易显得尤为特殊。许多甘蔗种植园随着国际糖价下跌而倒闭，全球性的经济萧条严重打击了某些加勒比岛屿。事实上，在20世纪30年代中期，巴巴多斯岛、特立尼达岛和其他英国殖民地爆发了劳工骚乱，其背后原因错综复杂，包括贫困、饥饿、缺乏就业机会和合理的工资，以及殖民精英对农业土地的垄断。

在第二版中，另一则半页广告宣传"新西兰安可牌黄油"，

212　其目标购买群体显然不是巴巴多斯人，而是英国人；J. N. 戈达德父子公司承诺"为英国公众提供英国黄油"。名义上，所有巴巴多斯人都是英国人，是英国殖民地的公民，与宗主国文化有着密切联系；然而，这则广告体现的对身份的区分也可能表明，在巴巴多斯，至少有少数欧裔克里奥尔人仍然认为自己是英国人，而不是巴巴多斯人或西印度群岛人。此外，技术变革使得运输冷藏商品成为可能，这也可能巩固了精英阶层对殖民身份的认同，而不是西印度群岛或巴巴多斯身份，尤其是在第一次世界大战之后，而第一次世界大战本身就强化了"帝国一体"的概念。[34]

图 6-2　耶尔伍德夫人《西印度及其他食谱》中的"英国黄油"

体面文化

尽管从 21 世纪的角度来看，耶尔伍德夫人的文本显得颇为特立独行，但它反映并肯定了 20 世纪初巴巴多斯白人精英阶层所秉持的一系列明确的价值观。这些价值观对于维持他们的体面文化至关重要，同时也对渴望向上流动的新兴中产阶级极具吸引力。这些价值观包括经济和节约，与节俭和自我克制的特定道德观密切相关。奥布莱恩认为，在澳大利亚殖民背景下，某些烹饪书，如爱德华·阿博特（Edward Abbott）1864 年出版的《英国和澳大利亚烹饪书：大众及"上流社会"烹饪指南》，"声称……是为'大众'（而写的），但读起来主要像是在描述精英阶层或书名中所说的'上流社会'的生活方式"[35]。

这或许也是耶尔伍德夫人的立场。在序言中，耶尔伍德夫人展现了一定的包容性。实际上，她的文本确实收录了一些典型的西印度群岛菜肴食谱。这些食谱很可能是她通过在白人精英厨房工作的黑人厨师，以及收集其他口头流传的食谱获得的。然而，这本食谱最终主要还是维护了巴巴多斯"（白人）精英生活的方式"。奥布莱恩接着说道：

> 在殖民地澳大利亚，有些人渴望模仿贵族的生活方式，但大多数人缺乏相应的资源、闲暇时间或仆人。他们的目标是成为正在崛起的中产阶级，重视工作和个人努力带来的成功，并通过展现良好的礼仪和道德来确保自身的体面，维持一个真诚的公众形象。寻求烹饪指导的中产阶级家庭主妇需要的是实用手册，关注与她们日常生活相关的实际问题，同时也要考虑到在为家庭准备饭菜时所面临的各种限制。[36]

在澳大利亚，就像在 19 世纪晚期和 20 世纪早期的巴巴多斯，"当时盛行一种观念，认为节俭与道德是紧密相连的，浪费食物被认为是不道德的。殖民地家庭主妇会感受到一些社会压力，要求在为家人提供食物时表现出节俭，但食物成本占家庭预算的比例比现在要高，这使得让厨房变得更经济成了殖民地厨师的必修课"[37]。

耶尔伍德夫人的投稿人和订阅者很可能拥有较为优越的经济条件，但这本食谱也可能被视为一本励志读物来购买。在该食谱的第二版中，节俭的要求可能更为突出，因为第一次世界大战影响了加勒比地区的进口，而 20 世纪 30 年代初的全球经济大萧条也波及了加勒比地区。尽管如此，耶尔伍德夫人的目标读者在阶级和族裔方面，似乎与克拉克在《猪尾巴和面包果》中描述的那些"凑合"和重视节俭的非裔克里奥尔家庭截然不同。[38] 事实上，在他对 20 世纪 30 年代巴巴多斯的黑斯廷斯村的童年记忆中，这种区别非常明显：黑人保姆推着巨大的蓝色婴儿车，车里坐满了英国白人孩子……既有本地巴巴多斯白人后裔，也有我们所称的"外国人"的孩子。这些外国人来到岛上，掌控我们的生活——从学校、教堂，到文职部门、警察局以及银行等机构……在 20 世纪 30 年代末到 40 年代的巴巴多斯，这里是一个等级森严、纪律严明的社会，通过规训让你认清自己的位置。[39]

结 论

耶尔伍德夫人的烹饪书无疑是一份重要的早期文献。然而，在将其作为 20 世纪初巴巴多斯烹饪文化的历史文献来阅读时，我们需要注意一些事项。奥布莱恩指出，个别烹饪书并不一定能代表更广泛的殖民地人口在任何特定时间的饮食状况。[40] 她认为：

> 食谱往往充满抱负，并设定了理想化的菜肴。其中的内容可能是作者认为读者应该烹饪和食用的东西，以此达到某种目的，无论是为了让读者能够品尝美食、促进健康、实现社会阶层跃升，还是为了促进作者的自身利益。人们购买烹饪书可能是因为它能够根据读者意图指导他们烹饪，或者介绍他们想要吃的东西，而不是反映他们一直以来实际的烹饪方式和饮食习惯。然而，由于食物材料和烹饪产品的易逝性，烹饪书依然是人们了解过去饮食情况的关键信息来源，可以用来洞察编撰者本人、目标受众、当时的文化环境以及社会烹饪演变或其他方面。烹饪书可以影响人们选择在厨房里准备和在餐桌上供应的食物，随着时间的推移，这可能会塑造一种饮食文化。[41]

《西印度及其他食谱》是一份关键文献，它揭示了20世纪早期巴巴多斯"白人精英"——欧洲克里奥尔和殖民移民群体——的饮食方式、烹饪习俗以及消费习惯（无论是追求理想化的生活方式还是反映现实状况）。这本早期西印度烹饪书，在以口头传承为主的加勒比烹饪文化中实属罕见，它为我们了解当地白人精英如何通过一套复杂的文化和经济认同体系来构建自身身份提供了难得的视角。这种身份构建以殖民关系为基础，通过声明当地白人精英与英国及其文化的紧密联系，展现了他们对英国的依附和认同。通过解读其广告等副文本，我们还可以看到《西印度及其他食谱》不仅揭示了成熟的白人精英网络，还揭示了一个日益壮大的黑人和混血中产阶级。他们渴望通过消费某些物质商品来获得文化和烹饪资本，并以此作为其向上层社会流动的标志。这些"（烹饪书的）副文本元素提供了大量关于西印度群岛（烹饪）写作、阅读、印刷和出版的物质条件信息，这反过来又塑造了我们对 20 世纪早期（烹饪文化）的理解"[42]。最终，耶尔伍德夫人的食谱既是"文化使者"，也是一件"可以购买的商品"[43]，同时也表明了这一时期印刷文化与更广泛的"商业世界"[44]之间的密切联系。

"船装满了枪支"：K. E. 霍德森的
《西印度群岛战时食谱》（1942）

这本罕见的早期巴巴多斯烹饪书源于第二次世界大战期间西印度群岛殖民地厨师面临的特殊经济压力。该书得到了巴巴多斯食品部的支持，所有利润都捐赠给了战争基金。当代巴巴多斯烹饪作家罗斯玛丽·帕金森（Rosemary Parkinson）在她的"烹饪冒险"《巴巴多斯邦邦》（Parkinson, 2015）中重现了 K. E. 霍德森（K. E. Hodson）的一些食谱，而且，有趣的是，还附上了一段传记注释。她在提到科里·斯科特（Corrie Scott）借给她的那本《西印度群岛战时食谱》时说，斯科特郑重地告诫她："一定要保管好，要是丢了我妈会杀了我的！""这是我祖母写的，据我所知，她是第一位获准在布里奇顿那家著名的男士俱乐部用餐的女性！"[45]与帕金森（以及在她之前的耶尔伍德夫人）一样，霍德森也是克里奥尔白人，但她收集的食谱来源更加广泛。

在食谱的前言中，霍德森强调了节俭和本地食材的重要性："我编写这本食谱的目的是帮助当前情况下的家庭主妇，因为现在我们并不总是能够获得我们习惯使用的食材，所以我没有加入任何用料奢侈的菜谱。"她着重强调了本地特色,写道:"(这些食谱)尽可能只使用本地产品……我希望它对不熟悉西印度群岛食物的来访游客有所帮助。"

《西印度群岛战时食谱》以一首对圣诞儿歌《我看见三艘船》的诙谐改编作为开篇。在这个版本里,"船上……装满了枪支 / 为我们带来胜利"[46]。由于食品供应不稳定,叙述者自豪地宣称,他们正在食用本地产的食物,以助力抗敌。语气诙谐,但信息却极其严肃。这一特点贯穿全书,体现在各个章节开头的一系列精辟格言中。不出所料,在一个物资匮乏的时代,这些格言大多强调节俭和节约:"知足常乐"("调味品"一章);"吃饭是为了活着,活着不是为了吃饭"("家禽"一章);"播种,种植,节省运输空间"("蔬菜"一章);"记住那些冒着生命危险给你带来食物的人,不要浪费任何食物"("蛋糕"一章)。

与耶尔伍德夫人的《西印度及其他食谱》(Yearwood,1911,1932)一样,霍德森对章节标题的使用仍然深受欧洲影响。与耶尔伍德夫人的文本类似,部分食谱注明了来源(卡明斯太太、菲利普斯夫人、毕晓普太太),而其他则未标明。《西印度群岛战时食谱》和耶尔伍德夫人的第二版《西印度及其他食谱》由同一家出版商(鼓动报有限公司)出版,同样包含大量的广告作为副文本内容。不过,霍德森的文本的独特之处在于其融入了精心整合的广告,例如在"调味品"一章中插入了厨具设备供应商C. S. 皮彻的广告。这则广告中"为胜利而挖掘,再为胜利而烹饪"的口号直接呼应了英国战时标语"为胜利而挖掘"("Dig for Victory","挖掘"指挖土种菜,从而实现战时食物自给——译者注),体现了战时话语的跨国影响力。在霍德森1942年的文本中,广告副文本数量也明显更多。这些广告包括烹饪相关企业,例如:布罗德街哈里森油炉店、加里

216

森电炉、凯夫谢泼德百货公司、电冰箱和真空油商、罗巴克街 T. 赫伯特厨具店、加迪尔奥斯汀进出口公司（出口糖、糖浆等"西印度产品"）、纯正牌面包店、科洛纳德朗姆酒商和"面向品位男士"的科卡德优质朗姆酒商、帕尔梅托街马丁·多利公司朗姆酒（"无须多言，品尝便知"）、阿卡迪亚烘焙粉店（来自加拿大）、达科斯塔公司、戈达德餐厅、柯林斯药店和布鲁斯·韦瑟黑德牌香精。值得注意的是，在这本食谱的广告附录中，针对富裕阶层的休闲和旅游产业广告尤为发达且突出。这类广告包括：巴巴多斯水上俱乐部、帝国影院或奥林匹克剧院（放映美国和英国电影，包括百代新闻片）、经过改造且更具规模的曼哈顿俱乐部和摩根俱乐部，以及海洋酒店和英属西印度航空公司（提供飞往特立尼达岛的度假航班）。

在那些广告插图中，例如戈达德餐厅的插图中，顾客群体被描绘成清一色的白人。其他广告中，例如里普利菜肴（猪肉、小牛肉和德式酸菜）的整页广告，则刻板地展示了戴着厨师帽的黑人厨师形象。最有趣的或许是广告中呈现的富裕精英游客或克里奥尔白人消费者形象与食谱封面图像之间的明显反差。封面上是一幅极为简约的黑白图画，描绘了一位穿着围兜、长裙并戴着头巾的黑人女性厨师。她正将瓶中的酱汁倒入一把悬在炖锅上方的勺子，炖锅下面是一个典型的铸铁炉子。这幅画基本上复刻了"杰迈玛阿姨"（Aunt Jemima）的形象，但可能以一种更具吸引力的民俗艺术风格进行了重塑。

《巴巴多斯烹饪书》（1964）

217

这本烹饪书是为了支持儿童保育委员会而编纂的，并由布里奇顿的加里森街区的莱奇沃思出版有限公司出版。政府部门的碧翠斯·斯洛（Beatrice Slow）女士在前言中明确将该书和霍德森的《西印度群岛战时食谱》（Hodson，1942）联系起来，将其视为一次更新，收录了新编的食谱：

> 我们巴巴多斯的很多人仍在使用《西印度群岛战时食谱》，这本书收录了著名家庭主妇和厨师的食谱。虽然这个版本已经绝版，但是，酒店和游客希望看到有烹饪书收录使用本地食材制作的经典西印度菜肴食谱，这种需求日益增长。我们希望这本全新改版的烹饪书在酒店和家庭中都能派上用场。

即使是页面的排版，也体现了传统和现代的并置：半页扁豆汤食谱的旁边一页，是一则"特大瓶可口可乐"的广告；这款饮料虽然是本地灌装，但仍然是进口商品。与这一时期的其他广告文本类似，它描绘了一对白人夫妇享用超大杯软饮料的场景。然而，食谱正文凸显本土和非裔加勒比特色，包括多种飞鱼的烹饪方法（例如清蒸和腌制），还有一个特别引人入胜的《老巴巴多斯食谱》专栏，收录了烤羊羔、法式酿蟹、炸鱼饼、辣酱，以及一道名为"回锅"的菜肴——用咸鱼、英式土豆、洋葱、腌牛肉，以及牛奶和鸡蛋混合烤制而成。食谱还包含了饮品和布丁部分，其中有几款令人回味的朗姆酒饮品，例如"山羊毛"和"猪哨子"，以及一款以啤酒和白兰地为基酒的"特瓦迪德尔"饮品。

巴巴多斯家政中心和丽塔·斯普林格的《加勒比食谱》（1968）

该书几位受访者年轻时曾就读于布里奇顿的家政中心，学习包括家政在内的各种实用技能。1954 年至 1956 年在那里学习的人或许遇到过丽塔·斯普林格（Rita Springer），她当时是那里的客座讲师兼家政夜校的督导，如今已是岛上最著名的美食作家之一。移居英国四年后，她出版了《加勒比食谱》（Springer，1968），这部经典著作至今仍定期修订再版。在序言中，斯普林格提到加勒比烹饪的口传心授和依赖感官经验的特点：

218

　　　　许多热门菜肴的配料用量从未被记录下来，而是通过口头方式代代相传。因此，即使是同一道菜，在不同地区的做法和口味也可能大相径庭。此外，许多经验丰富且技艺精湛的厨师仅仅依靠经验和感觉来判断菜肴所需的配料，这常常让年轻的家庭主妇，或任何在加勒比地区学习烹饪并希望达到一定水平的人感到困惑。[47]

　　虽然斯普林格没有明确说明烹饪水平由谁评判，但从书中提到的方法，即更注重精确而非即兴发挥，更倾向于书面量化而非口传经验，可以看出家政中心的影响。

　　斯普林格的食谱最初以小册子形式出版，名为《来自岛屿的食谱》，是为巴巴多斯政府山街区的罗伯茨制造有限公司编写的。在序言中，巴巴多斯家政中心的组织者艾薇·A. 阿莱恩（Ivy A. Alleyne）写道："一直以来，人们都为缺少一本指导巴巴多斯饮食及其烹饪方法的图书而感到遗憾。为了弥补这一缺憾，一位能力非凡、办事高效的人士编写了这本小册子。"这本食谱涵盖了多个章节：汤类、鱼类（包括各种飞鱼、贝类和咸鱼）、蔬菜类、咸肉类、各种淀粉类蔬菜、红薯和山药菜肴、十二种库库、大蕉、奶酪和蛋类菜肴、血肠腌肉、开胃菜和调味料、蛋糕、面包和其他，以及水果蛋糕或圣诞蛋糕。

然而，这本小册子的商业性质十分明显。开篇就用整整一页刊登了赞助商的广告——"格罗斯布瑞德和梅洛克林姆人造黄油以及威尔沃－克里斯烘焙起酥油"。与本世纪早期耶尔伍德夫人食谱中的一些广告类似，这则广告强调品质和经济性，但进一步暗示我们需要谨慎地平衡烹饪传统与当代口味之间的张力。"我们追求品质"，这是我们身边成长起来的新一代人的心声。但经验丰富、深谙持家之道的家庭主妇会补充说，"但我们也必须考虑经济实惠"。所以，精明的家庭主妇会选择品质优良且价格实惠的产品，"而格罗斯布瑞德人造黄油正是这样的产品"。

尽管斯普林格于1964年移居英国，但她的《加勒比食谱》（Springer，1968）的目标读者显然仍以加勒比地区为主。事实上，在序言中，她探讨了加勒比饮食文化的历史与多元化发展，并对本地农产品的作用、守护烹饪传统（"我们祖母最珍爱的食谱"）的重要性，以及如何满足该地区旅游市场的需求提出了重要的见解。源于奴隶和农民的"一锅煮"被重新诠释为一种节省"时间、精力和能源"[48]的烹饪方式，而复兴加勒比传统食谱的"当前趋势"则被解释为"来访游客对加勒比美食日益增长的需求"以及"酒店经营者积极探索各种方式来展现本地农产品"的结果。[49]最引人注目的或许是斯普林格对世界主义和泛加勒比烹饪视角的强调。她认为，不同食材和烹饪方法的交流、借鉴与融合，是该地区复杂种族融合历史的宝贵遗产。这一点也体现在书的各个章节中。在一些常见于欧洲烹饪写作传统的章节之后，斯普林格还加入了以下几个部分："加勒比传统菜肴"（涵盖不同地区）、"源自亚洲的异域风味"（中国和印度）、"欧洲美食分享"、"北美食谱"、"非洲食物溯源"。此外还有"从英国到加勒比"一节，主要记录了在加勒比地区传承下来的英式烹饪传统而非英国的加勒比食物，以及"圣诞节流行饮食"一章。有趣的是，斯普林格还提到了农村和城市地区烹饪方法的差异，以及廉价的当地食材对农村地区传统菜肴的影响。[50]

丽塔·斯普林格的《加勒比食谱：一生的食谱》（2007）

在这本修订版的烹饪书（它在整个英语加勒比地区广为人知）中，斯普林格保留了 1968 年原版中的许多章节，包括"加勒比传统菜肴"一节，以及关于"欧洲传统"和"亚洲传统"食谱的一节，但删除了"北美食谱"和英国食谱的相关内容，并将"非洲食物溯源"一节的内容并入了"传统菜肴"一节的引言中。值得注意的是，《加勒比食谱：一生的食谱》不仅是一本食谱，也是斯普林格一生的回顾，因此书中还包含了有关她早期作品的信息，这为读者了解 20 世纪巴巴多斯烹饪写作文化的发展提供了有益的（尽管是有选择性的）参考。

巴巴多斯国家营养中心（1972—2001）

1969 年，巴巴多斯政府进行了一项全国调查，包括食品和营养调查，结果显示国民饮食存在一系列健康问题。随后，为了通过教育、培训和推广工作来解决这些问题，政府成立了国家营养中心。任职于此的应用营养学专家 M. B. 阿莱恩（M. B. Alleyne）女士指出，调查显示，"代代相传的民间习俗和老人的经验在儿童和妇女的饮食中起着重要作用"。例如，在圣露西区，母亲们不会给婴儿或幼儿喂食木瓜，因为她们认为这会影响血压，也不

220

会给他们喂食鸡蛋，因为她们认为这会使他们过早发育，（然而）这两种食物几乎在所有受访居民的后院都能轻易找到。[51]

她还指出，优先满足男性饮食需求的社会习俗"往往以牺牲儿童和母亲／家庭主妇的营养为代价"[52]。这种偏见甚至渗透到了卡利普索等流行文化形式中。例如，"一首名为《喜欢库库》的卡利普索歌曲生动地描绘了某些男性的社会态度：'喜欢库库，再给我一份吧，这些孩子又不干活。'换句话说，在分配食物时，尤其是在分配蛋白质食物——肉、鱼和蛋的时候，人们认为养家糊口的人才是'王者'"[53]。

本书的一位受访者，同时也是国家营养中心的核心员工，回忆说，该中心的工作人员致力于开发主要使用当地食材的食谱，并通过遍布全岛的"综合诊所"示范食物制作和健康饮食的方法。格洛丽亚·古丁夫人于1974年来到该中心担任农业助理，并一直工作到1989年，之后成为一名志愿者。古丁回忆说，她的工作"涉及服务全岛的社区团体……包括农民、家庭主妇组成的成人团体，有时甚至是整个家庭"，以及"为营养不良的婴幼儿提供后续护理"。[54]在她看来，营养中心的活动"起到了激励作用……推动了后院种植的发展"[55]，这是一种一度衰落的传统做法。

回归本土：卡梅塔·弗雷泽在《鼓动报》和《一起用巴巴多斯方式烹饪》（1981）中的倡导

卡梅塔·弗雷泽是20世纪七八十年代特别是80年代相关倡议的核心人物，也可能是巴巴多斯最著名的烹饪作家、食品倡导者和教育家。她的座右铭是"食物至上""吃我们种的，种我们吃的！"她呼吁巴巴多斯人种植更多食物，烹饪和食用更多当地生产的食物（她认为这些食物比进口食物质量更高）。她的这种呼吁至今仍为许多巴巴多斯人所熟知。弗雷泽在 20 世纪 70 年代曾担任巴巴多斯农业发展委员会的食品推广官员，并持续担任巴巴多斯销售委员会（现更名为巴巴多斯农业发展与销售委员会）的食品推广专家，直至 20 世纪 90 年代。20 世纪 70 年代和 80 年代，她还是《鼓动报》新闻栏目的定期美食专栏作家，通过这种方式获得了更加广泛的大众读者。《一起用巴巴多斯方式烹饪》（Frazier，1981）由巴巴多斯渔业和农业组织出版，以纪念第一个世界粮食日。联合国粮食及农业组织代表乔瓦尼·特德斯科（Giovanni Tedesco）在该书的前言中写道："这本当地食谱集无疑将增进人们对使用巴巴多斯本地食材的兴趣。希望它能很快进入岛上众多家庭的厨房。"

《一起用巴巴多斯方式烹饪》收录了巴巴多斯经典美食食谱，如库库、黑布丁、莫比饮料和至少两种辣椒锅，显然旨在影响家庭烹饪文化，是提高岛屿自给自足能力这一更大型计划的一部分。在食物短缺频发且营养不良有据可查的背景下，该书致力于推广当地食品和饮食方式，强调其健康、易得和经济的特点，但最重要的是，它试图将当地食品重新定位为优质食品而不是劣质食品。

在 1974 年圣诞前夕的《鼓动报》新闻栏目上，弗雷泽建议用当地食物（而不是主要依赖进口食物）来庆祝圣诞节，包括加克加克[56]、胡萝卜红薯泥、高粱粥、豌豆泥、烤火腿、烤猪肉以及仿苹果酱、酸模汁和姜汁啤酒等饮品。同年早些时候，安·布莱特（Ann Bright）在同一报纸上发表了题为《最好的面包果》的文章，提出应从文化认同的角度回归本地和传统食物。她意识到许多这样的食材和菜肴已不再受欢迎，并在文章中写道："无论是巴巴多斯人还是游客，许多人完全不知道如何充分利用我们丰富的本地食材。"[57]

　　当年 5 月，《鼓动报》新闻栏目刊登了一篇题为《我们必须使用本地食材》[58] 的文章，其信息传达得再明确不过了。在全岛超市食品短缺的背景下，一位匿名作者总结道："我们必须学会利用现有的食材——要么喜欢，要么挨饿。令人惊讶的是，竟然有这么多人连'炸面包'是什么都不知道，也没尝过木薯配腌肉的味道。那种认为所有本地食物都很低级的想法真是大错特错。只要烹饪得当，我们的本地菜肴完全可以媲美世界各地的美食。"[59]

佩吉·斯沃德尔和吉尔·汉密尔顿的《巴巴多斯食谱》（1983）

　　佩吉·斯沃德尔（Peggy Sworder）和吉尔·汉密尔顿（Jill Hamilton）的《巴巴多斯食谱》最初是为了资助巴巴多斯军人公墓协会而出版的，但如今它似乎占据了一个围绕文化遗产的小众旅游市场，部分原因在于吉尔·汉密尔顿那些著名的插图，它们描绘了巴巴多斯传统的木屋和充满"当地风情的"岛屿日常生活景象。该书序言有意识地追溯了更为悠久的烹饪传统，承认了 17 世纪种植园主阶级（有趣的是，他们被重新诠释为"巴巴多斯人"）的奢华饮食，并提到了"早期传统食谱"，例如利根在《巴巴多斯岛真实而准确的历史》（Ligon，1657）中记载的木薯糕的做法。人们将它视为一本"螺旋式发展的食谱。美食史学家认为，这类食谱是人们饮食习惯的风向标，尤其是当这本书因受欢迎而多次再版时，因为烹饪者会投稿分享自家最喜爱的菜谱

222

（这么做不断丰富、更新着这本食谱的内容——译者注）"[60]。这本食谱收录了一些非加勒比菜谱，其中"许多菜肴有明显的英国血统"，但"改良无处不在，（人们）乐于在原始配方中加入（本地）调味品和食材"，例如在"比姆郡卷心菜煎土豆"[比姆郡（Bimshire）是巴巴多斯的别称——译者注]中用山药代替土豆。从这个角度来看，"许多烹饪方法和奥斯汀·克拉克在《猪尾巴和面包果》中的叙述惊人地一致"。

"只为男性"：埃罗尔·巴罗和肯德尔·A. 李的《特权：加勒比烹饪》（1988）

这本颇具代表性的巴巴多斯烹饪书——尤其当它被作为励志图书或生活方式出版物来解读时（尽管它也被认为是一本实用烹饪书）——实际上是由两位男士合著的：埃罗尔·巴罗（Errol Barrow，曾于1967年至1971年，以及1986年至1987年去世前，担任巴巴多斯总理）和他的华裔特立尼达朋友兼厨师肯德尔·A. 李（Kendal A. Lee）。巴罗和李把他们的书命名为《特权：加勒比烹饪》，灵感来自"一道在乡村地区常见的经典一锅煮菜肴"，它也叫"特权"（privilege）。[61] 他们解释说，之所以选择这个名字，也是因为这道菜"不同寻常……制作简单……且独具特色"。这本书的完整的副标题"只为男性（和对此感兴趣的女性）的加勒比烹饪"诙谐地提醒我们，加勒比地区的厨师并非只有女性。事实上，户外烹饪通常由男性进行。在牙买加等特定地区，某些烹饪方法，例如烧烤，主要都是由男性来操作的，常见于路边摊位的商业经营，或是在家庭和社区中进行。关于书的副标题，李评论道：

这绝不是试图展示"男性解放"或厨房权利，而是希望这本书能引起女性的建设性评论，并吸引她们。本书旨在吸引越来越多像埃罗尔·巴罗和我自己这样的男性，他们有全职工作或专业，出于纯粹的乐趣而热爱烹饪……这应该有助于他们分享家庭生活……并提高他们的生活质量。[62]

巴罗在序言中解释说，先有烹饪实践，后有图书出版，他和李在撰写该书时遵循了某些"明确的指导方针"：

首先，这些食谱必须是普通男性可以驾驭的……其次，我们无意复制北美、欧洲或其他地区标准烹饪书中的食谱。（相反，）我们的食谱无论内容还是风味都必须体现浓郁的加勒比特色……最后，虽然我们的食谱不能说是全新或原创的，但它们必须是……我们自身经验的结晶。[63]

这本书融合了回忆录、厨师人物素描、有影响力的烹饪技巧介绍、彩色照片和食谱。因此，关于不同食材（鱼、培根）和烹饪方法（蒸煎）的章节穿插着各种实用性内容，例如如何生火，以及厨房评论、厨房感官体验、厨房压力和厨房计划等。就这一点而言，口头交流和"厨房漫谈"的某些功能在这本书中得以保留，尽管其形式（由于印刷品的缘故而）更加固定和受限。本书第七章将探讨这一现象，考察最近一位加勒比的明星厨师李维·鲁茨在英国流散背景下的作品。这本书在加勒比烹饪书中极具特色。与贝尼特斯-罗霍呼吁人们和"加勒比感官"建立联系的观点相一致——就像丽塔·斯普林格在他们之前所做的一样——巴罗和李强调食物和烹饪的物质性、情感力量和感官体验，建议他们的读者"享受并'感受'美食的味道，以及烹饪的过程"——"感性烹饪"（La Cuisine Sensuelle）。[64]

"食物是我们的文化和传承"：
劳雷尔·安·莫利的《加勒比食谱：新与旧》（2005）

这是一部生动活泼、插图精美的作品，作者是一位巴巴多斯白人，致力于将当代巴巴多斯人和其烹饪传统重新联系起来。劳雷尔·安·莫利（Laurel Ann Morley）在序言中写道，她深信"食物是构成我们文化和传承的一部分，作为西印度群岛人，我们永远不应该忘记这一点"。她告诫道："永远不要过度沉迷于国际美食和快餐，以免损害我们的传统和遗产。"[65] 考虑到肯德基等国际快餐连锁企业和加勒比本土快餐品牌奇芙特的不断扩张，莫利的警告显得极具远见卓识。"英国食物在美国"网站认为，这本食谱"乍看之下像是一本咖啡桌摆设书，全彩美食图片占满整个页面，有着彩虹色的页边框以及（莫利）父亲绘制的精美原版水彩画，（但实际上）它是一本严谨的烹饪书，收录了既有趣又易于操作的食谱"。莫利在书中融入了一系列不同类型的文本和副文本，包括一篇介绍加勒比美食的"闲聊式序言"、一篇追忆父亲的颂词、介绍一锅菜和巴巴多斯家庭厨师常用锅具（铸铁锅、平底锅和长柄煎锅）的章节，以及以巴巴多斯灯塔为插图的烹饪术语表。文本的兼容并蓄正是该书的部分魅力所在，与其轻松随意的风格和直白的表达方式相得益彰。"英国食物在美国"网站写道，《加勒比食谱：新与旧》传达了"强烈的地域意识"，通过这本书和其他类似著作，一种"独特的（巴巴多斯）菜系正逐渐成形"。

罗斯玛丽·帕金森的《巴巴多斯邦邦》（2015）

罗斯玛丽·帕金森（Rosemary Parkinson）的书在许多方面都体现了饮食实践和故事讲述之间的密切联系，而这正是本研究的核心。继她的泛加勒比美食著作《美食之旅：发现加勒比》（Parkinson，1999）和广受欢迎的《牙买加美食》（Parkinson，2008）获得成功之后，这位出生于委内瑞拉的作家出版了《巴巴多斯邦邦》一书，以赞美她所定居岛屿的美食和人民。标题中的"邦邦"一词本身就极具巴巴多斯特色。奥斯汀·克拉克解释，"'邦邦'一词在巴巴多斯社会各阶层中都很常用：邦邦是粘在锅底的那一层食物。它呈凝结状，是食物'调料'和其他成分的融合：油、沉淀在锅底的肉末以及一切精华。如今，邦邦因其美味或芬芳而广受欢迎。人们常常将其留下来招待贵宾或亲朋好友"[66]。

《巴巴多斯邦邦》是一部文集，汇集了口述历史、街谈巷议、民间传说、迷信、巴巴多斯流行文化、体育运动和季节性传统等内容。其核心来自厨师、餐馆老板、其他小商户以及普通巴巴多斯人和他们亲朋好友的美食故事与食谱。这部厚重的两卷本著作配有大量醒目的彩色照片，其结构看似轻松随意（有时让人联想起20世纪六七年代常见的合订本杂志），然而，它并非一本专为游客设计的咖啡桌摆设书，其独特的结构具有重要的功能，使其能够包容不同的声音、性别、阶级和种族，并以平等的方式呈现出来。帕金森秉持公允的态度，认为所有人都值得被平等对待，因为他们都是巴巴多斯人。《巴巴多斯邦邦》的另一个重要意义在于其收录了巴巴多斯方言文本，例如谚语和较长的第一人称口述叙事，保留了说话者独特的语言风格。这本书不仅特意为这些实践提供了空间，而且还记录了主要通过口头传播因而较为脆弱的传统。杰夫·科布汉姆（Jeff Cobham）对其四位未婚姑姑的烹饪技艺所作的精彩颂词就是一个绝佳的例子。[67] 帕金森还收录了博客对话，例如"巴巴多斯地下"网站（2012 年 7 月）上的讨论，"男性网友使用化名畅所欲言，谈论……过去的食物和食谱"[68]。利用这些新技术来促进食谱分享和对传统饮食文化的探讨并非巴巴多斯独有的现象，但这确实展现了一个有趣的趋势：传统上发生在共同的厨房空间和其他饮食制作或消费场所的共餐社交和"厨房漫谈"模式正在被更新和延续。

正如本书前一章所示，食谱书在当代巴巴多斯仍然被一些人使用，而且不仅仅是作为面向游客的文本形式。它们将如何塑造和记录未来的烹饪传统，还有待观察。下一章将转向牙买加裔英国明星厨师李维·鲁茨的烹饪书，探讨加勒比"民族倡导者"对于在西印度群岛流散社群中推广加勒比美食所起的作用。

注　释

1. 贝西·耶尔伍德（1849—1915）是格雷厄姆·耶尔伍德的夫人。格雷厄姆和他的兄弟在 1914 年都是巴巴多斯议会议员，当时他们住在圣迈克尔区的友谊庄园。贝西·耶尔伍德的家族来自巴巴多斯的圣乔治区，但她的祖父贾斯珀·M. 曼宁（Jasper M. Manning）出生于英格兰，她的父亲查尔斯·贾斯珀·曼宁（Charles Jasper Manning）曾在 19 世纪 60 年代就读于牛津大学。

2. Austin Clarke, *Pig Tails n' Breadfruit* (Kingston, Jamaica: Ian Randle, 1999), 5.

3. Clarke, *Pig Tails*, 1.

4. Clarke, *Pig Tails*, 1.

5. 这本出版物最初是为了给 1876 年成立的一家孤儿院筹款而发行的，

226

该孤儿院旨在帮助"贫困儿童",其土地来自捐赠。作为巴巴多斯岛早期的一项社会福利项目,它不仅意义重大,也标志着岛上妇女组织活动的早期发展。[参见:Jill Hamilton, *Women of Barbados: Amerindian Era to Mid-Twentieth Century* (Barbados: Self-published, 1981), 44.]

6. 《鼓动报》也创办于这一年,是巴巴多斯历史上发行时间最长的报纸。

7. 在此之前,牙买加出版了卡罗琳·沙利文编写的《牙买加烹饪书》(Kingston, Jamaica: Aston W. Gardner & Co., 1893)。该书于1897年在金斯敦再版,并于1908年在伦敦再版。沙利文曾是一位富裕家庭女主人的厨师。

8. 'Mrs Graham Yearwood Cookbook', Barbados Museum website, http://www.barbmuse.org.bb/web/?portfolio=mrs-graham-yearwood-cook-book.

9. Barbados Museum website, n.p.

10. Claire Irving, 'Printing the West Indies: Literary Magazines and the Anglophone Caribbean, 1920s–1950s', unpublished PhD thesis, University of Newcastle, 2015, 178.

11. Irving, 'Printing', 204.

12. Irving, 'Printing', 203.

13. Yearwood, Preface, n.p.

14. Yearwood, 1932, 7.

15. Yearwood, 1932, 24.

16. Yearwood, 1932, 24.

17. 这或许也反映了当时巴巴多斯印裔加勒比族群规模相对较小的情况。

18. Charmaine O'Brien, *The Colonial Kitchen: Australia 1788–1901* (Lanham, MD: Rowman & Littlefield, 2016), 144.

19. Clarke, *Pig Tails*, 19-20.

20. 我感谢罗斯·福尔曼(Ross Forman)博士的这一发现。

21. Yearwood, *West Indian Recipes*, 1932, n.p.

22. O'Brien, *Colonial Kitchen*, 142.

23. O'Brien, *Colonial Kitchen*, 142.

24. O'Brien, *Colonial Kitchen*, 142.

25. Clarke, *Pig Tails*, 16-19.

26. Clarke, *Pig Tails*, 21.

27. 前三个品牌仍在运行。荷兰的范·豪森创立于 1828 年，而朗克则起源于美国，其历史可追溯至 20 世纪初。

28. Grace Nichols, 'Icons' in *Sunris* (London: Virago, 1997), 24.

29. Clarke, *Pig Tails*, 37.

30. Clarke, *Pig Tails*, 15.

31. Clarke, *Pig Tails*, 62.

227   32. David Omowale Franklyn, 'Grenada, Naipaul, and Ground Provision', *Small Axe* 11, no. 1 (2007): 67-75.

33. Yearwood, 1932, n.p.

34. 我感谢罗斯·福尔曼博士为这一结论提供的启发。

35. O'Brien, *Colonial Kitchen*, 138.

36. O'Brien, *Colonial Kitchen*, 138.

37. O'Brien, *Colonial Kitchen*, 138-139.

38. Clarke, *Pig Tails*, 24.

39. Clarke, *Pig Tails*, 7.

40. O'Brien, *Colonial Kitchen*, 136.

41. O'Brien, *Colonial Kitchen*, 136-137.

42. Irving, 'Printing', 203.

43. Irving, 'Printing', 178.

44. Irving, 'Printing', 204.

45. Rosemary Parkinson, *Barbados B'un B'un* (Barbados: self-published, 2015), 26.

46. K. E. Hodson's *War Time Recipes for Use in the West Indies* (1942), n.p.

47. Rita Springer, *Caribbean Cookbook* (London: Evans Brothers, [1968] 1979), 8.

48. Springer, *Caribbean Cookbook*, 8.

49. Springer, *Caribbean Cookbook*, 8.

50. Springer, *Caribbean Cookbook*, 162.

51. Elaine Yarde and the National Nutrition Centre, *Memories of the National Nutrition Centre, Ministry of Health, Barbados, 1972–2001* (Barbados: National Nutrition Centre, Ministry of Health, 2006), 59.

52. Yarde and National Nutrition Centre, *Memories*, 59.

53. Yarde and National Nutrition Centre, *Memories*, 59.

54. Yarde and National Nutrition Centre, *Memories*, 43.

55. Yarde and National Nutrition Centre, *Memories*, 43.

56. 加克加克（Jug Jug）是一道巴巴多斯传统菜肴，尤其与圣诞节联系密切。它由鸽豆、洋葱、高粱、咸肉，以及猪肉或鸡肉烹制而成。这道菜的起源可能与17世纪苏格兰移民带到巴巴多斯的哈吉斯有关。更多关于这道菜的讨论，请参见本书第五章。

57. *Advocate-News*, February 20, 1974, 8.

58. *Advocate-News*, May 23, 8.

59. *Advocate-News*, May 23, 8.

60. British Food in America website, https://www.britishfoodinamerica.com/.

61. Errol Barrow and Kendal A. Lee, *Privilege: Caribbean Cooking* (New York: Macmillan Education, 1988), 81.

62. Lee in Barrow and Lee, *Privilege*, xiv.

63. Barrow and Lee, *Privilege*, xi-xii.

64. Barrow and Lee, *Privilege*, xvi.

65. Laurel Ann Morley, *Caribbean Recipes 'Old & New'* (self-published), 2005, v.

66. Clarke, *Pig Tails*, 17.

67. Parkinson, *B'un B'un*, vol. 1, 28.

68. Parkinson, *B'un B'un*, vol. 1, 29.

第七章

"为你的食物注入音乐"

——加勒比食物与流散社群

旅行中的食物

西印度群岛的人口迁徙由来已久，从哥伦布时代之前在该区域游走的美洲原住民，到19世纪末20世纪初前往巴拿马参与运河建设的西印度群岛人，再到整个20世纪、21世纪持续不断地移居英国、美国和加拿大的移民，迁徙活动从未间断。他们无论最终定居何处，都保留着自身的饮食偏好和习惯。然而，由于多种因素，加勒比食物的传播效果可能不如其他一些菜系。克里昂食品公司（英国最大的牙买加馅饼生产商）创始人韦德·林恩（Wade Lyn）在为里亚兹·菲利普斯（Riaz Phillips）的口述历史力作《饱腹》（Phillips，2017）撰写前言时，回顾了加勒比食物在英国的发展历程："牙买加独立已经五十多年了，英国的加勒比社群比以往任何时候都更加庞大，因此，加勒比食物发展为何如此缓慢始终是一个谜，尤其是，在英国我们已经欣然接受了泰国菜、印度菜、墨西哥菜、意大利菜、中国菜和日本料理……并将它们视为心头好（更重要的是，我们的胃也已经适应了它们）。"[1] 他接着说道："看到伦敦的烧烤野炊和无与伦比的诺丁山狂欢节这样的活动总是令人欣喜，但从历史上看，要在我们大多数主要城市找到一家加勒比餐厅都很困难，更不用说小城镇了。"[2] 林恩同时指出，牙买加食物在英国的加勒比食品店中占据主导地位——这也是本章将要探讨的一个方面。然而，与里亚兹[3]不同，他并未深入思考这种在流散社群中占据主导地位，且可能导致加勒比食物同质化的叙事，会对加勒比食物的多样性造成哪些潜在的负面影响。林恩进一步探究了这种"缓慢接受"背后可能的原因，并提出了这样的疑问："是因为缺少餐厅吗？是因为加勒比社区自我推销的能力不足吗？也许两者兼而有之。"[4] 部分问题可能源于早期食材匮乏，以及英国公众对一些加勒比特色菜肴中特定食材的陌生感。例如，红腰豆米饭（rice and peas）中的"peas"并非英语语境中的豌豆（peas），而是相当于英语中的"beans"；而加勒比的咖喱山羊肉在英国通常会用其他羊肉代替，因为山羊肉不易获得。林恩认为，英国人可能对食用山羊肉心存芥蒂。尽管如此，韦德在 2017 年注意到，加勒比食品的商业成功和知名度发生了显著变化。这得益于奥运选手尤塞恩·博尔特在国际田径比赛中的成功，以及像李维·鲁茨这样的明星厨师的出现，林恩认为后者"对英国人的心理产生了重大影响"[5]。

230

2012 年，在英国图书馆"在线口述食物历史"项目中，圭亚那裔英国烹饪作家兼餐厅老板罗莎蒙德·格兰特（Rosamund Grant）评论道：

　　我认为欧洲人倾向于以一种刻板的方式看待加勒比食物，他们会说加勒比食物就是阿奇果烩咸鱼、红腰豆米饭，或者咖喱山羊肉……他们对加勒比食物抱有成见。或许有些人会对我说，"哦，我喜欢吃辛辣的食物"，但他们其实指的是辣椒。又或者他们说不喜欢吃辣，我就会解释说："你可以加香料，不加辣椒，这两者是不同的。"我希望人们能够清楚地认识到他们看待这个问题的方式，因为他们已经形成了一种刻板印象，认为"所有加勒比食物都很辣"，而且……"加勒比食物就是阿奇果烩咸鱼"。所以，我努力尝试拓宽人们的思维方式。因此，当我为欧洲人或想尝试加勒比食物的人烹饪时，多年来我经常听到这样的话……"不要放太多辣椒"或者"我们能吃加勒比炖菜吗？"我会说，好吧，嗯，什么是加勒比炖菜？加勒比炖菜并不是一个通用的概念，它可以有很多不同的做法。这对我来说很重要，因为我讨厌刻板印象，讨厌被归类，讨厌被限制，也讨厌被欧洲人的眼光评判……我拥有对自我的清晰认知，这对我至关重要。你知道，作为一个黑人女性，我希望在这个领域留下自己的印记，因为这是我所热爱的领域，我只是觉得，现在是发出我声音的时候了。所以我要定义我是谁，也因此定义我烹饪的食物，这并不是说我固步自封，而是我觉得我们一直在被贴上标签，被禁锢了，嘿，各位，要知道我们就在这里，真实的我们，这才是关键。所以当人们谈论"异域食物"时，我确实很恼火，从谁的角度来看是异域，我的还是你的？[6]

　　本章将以牙买加裔英国企业家李维·鲁茨及其烹饪书和"雷鬼雷鬼"品牌为例，探讨格兰特提出的相关问题。通过分析加勒比流散社群饮食文化的商业化过程，本章旨在揭示在以"正宗"加勒比美食为卖点推广餐饮产品和烹饪书籍时，本土与全球力量之间所存在的复杂互动。"雷鬼雷鬼"的故事引人入胜，尽管自20世纪50年代以来，英国就出现了明显的加勒比流散人口 [7]，但加勒比食物和菜系仍然未能真正融入英国的烹饪主流。本章将探讨李维·鲁茨和"雷鬼雷鬼"现象，分析其究竟是英国民族食物去地域化、迈向新烹饪世界主义的积极体现，还是对"民族"食物的消极物化。鲁茨的"雷鬼雷鬼"系列食品、烹饪书、手机应用程序和餐厅，是否在构建一个易于在全球市场推广的加勒比美食图景的同时，也以一种全新的同质化方式和全新构建的"正宗性"概念，掩盖了加勒比饮食传统的地域差异和历史复杂性？

231

序　曲

　　2011年11月，英国媒体爆出一则关于"雷鬼雷鬼酱"原创配方所有权争议的新闻。"雷鬼雷鬼酱"是鲁茨［原名基思·瓦伦丁·格雷厄姆（Keith Valentine Graham）］引入英国市场的一款商业产品。2007年，鲁茨在英国电视节目《龙穴》（*Dragon's Den*）中向评委推销了这款产品，并成功获得五万英镑的投资。他以自弹自唱的形式，别出心裁地介绍了这款产品。鲁茨的旗舰产品很快便被英国主流超市之一的森宝利所采购。在很短的时间内，鲁茨就成了一名非常成功的商人。然而，鲁茨的原商业伙伴托尼·贝利（Tony Bailey）对他提起了诉讼，声称"雷鬼雷鬼酱"的配方实际上并非鲁茨所有，而是他本人于1984年在牙买加发明的，只是从未以书面形式记录下来。贝利最终败诉，但在此之前，鲁茨被对方律师称为"厚颜无耻的骗子"，并被迫承认（在电视上和酱料瓶上）声称这个酱料配方源自其牙买加的外祖母的说法并非真实，实际上是鲁茨为了"营销目的"而编造的故事。法官裁定，该酱料源自一个基本的通用配方，贝利和另一位合伙人西尔威斯特·威廉姆斯（Sylvester Williams）——两人都曾在诺丁山狂欢节与鲁茨合作销售他们的辣椒酱——对该品牌或业务没有任何权利。这起案件最终对鲁茨的品牌几乎没有造成负面影响。他继续以"雷鬼雷鬼"品牌销售一系列知名的"加勒比"食品，并邀请名人出席活动，参与几部英国广播公司专题电视剧，搭售烹饪书籍，建立网站和手机应用程序，所有这些都巩固了他作为迄今为止英国最知名的加勒比美食推广者的声誉。若非这一系列事件与一些更为持久的争论相关联——这些争论围绕着食物在流散社群中作为文化身份象征所扮演的角色，特别是在当代背景下，公开上演的对"真实性"政治的挑战——它们或许只会被视为昙花一现。本章将着重探讨这些议题。

232

本章以该案例研究为出发点，认为鲁茨的烹饪写作揭示了跨文化烹饪流行话语中复杂且通常颇具争议的政治，以及烹饪作家作为"民族/文化代表"的矛盾角色。本章借鉴了阿尔琼·阿帕杜莱（Appadurai，1988）关于印度语境下跨文化烹饪话语写作的见解，以及阿什利、霍洛斯、琼斯和泰勒（Ashley, Hollows, Jones and Taylor，2004）对食品写作和电视名厨的研究，考察了鲁茨从《雷鬼雷鬼食谱》（Roots，2008）开始的前五本烹饪书（除此之外，作者还简略探讨了最新出版的《跟李维一起烧烤：101道阳光和灵魂雷鬼食谱》——译者注），关注它们早期使用的残存口述特征（谚语、推荐语和歌词），以及它们向日益正统和平淡的、以欧洲为中心的模式和风格的转变。在这五本书中，《甜品》（Roots，2012）是最晚出版的，也是风格最鲜明的一本，它采用了一种"怀旧"或"复古"的风格，书中有双页的彩色复印的欧洲食品标签、食品广告，以及各种来自加勒比和欧洲的、与殖民地粮食作物和食品制作相关的历史图像等食品杂录。通过融入这些视觉文本，《甜品》的编排引发了一些关于加勒比和流散背景下食物历史和食物来源的有趣问题。然而，就其食谱和书面文本的性质而言，这本书比鲁茨早期的书更加标准化和欧洲化。事实上，鲁茨最早的烹饪写作似乎有意将食谱和自传、照片和其他文本外元素相结合，并采用一种看似随意但实际上精心构建的第一人称叙事，以塑造一个独特的烹饪作家形象：特定文化烹饪知识"真实的"传播者、"传统"的守护者，以及偶尔向非加勒比读者展现异域"他者"的推广者。[8]

最终，鲁茨的烹饪写作陷入了矛盾之中，这或许不仅是所有在跨文化背景下写作，也是在当今全球化食品和传媒经济背景下写作的人所面临的困境：它承诺展现独特性（牙买加特色），却又通过将鲁茨本人及其酱料品牌化，使之成为可售商品，从而导致加勒比烹饪的刻板化和同质化。同样，鲁茨在处女作《雷鬼雷鬼食谱》中对加勒比流亡、怀旧和失落的诗意表达，一方面被揭露出为部分虚构，另一方面也受到其后期作品中另一种矛盾叙事的挑战——在英国加勒比流散背景下，加勒比食物不仅是体验性的，而且是明确可迁移和适应的。也就是说，食谱的性质在连续几本书中发生了变化。从最初展现加勒比烹饪的异域"他者"风情，到展示即兴融合或克里奥尔元素（即鲁茨自己所说的"混搭创新"），再到较为肤浅地为一些常见菜肴"增香添味"，最后在最新一本书中则是对一些英国主流菜肴的加勒比式"改良"。最终呈现的是一个在英国多元文化背景下，既复杂又充满妥协，但仍然引人注目的加勒比国家烹饪图景。

233

民族倡导与国家美食的构建

早在该案件引起公众关注之前，我就开始研究鲁茨的烹饪作品，并对他从一位狂欢节和街头食品摊贩成长为备受瞩目的明星厨师和食品企业家的职业发展轨迹深感着迷。我感兴趣的并非鲁茨在英国广播公司电视节目《龙穴》中亮相后一举成名并取得巨大商业成功的现象——遗憾的是，这种现象似乎已深深植根于我们英国的流行文化精神之中——而是鲁茨从一开始就将加勒比美食的推广与其强大的商业品牌形象紧密结合的做法。这一高度品牌化的形象不仅赋予了鲁茨企业家的身份，也使他能够扮演阿尔琼·阿帕杜莱所说的"民族倡导者"[9]式的厨师角色。阿帕杜莱指出，20 世纪 60 年代后印度地方和民族烹饪书的激增具有两个现实功能："就像旅游艺术……它们开始让一个地区的民众系统地了解另一个地区的烹饪传统，同时也代表了不同民族日益增多的食物文化特征。"[10]与这种走向多样化的趋势相反，阿帕杜莱展示了"烹饪传统的文本化"[11]在"构建国菜或'印度'菜理念的过程"[12]中的关键作用。他注意到现代烹饪书籍在试图构建印度国菜概念时使用的"几种标准手法"[13]。"第一个手法就是简单地夸大和刻板化某个历史特殊传统，以转喻的方式让它代表整体……另一个则是归纳性而非概念性的……策略：作者以或多或少主观的方式汇集一系列食谱，然后在书的导言中，尝试寻找某种能够统一这些食谱的主题。在许多书中，这样的主题都与香料和香料组合有关，这不足为奇。"[14]

鲁茨及其烹饪写作对特定美食国家概念的构建，在多大程度上应用了阿帕杜莱在现代印度烹饪书中提到的这"几种标准手法"[15]？鲁茨品牌及其旗舰产品"雷鬼雷鬼酱"的彻底商业化究

234

竟是拓展还是限制了英国民众真正理解和广泛接受加勒比食物的可能性？它在多大程度上刻板化或同质化了我们对英国的加勒比烹饪的理解，就像"咖喱"这个人为构建的术语在普及的同时也模糊了那些丰富多样的烹饪传统一样？而正是这些传统构成了我们在英国称之为"印度"食物（尽管并不准确）的概念。最初，我曾希望"雷鬼雷鬼"现象能够提升加勒比食物在英国的认知度，但随之而来的是日益增长的担忧。这款产品似乎在推广一种简化版的"加勒比轻食"（即把酱料加到鸡肉里，就能瞬间让你的烹饪"加勒比化"），其做法引发了关于"真实性"的质疑，也存在将加勒比饮食异域化的嫌疑。格雷厄姆选择"李维·鲁茨"作为艺名，在《龙穴》节目中用音乐进行推销，将品牌命名为"雷鬼雷鬼"，并使用"为你的食物注入音乐"这样的宣传语，所有这些都耐人寻味。它们展现了鲁茨作为拉斯特法里教徒、雷鬼音乐家和食品企业家的多重身份，通过一系列转喻式的关联将食物、音乐和牙买加文化产品中某种特定的雷鬼美学结合在一起[16]，并使它们开始成为加勒比烹饪的更普遍的象征。

可以说，鲁茨的成功因素之一在于，迄今为止，加勒比食物在英国的认知度相对较低，因此他的品牌对许多英国厨师和消费者来说具有"猎奇"的价值。为什么加勒比食物在英国没有像南亚食物那样普及？越来越多关于南亚食物的研究[17]认为，英国与印度之间长期而密切的殖民与被殖民关系，以及将"印度食物"带回英国的英印混血群体的出现，可能是原因之一。但即便如此，也无法解释为什么我们在英国称之为"印度"美食的大部分食物实际上源自孟加拉国和巴控克什米尔地区，这与20世纪50年代和60年代在这里开设餐馆的移民群体相对应。"印度"食物在英国也经历了自身的适应和再创造过程。事实上，英国对"印度"食物的吸收和同化已经非常彻底，以至于有人可能会说，现在它已经成为真正的英国菜，一种无处不在的日常美食，而不再是一种异域的、小众的口味。烹饪传统的传播和接受至关重要，尤其是当这些传统从未像南亚食物在英国那样享有如此高的知名度和主流烹饪影响力时，这一点就显得尤为重要。实际上，迄今为止，英国电视烹饪节目中只出现了少数几位加勒比裔厨师——拉斯蒂·李（Rustie Lee）、安斯利·哈里奥特、安迪·奥利弗（Andi Oliver，安提瓜裔）和罗琳·帕斯卡莱（Lorraine Pascale）——而他们都未能显著提升加勒比烹饪在英国的认知度。

235 这就是为什么鲁茨选择通过英国烹饪写作和电视美食节目进军烹饪界的做法如此引人注目，当然，这也可能只是巧合。[18] 最近，里亚兹·菲利普斯指出：

> 尽管绝不能否认多年来推动加勒比美食文化在英国发展的众多个人和家庭的贡献，但许多人声称，变革的契机是由一个名叫基思·瓦伦丁·格雷厄姆，也就是李维·鲁茨的人带来的。他拿起吉他，开始在英国广播公司的商业投资电视节目《龙穴》上为"雷鬼雷鬼酱"（一种烤鸡调料）献唱一首朴实的歌曲。许多加勒比餐厅的老板都将此视为一个关键时刻，当时全国上下对加勒比烤鸡这种标志性美食的认知度大大提升。通过这个事件，许多人得以向人们介绍来自这些岛屿的其他丰富菜肴。[19]

事实上，鲁茨在其处女作《雷鬼雷鬼食谱》（一本兼具食谱和回忆录性质的图书）的结尾写道："'雷鬼雷鬼酱'改变了我的人生……我的使命是推广加勒比美食，让它在英国像印度菜一样普及。我们西印度群岛人和英国渊源深厚，我们的食物又如此美味，简直是天作之合。"[20] 他在此明确倡导加勒比食物，讲述了一段看似简单的烹饪发现和消费之旅。作为"民族倡导者"，他向既有鉴赏力又具备国际视野的英国受众公开分享自己的加勒比文化财富。然而，我认为鲁茨的烹饪写作和电视节目实际上讲述了一个更为复杂的故事，揭示了跨文化烹饪话语中经常潜藏的政治问题，以及少数族裔烹饪作家作为民族倡导者所面临的矛盾角色。

经济资本与烹饪文化资本

鲁茨作为电视明星的高调形象，以及其强势推广的"雷鬼雷鬼"品牌，引发了一些有关其烹饪写作中经济资本与文化资本（Bourdieu，1971，1993）之间张力的问题。正如阿什利、霍洛斯、琼斯和泰勒所说，

> 电视名厨试图将自己和其成名媒介及由此获得的经济利益区分开来，以确立自己在烹饪领域的文化合法性……厨师们在烹饪领域投入了大量精力……贝尔（Bell，2002）称之为一种"烹饪文化资本"。厨师们作为菜肴口味的仲裁者的合法性，源自其在特定领域中积累的文化资本。然而，皮埃尔·布尔迪厄认为，文化资本的价值不像经济资本那样稳定，而且存在着将烹饪声望转化为经济财富的压力。同时，如果厨师过分追逐经济利益（即"出卖自我"），可能会导致其文化合法性的丧失。[21]

236

这一分析引出了关于鲁茨"雷鬼雷鬼"项目的一些有趣问题。例如，鲁茨显然能够适应明星身份，并取得了商业成功，这从"雷鬼雷鬼帝国"（一个刻意创造的、带有挑衅意味的词组）不断扩张的规模中便可见一斑，无论是其推出的产品，出版的图书，还是频繁的电视曝光，都充分证明了这一点。然而，他如何在多重身份之间保持平衡？他既是一位自诩的民族文化倡导者，又是英国加勒比美食界的杰出实践者和代言人，那么，他如何协调这些身份？同时，我们又该如何评价这位凭借其创业精神和对加勒比烹饪文化资本的贡献而备受赞誉的成功商人？

本章认为，鲁茨在推广加勒比烹饪时表现出一种矛盾性：一方面，他强调加勒比饮食的传统和文化起源；另一方面，他却和许多电视名厨类似，将加勒比烹饪包装成一种全球化或跨文化背景下的休闲活动，甚至是一种生活方式。这种做法在很大程度上淡化了烹饪与重复性劳动或繁重劳动之间的关联，也弱化了某些菜谱中隐含的奴隶制历史。[22] 可以说，鲁茨的烹饪写作对菜肴的起源既关注又漠视；他通过烹饪实践构建加勒比文化身份的写作充满了张力和矛盾。[23] 尤其是在后期由米歇尔·比兹利出版的精美食谱中，他的写作和呈现方式更接近多丽丝·威特所说的"烹饪旅游"模式。这或许是受"美食频道虚拟旅行的启发，又或许是随着……中产阶级旅行能力的提升，人们对异域美食的兴趣日益浓厚使然"[24]。正如威特所说："矛盾的是，这类食谱一方面抵制族裔多元图谱的全球流通，另一方面又与其共谋；保罗·吉尔罗伊（Paul Gilroy）等人认为这是后期资本主义市场的显著特征，也是其弊端所在。"[25]

回到布尔迪厄关于经济资本与文化资本之间张力的论述，作为英国的少数族裔厨师，鲁茨从未单纯地成为布尔迪厄所说的文化中介者或"新知识分子"[26]。布尔迪厄的理论未能考虑这些重要的变量，其中至少存在文化同质化的问题。因此，借鉴阿尔琼·阿帕杜莱等批评家从国家、地区或跨文化角度书写食物和文化差异的深刻见解至关重要。即便如此，鲁茨的情况也并非完全"符合"这一批评框架；与英国其他兼任电视明星的少数族裔厨师不同——例如20世纪70年代和80年代的印度烹饪作家玛杜尔·贾弗里（Madhur Jaffrey）——鲁茨的烹饪话语主要基于商业和品牌导向，而非真正关注地区差异。因此，正如"雷鬼雷鬼"品牌已经成为鲁茨整个企业的象征，他主要以牙买加为基础的烹饪写作，是否也被有意解读为加勒比美食的代表，以迎合英语世界和跨文化受众的期待和理解？

残存口述性与加勒比烹饪"传统"的构建

多丽丝·威特敏锐地指出，从事饮食研究的文学学者和批评家之间有很多值得相互学习的地方。事实上，她甚至建议："对饮食传统感兴趣的文学学者不妨效仿《诺顿非裔美国文学选集》的编者，将民间口述和音乐传统纳入分析……包括食谱在内的烹饪书节选也应该被纳入类似诺顿选集的文本中。"[27] 她风趣地指出："布道词被收录了，但在许多黑人教堂中，布道后的餐点也是一种艺术形式，与布道本身相比毫不逊色。"[28] 我们也可以在加勒比语境下深入思考这一建议的含义。例如，请考虑以下内容，但将"非裔美国人"替换为"加勒比人"：

的确，诺顿选集的编辑们若将食谱纳入口头传统的范畴，会引发几个引人深思却又棘手的问题，即非裔美国人表演性

（也就是口述）文化和书面文本之间的关系。这些问题长期以来一直存在于将歌词等口头表述转录成文字的尝试中。然而，女性主义学者认为，食谱或烹饪书不仅仅是表演性文化的转录。它们是复杂的修辞结构，可以使用解读小说的文学评论方法来分析。[29]

本章以此为出发点，探讨鲁茨迄今为止的五本烹饪书，重点关注他早期作品中的残存口述特征（谚语、推荐语、谜语和歌词）以及在纸面和荧屏上令人印象深刻的表演风格。鲁茨在电视节目和网络表演中保留了这一风格，从而维持了他集魅力厨师、音乐表演者和个人品牌于一体的形象。然而，他的烹饪写作却发生了明显的转变。与早期作品相比，后期文本在格式和风格上似乎变得更加规范，呈现出一种平淡的、欧洲中心主义的倾向。[30] 那么，这种口述和表演元素是如何构建一种加勒比文化"传统"，并影响我们对烹饪书的解读的呢？在他后期的作品中，残存口述特征的减弱，究竟意味着某种文化稀释，还是实际上开辟了以不同策略和方法探讨加勒比烹饪主题的可能性？一种可能的解读是：随着鲁茨烹饪写作中口述表演元素的弱化，他对跨文化烹饪话语的兴趣变得更加浓厚。最终，在2010年出版的烹饪书《增香添味》中，他得以阐述一种全新的"混搭创新"（dub-it-up）美学。这种美学一方面基于加勒比人"凑合"的传统，另一方面则源于一种相互渗透或融合的跨文化烹饪话语。

《雷鬼雷鬼食谱》（2008）

鲁茨最早的著作《雷鬼雷鬼食谱》更准确地说是"食谱回忆

238

录"，因为它有意地将食谱和自传、照片和其他副文本元素融合在一起。鲁茨的"生平故事"以一种类似情景剧的方式贯穿全书，涉及他在牙买加的童年和家庭（特别是他的母亲和外祖母），以及此后他在英国的求学、入狱经历，还有关于食物、音乐、拉斯特法里教和狂欢节的种种体验。这本身就很有趣，因为它颠覆了男性烹饪写作的传统——在传统的男性烹饪书籍中，重点往往放在食谱和厨师的公众形象上，而非厨师的个人生活。[31] 在这种情况下，鲁茨的处女作《雷鬼雷鬼食谱》所采用的随意、回忆录式的叙述，更容易让人联想到其他一些男性作者的加勒比文本。这些文本融合了不同类型的烹饪写作，例如奥斯汀·克拉克的《猪尾巴和面包果》（Clarke，1999）或约翰·莱昂斯的《特立尼达厨房烹饪》（Lyons，2009）。有趣的是，这些作品都挑战了人们的固有认知，即采用这种写作手法的大多是女性作者。

在《雷鬼雷鬼食谱》中，大胆的色彩运用和图案设计，搭配彩色照片以及大号字体的加勒比谚语和歌词，营造出一种看似随意自然的风格和轻松的组织原则。最引人注目的是，书中始终强调鲁茨身兼音乐家和厨师的双重身份——这正是他能够在《龙穴》节目中脱颖而出的关键——以及不同艺术形式和写作类型之间的交织与渗透。在他的第一本书中，这种双重身份的背景通过文本并置，以及吉他、音符等视觉元素贯穿始终。而在鲁茨2011年出版的《增香添味》中，这种表达仅限于导言部分，并被简化为一段更加规范的文字陈述："我常说，烹饪就像音乐创作。你把食材铺展开来，就像一个乐队或管弦乐团。你的选择取决于哪些味道能够相得益彰，哪些能够衬托主要食材。音乐的韵律就是这些香料的混合与交融。"[32]

在《雷鬼雷鬼食谱》中，口头谚语和克里奥尔语被巧妙地融入食谱的指示说明中[33]，许多食谱的开头都以作者对家庭成员制作该菜肴方法的个人回忆作为引子。[34] 这些口头谚语大多与食物、进食或烹饪相关，这与它们主要源于非裔加勒比地区的口头生活世界这一背景相符。重要的是，它们指向的传统智慧和亲切氛围也是鲁茨在书中刻意营造的潜文本。有趣的是，第一次出现口头谚语时没有注释[35]，但之后的所有谚语都附上了标准英语注释，表明他的目标读者主要是欧洲人尤其是英国人，而非加勒比人。书中甚至收录了鲁茨在投资竞争中获胜时演唱的歌词[36]，这为文本增添了雷鬼美学和"表演性"维度。在书的其他部分，特别是当鲁茨写到他在诺丁山狂欢节上的摊位和音乐生涯时，草根和街头话语的元素融入文本，标志着一种更为现代和城市化的残存口述性。传统的口头谚语和格言，与个人成功的新神话、克服逆境的叙事相结合，这些叙事现在用"屠龙"这样略带戏谑的术语来讲述，而不是采用更传统的加勒比表达形式。这或许也可以被视为残存口述传统，是"街头闲谈"的一部分。

通过这种方式，残存口述性标记被引入印刷文本中，打破了欧美"主流"食谱中单一声音主导的刻板形式和正统性。这些个人回忆不仅打破了文本结构，挑战了我们对文本可能预设的某些性别期待，还引入了多元视角，通过摆脱独白式的单一声音，不断提醒我们烹饪技艺和烹饪智慧的传承从根本上属于更广阔的加勒比口头共同体。套用另一部加勒比作品序言中祖母提及的谚语——"成长汲取的，岂止一生的智慧"，我们可以说，"佳肴凝聚的，又岂止一人的心血"[37]。

《雷鬼雷鬼食谱》是献给鲁茨的外祖母和母亲的，这可以从性别政治的角度积极解读，即在英国流散背景下将加勒比烹饪和加勒比女性的自主性与创造力重新联系起来。这本食谱独特的形式特征，通过有意使用"口述传统、（母语、）写作的（口语化）表达"[38]，旨在"保存……女性……传统"。穿插在食谱之间的自传性文字，暗示了一种人际，甚至是代际的传承模式。[39]这种模式建立在祖孙两代对烹饪的共同热爱以及对"美食"的共同追求之上。鲁茨自己在《雷鬼雷鬼食谱》的引言中也承认了这一点：

240

> 我的外祖母教会了我烹饪的魔法：如何将加勒比风味与传统草药和香料的精妙之处融合在一起。她热爱烹饪，我则着迷地看着她，很开心能够陪在她身边帮忙。她从不给我正式的指导——那不是她的风格。我一生都在烹饪和享用西印度美食，而我所知道的一切都是通过观察她学到的。她要是知道自己的许多食谱现在都收录在我的食谱书里，供大家使用，一定会很开心。[40]

这里忽略了一个关键问题：外祖母的口述文化转化为鲁茨的书面文本后，对这一烹饪"智慧"的内容及其解读框架产生了怎样的影响。鲁茨告诉我们，外祖母从未提供过"正式"的指导，但在这段文字的结尾，他却称其为"食谱"。这一点正是《雷鬼雷鬼食谱》中多次体现出口述性与食谱写作的书面性之间的冲突的地方之一。食谱，顾名思义，难道不应是"正式"的烹饪指南吗？然而，如果只是"做饭"（如同外祖母在她那阳光明媚、充满传奇色彩的加勒比厨房中所做的那样，不需要任何书面指导），那么这种即兴的烹饪实践又是什么时候被转化为食谱这一"正式"表达形式的呢？在这种表达形式中，文本试图规范读者的操作，并迫使他们重现一道"原汁原味"、或者正宗或者地道的菜肴。这些问题也涉及后殖民主义的议题，文学批评家们尤其擅长提出这些问题。因为，口述传统、书面文化、语言角色、祖先形象、"传统"构建，以及文化真实性等问题，都是后殖民文学批评中的重要议题。

鲁茨在《雷鬼雷鬼食谱》中将外祖母的形象和古老的女性祖先传统相联系［比如该书第 29 页提及了外祖母让他想起马隆人的南妮（Nanny of the Maroons）］，这一做法非常引人入胜。在该书以及鲁茨后来的食谱中，鲁茨偶尔提及了牙买加及更广泛的加勒比文化，其或许会被解读为迎合海外读者对异域风情的偏好，甚至被视为一种可笑的手段，而非为了真正深化对加勒比历史文化的理解。然而，在这里，这些提及尽管略显生硬，却达到了截然不同的效果。虽然鲁茨是以男性视角传递声音的，但通过高度个性化的副文本以及食谱本身，他重塑了外祖母的形象。这不仅使他的烹饪写作与其外祖母所属的更广泛的加勒比口述共同体相联系，还赋予了家族历史中女性应有的尊重、权力和自主性。

失落的根源：外祖父母的房子

有趣的是，尽管鲁茨的烹饪书中有许多书面致敬和彩色照片，展示了他的家人、朋友以及牙买加康坦特村的其他居民，但其中却唯独没有他外祖母的照片。更耐人寻味的是，在《雷鬼雷鬼食谱》的开头部分，有一张占据双页的彩色照片，展现了一个牙买加乡村场景。画面中除了一座用白色蜡笔粗略勾勒出轮廓的单层简陋房屋，没有任何人物或其他居住设施。这张图片被命名为"我外祖父母的房子"。它完美地诠释了烹饪的族裔倡导（ethno-advocacy）过程中最具争议、最棘手的问题之一：传统的构建和对真实性的感知。在这张既像照片又像图画的作品中，我们看到一个完美的意象——失落的根源和重建的传统。它用孩童般的稚拙和天真勾勒出外祖父母家的模糊轮廓，暗示着一种既缺失又存在的状态，既怀念着那不可挽回的失去，又在失落的废墟上构建出一种新的，但却是人为的"存在"。将图画和"家"字以卡通般的方式叠加在照片上，也暗示了在跨文化语境中，不同表现手法和"家"的复杂内涵。当然，考虑到 2011 年鲁茨与贝利对簿公堂的结果，那张外祖母故居的照片——一个建立在虚无缥缈之上的脆弱存在——便具有了另一层含义，其关联性也更加凸显。

就像照片中叠加的房子一样，《雷鬼雷鬼食谱》中的残存口述特性，充其量只是对原作的简化和近似。《雷鬼雷鬼食谱》本质上是一份书面文本，其所谓的"口述性"是经过刻意构建的。同样，那个精心打造的第一人称叙事声音，虽然很可能在很大程度上源自鲁茨本人，但最终仍然是一个修辞策略，旨在塑造一个特定的烹饪作家形象——作为特定文化烹饪知识的"真实"传承者、"传统"的守护者，有时甚至是向非加勒比读者展示异域"他者"的媒介。这提醒我们，烹饪写作本身也是一门生意。

在他后续几本高度同质化、几乎难以区分的烹饪书中，随着出版商转向更主流的"生活方式"路线，商业压力日益凸显，《雷鬼雷鬼食谱》的独特性和新鲜感逐渐消退。最初两本书中对流放、怀旧和失落的诗意表达在后两本书中难以延续。相反，让当代英国最广泛的受众体验到加勒比食物在跨文化语境中的高度可迁移性和适应性，却成了一个日益重要的目标。鲁茨开始改编其他厨师的商业食谱，并融入越来越多的跨文化元素，他的写作也愈发自信地展现出他对跨文化美学的理解，他称之为"混搭创新"。可以说，其中既有得也有失。

242

《轻松制作加勒比美食》(2009)

鲁茨的第二本烹饪书《轻松制作加勒比美食》(Roots，2009)是英国广播公司同名电视系列节目的衍生作品。在节目中，鲁茨不仅探索了牙买加的街头美食，还在他位于伦敦布里克斯顿的家中为亲朋好友烹饪。该书开篇便充满了浓郁的加勒比口述传统色彩。它以"Yu tan deh call'yu wuddah never get come!"[41]（你喊破喉咙我也不来！）这句话开头，这是年轻的鲁茨在外祖母叫他去厨房帮忙时的回应。鲁茨在书中表达了对外祖母烹饪技艺的敬意，并强调了她对他的深远影响："她教会我的一切，如今我想在这本书中呈现出来，她依然在天上注视着我。"[42]事实上，整篇引言都是对外祖父母的致敬，尤其是对外祖母的赞颂。她不仅是烹饪传统的真正守护者，也是鲁茨人生道路上的引路人。

然而，除了这段极具个人色彩的引言外，这本书与《雷鬼雷鬼食谱》有很大的不同。例如，一些食谱依然以个人感悟开篇，但这些感悟更多是与社会名流相关，而非关于家人。书中依然保留了谜语等口述传统元素[43]，但整体结构更加紧凑，对口述传统及表演技巧的运用也相对减少。同时，该书更加注重在跨文化背景下改良加勒比美食，尽管其背后的逻辑和具体方法还有待进一步阐释与完善。在第二本书中，鲁茨似乎更加适应了自己的明星身份，作为牙买加美食乃至更广泛文化的代表，他在写作时显得更加自信。然而，《轻松制作加勒比美食》似乎更具商业目的，旨在通过扩大菜谱种类和潜在受众，超越那些仅对"异域"美食感兴趣的小众群体。

《朋友美食》(2010)

　　直到第三本书《朋友美食》，鲁茨才在引言中开始阐述一种更为精妙的烹饪美学。他借鉴了加勒比特有的"凑合"[44]的实践和文化理念，提出了一种"混搭创新"的烹饪方式。[45]关于"凑合"，他回忆起在牙买加的童年："那时候大家都穷，我们吃什么完全取决于手头有什么食材。如果我外祖父那天有所收获——比如挖到一些山药，或者摘到些卡拉萝和卷心菜——我们就知道能吃饱了。如果收获太多，我们就会分给别人。那时候大家都没钱买本地食物，都是互相赠送。吃不完的食物就摆出来，谁想吃就拿。"[46]

　　他在这里概述的"混搭创新"方法，是对先前所有烹饪书中已有特点的一种更深入、更明确的阐释。这种特点最初以一种非常有限的形式出现在《雷鬼雷鬼食谱》中，例如雷鬼风味豆吐司或奶酪吐司等菜谱。在《朋友美食》中，鲁茨解释了这种烹饪方式的由来：

　　　　（作为音乐家巡演的时候）我经常在后台更衣室里，用能找到的当地食物烹饪。我总是随身带着调味料……我的"快乐装备"……这样即使某个地方只有一个红薯，我也能做出美味佳肴……"混搭创新"的烹饪方式就是这样逐渐形成的。乐曲混音起源于牙买加。假设十位音乐家用各种乐器演奏一段音乐，然后录音师进行后期处理。他会单独提取吉他音轨，并在添加混响或回声等效果后，将其重新加入，最终将所有声音融合成一首完整的乐曲。烹饪也可以运用类似的理念。我可以选取一道意大利或英国的传统早午餐或圣诞节菜肴，通过加入一些元素，将其改造成加勒比风味。[47]

243

这本书中的菜谱鲜明地展现了跨文化特色，突出了不同烹饪风格的融合或杂糅。[48]然而，我们还不能将其称为真正的克里奥尔烹饪写作，因为这种融合并没有创造出真正的新菜式。

《增香添味》（2011）

《增香添味》一书重点关注香料，尤其是鲁茨的香料柜。其护封上的文字兴奋地宣称——且丝毫没有讽刺意味——鲁茨"洗劫香料柜……用日常食材创造出令人惊喜的全新菜肴"[49]。鲁茨的烹饪风格建立在"洗劫"这一概念之上，这个比喻在加勒比语境下格外耐人寻味，因为该地区，无论在殖民时期还是其他时期，都充斥着各种海盗和掠夺的历史。不出所料，香料依然被用作异国情调的象征，为牧羊人派（Roots，2011：9）、猪排（29-32）或烤香肠布丁（26）等常见的英式"家常菜"增添风味。《朋友美食》中初现的跨文化烹饪融合趋势在《增香添味》中得以延续，但这种融合恐怕还停留在食材表面的简单"拼凑"。正如鲁茨在2012年出版的《甜品》一书的引言中所说，他的目标是"探索典型的加勒比风味，以及它们如何与我们英国人熟悉和喜爱的食谱及食材相融合"（6）。

《增香添味》的引言在构建李维·鲁茨/"雷鬼雷鬼"餐饮帝国的品牌形象及其与英国加勒比美食的整体关系方面，颇具匠心。鲁茨关于辣椒的一句令人印象深刻的论述——"如果你追求'李维式辛辣'，最好选用苏格兰帽椒"[50]——将这种品牌塑造推向了高潮。"李维式辛辣"一词在此蕴含多重意义，将苏格兰帽椒的特点（浓烈、强劲、地道、体现加勒比菜系的"精髓"）与鲁茨的品牌形象紧密联系在一起。如果这种语言游戏不是如此根植于营销话语，我们或许会为其巧妙构思而赞叹，但这显然是"雷鬼雷鬼"帝国推广机器的又一典型例证。然而，略微令人不安的是，"李维式辛辣"在此被用作一种替代，涵盖了从辣椒到香料，再到他本人的一系列事物，这种简化无疑抹杀了加勒比食物的复杂性。至少在象征层面上，鲁茨甚至不再需要使用他的艺名——他本人就已成为英国加勒比食物的代名词。

《甜品》（2012）

《甜品》是鲁茨的一次大胆尝试，因为它将焦点完全放在蛋糕、布丁和其他甜点上。在序言中，鲁茨巧妙地阐释了书名的多重含义。书名不仅展现了鲁茨作为加勒比背景厨师的身份，同时也具备吸引以英国为主的读者群的魅力，更揭示了这本书的"核心主题——探索加勒比地区丰富的甜味来源"（Roots，2012：9）[51]。如同他的处女作《雷鬼雷鬼食谱》，该书通过对童年往事的回忆[52]，以及穿插于字里行间的旅行照片、旧明信片、"怀旧"风格的牙买加及其标志性人物的插图（其中最引人注目的当属鲍勃·马利），营造出浓厚的"故乡"情结和怀旧氛围。这些元素共同构筑了一个更加广阔且充满"复古"韵味的背景。

《甜品》是鲁茨迄今为止最为风格化的烹饪著作。它采用了一种"怀旧"或"复古"的设计风格，书中穿插着复印的欧洲食品标签、食品广告以及与食品相关的历史图片，这些图片涵盖了殖民地粮食作物以及加勒比和欧洲各地的食品制作。具体包括双页的彩色旧地图（106-107）、美洲原住民版画（106-107）、食谱封面（12-13）、食品营销材料（例如牙买加信息服务的旧杂志中的摘录，154-155）、饮料标签（60-61，124-125，128-129，166-

245

167，197，204-205）、饮料杯垫（204-205）、香烟画片（12-13）、插图扑克牌（82-83，166-167）以及其他与食物相关的杂项，例如调酒棒（106-107）、印花糖袋（12-13）、古董炊具和儿童玩具（12-13）。这些跨页图片通常聚焦与加勒比地区相关的特定殖民作物或食品，例如可可和巧克力（38-39）、咖啡（38-39，188-189）、香蕉（154-155）、菠萝、朗姆酒（188-189，197），当然还有糖（12-13），以及其他一些"异域"水果（60-61，82-83）和果汁饮料。虽然它契合英国当前的零售和营销设计趋势，但这本身也是对"传统"的一种刻意构建。书中仅有的几张展现当代牙买加风貌的彩色照片，都是城市涂鸦以及色彩鲜艳的木质和镀锌铁皮建筑的快照（216-217）。然而，值得注意的是，这本书采用拼贴式装帧设计，暗示着这些食谱片段是"偶然发现"的，并被精心整理和保存以供后人使用。但是，与第一本书相比，鲁茨在本著作中的语体风格却更加正式，少了些即兴发挥，也更显规整，更偏向欧洲中心视角。鲁茨曾经强调的文化资本，即他对牙买加文化和烹饪传统的了解，在这本书中被进一步商品化，因为它被置于一个丰富但却经过精心挑选的物质文化和视觉艺术品的历史背景之中。然而，这些艺术品与其说符合某种清晰可辨的加勒比美学，不如说更贴近当前欧洲"生活方式"出版物的审美趣味。这些菜谱绝大多数都是带有加勒比"风情"的英式菜肴，正如鲁茨在引言中所说，是对"加勒比风味"的颂扬。[53]尽管如此，鲁茨仍然强调加勒比地区共享烹饪和欢聚的传统："让每个人都参与到烹饪中来，这很有加勒比特色……美食将人们聚在一起，让他们有理由互相串门拜访。"[54]厨师作为民族倡导者的角色在这里似乎被弱化了。

《跟李维一起烧烤：101 道阳光和灵魂雷鬼食谱》(2013)

这本烹饪书的营销文案以如下热情洋溢，其至可以说是略显重复的措辞，总结了鲁茨的商业品牌轨迹，称他为"英国最受欢迎的西印度厨师"：

> 来自我国最受欢迎的西印度厨师的百余道阳光烧烤食谱。
> 他回来了，火力全开！李维携百余道加勒比阳光烧烤食谱，
> 回归根源。自从李维首次带着吉他亮相《龙穴》节目以来，
> 他那令人倾心的个性和充满阳光的美食，就为我们的餐桌带
> 来了加勒比式的欢乐。在这本书中，李维回归牙买加风味，
> 用百余道食谱唤起人们对慵懒夏日的回忆。他用新鲜健康的
> 食材，烹制出具有西印度风味的烧烤盛宴——比如蜜糖青柠
> 鸡肉、卡利普索汉堡配热带莎莎酱，以及牙买加鲷鱼卷——
> 再来一杯阳光冰沙。《跟李维一起烧烤：101 道阳光和灵魂雷
> 鬼食谱》汇集了李维所有的爱好：健康、快捷、美味的食物，
> 户外烹饪，以及与朋友共享美食。所有食谱都适合户外烧
> 烤——或者，如果天气不那么好——你也可以把夏天搬进室
> 内。摇一摇"雷鬼雷鬼酱"，让我们的食物重拾灵魂！

从各个方面来看，这都是"雷鬼雷鬼"品牌的巅峰之作。它回顾了鲁茨从旗舰产品和第一本烹饪书发展至今的历程，展现了美食、音乐和加勒比传统（或者说"灵魂"）之间密不可分的联系。宣传文案还反复强调了一些词，它们对于将鲁茨塑造成健康户外烹饪和美好户外生活的代表至关重要：他的"个人魅力"与他的"阳光食材和美食"紧密相连。或许令人遗憾的是，用来推

246

343

广鲁茨作品的措辞，与罗沙蒙德·格兰特在2012年接受英国图书馆采访时所批评的那些异域化、简单化的说法如出一辙，也与本书开篇提到的那些关于加勒比地区及其食物的刻板印象大同小异。看来，只要市场对加勒比菜系的丰富多样性仍然缺乏了解，并继续接受这种单一扁平的描述，加勒比食物的异域化标签就难以摆脱。

结　论

　　本章对鲁茨烹饪写作的研究思路源自多丽丝·威特的观点。她认为"烹饪书籍和食谱不仅是饮食文化的记录，更是复杂的修辞结构，可以用解读小说的文学评论方法来分析"[55]。本章还重点分析了后殖民语境下"真实性"这一颇具争议的概念，并探讨了布尔迪厄的经济资本和文化资本概念（Bourdieu，1971，1993）以及贝尔在此基础上提出的"烹饪文化资本"概念（Bell，2002）。由此可见，鲁茨的烹饪写作最终陷入了矛盾之中，这或许是所有在跨文化语境乃至全球化食品经济和大众媒体影响下进行写作的人共同面临的困境。它一方面声称要展现独特性（牙买加特色），另一方面却通过将鲁茨及其系列产品打造成可销售的商品，反而导致了加勒比烹饪的刻板化和同质化。鲁茨在电视节目、烹饪书以及社交媒体等网络平台上的形象塑造，使他逐渐成为许多英国观众眼中"加勒比文化"的代表。在这个过程中，鲁茨既是表演者，也是加勒比文化的象征/体现。然而，正是这种过于单一、过度商业化且缺乏多样性的呈现方式，才引发了争议。（例如，他的菜谱大多源自牙买加，未能展现更广阔的加勒比地区及其丰富多样的地方菜系；他对雷鬼美学的引用，也未能

247

体现加勒比音乐传统的多元性。）尽管如此，正如里亚兹·菲利普斯所言，在提升加勒比美食在英国的认知度和美誉度方面，鲁茨的贡献无人能及。

2018 年末，本书即将完成之际，一部迄今为止最具历史厚度、最具女性视角的加勒比烹饪著作——由居住在牙买加金斯敦的餐厅经营者米歇尔·卢梭（Michelle Rousseau）和苏珊娜·卢梭（Suzanne Rousseau）姐妹合著的《给养：加勒比烹饪之源》——问世了。这本书梳理了加勒比饮食从奴隶制时期至今的发展历程，其书名本身就极具历史意义。该书满怀深情地致敬了那些默默无闻的女性先辈，是她们通过母系传承，将加勒比烹饪传统代代延续。正如本书和卢梭姐妹的著作所示，食物、文本与文化并非单向或线性"呼应"，而是多元互动、相互交织的；不同类型的厨师和作家以丰富多样的方式回应着这种互动，从而催生出多元的阐释、借鉴与创新，并在文本与烹饪实践两个层面展现出巨大的创造力和颠覆性。食物、文化与写作之间的关系是（而且一直是）动态、流动的（因此也处于不断变化之中），加勒比本身作为一个独特的地缘政治区域/空间概念，也并非中心化的。相反，用贝尼特斯–罗霍的话来说，加勒比地区及其饮食传统可以被视作一个不断改造、重构和"循环演进"的过程。从不同的视角和文本来看，加勒比身份的概念及其构成要素可以被理解为源自一个充满多元性、差异性和断裂性的流动空间，这与该地区本身多元、复杂且断裂的历史特征相契合。加勒比食物一直与全球紧密相连，堪称一场"流动的盛宴"。在 21 世纪，它正获得前所未有的认可，逐渐成为世界级的美食。

注 释

1. Wade Lyn, Preface to Riaz Phillips, *Belly Full: Caribbean Food in the UK* (London: Tezeta, 2017), 6.

2. Lyn, Preface to *Belly Full*, 6.

3. Riaz Phillips, *Belly Full* (London: Tezeta, 2017), 8-11.

4. Lyn, Preface, 8, 11-12.

5. Lyn, Preface, 6.

6. Rosamond Grant, British Library website, 2001, https://sounds.bl.uk/related-content/TRANSCRIPTS/021T-OH1CD0300453-0004A0.pdf.

7. 加勒比饮食店在英国的历史也许还要更早, 可以追溯到 20 世纪 20 年代。(参见: Riaz, *Belly Full*, 120。)

8. "真实的"在此语境下指的是"真实的文化概念……（它）出现在许多关于后殖民文化生产的辩论中"（Ashcroft, Griffiths and Tiffin, 1998: 21）。阿什克罗夫特（Ashcroft）等人总结了这个备受争议的术语的复杂性, 指出: "去殖民化方案中对摒弃殖民时代影响的要求……会使某些形式和实践被认为是'不真实'的, 一些去殖民化国家主张恢复真正的前殖民传统和习俗。这种对文化真实性的主张的问题在于, 它们往往会陷入一种文化本质主义的立场。在这种立场下, 固定不变的文化实践被神圣化为真正的本土文化（或某个想象的社群或民族群体的真正标志）, 而其他做法则被排除在外, 被视为混杂或污染。与此相关的风险在于, 这忽视了文化会随着其环境变化而发展、演变的可能性。"（21）他们接着指出, 采取文化本质主义立场的策略优势 [即斯皮瓦克（Spivak）所说的"策略性本质主义"] 在于, "有些实践是特定文化所独有的, 而其他文化并不具备。这些实践可以成为重要的身份标识, 并作为这些文化抵抗压迫、对抗全球化同质化的利器"（21）。然而, 他们总结道: "某些固定而刻板的文化表现形式的出现依然存在风险。倾向于使用那些可能内含诸多差异的文化通用符号, 可能会掩盖文化之间实际存在的差异。文化差异的标志可能被视为文化的真实象征, 但这种对真实性的主张可能暗示这些文化是恒定不变的。"（21）本章认为，鲁茨采用了一些文化差异的标志，有时甚至将其过度简化和极端化，但最终，他的烹饪写作转向了一种更加克里奥尔化和彻底混合的美学。此外，他的"正宗性"主张可以被看作是精心构建的，而非"天然"的既定事实，尤其是在更加疏离、流散的语境下。

9. Arjun Appadurai, 'How to Make a National Cuisine', in *Food and Culture*, 2nd ed., eds. Carole Counihan and Penny Van Esterik, 289-307 (London and New York: Routledge, 2008), 300.

10. Appadurai, 'How to Make a National Cuisine', 299.

11. Appadurai, 'How to Make a National Cuisine', 297.

12. Appadurai, 'How to Make a National Cuisine', 301.

13. Appadurai, 'How to Make a National Cuisine', 302.

14. Appadurai, 'How to Make a National Cuisine', 302.

15. Appadurai, 'How to Make a National Cuisine', 302.

249

16. 在这方面，鲁茨体现了许多欧洲人对牙买加文化的常见刻板印象，即阿什克罗夫特等人所称的"文化差异的标志"（Ashcroft et al., 1998：21）。

17. Collingham (2006); Taylor Sen (2009).

18. 最近，在英国，厨师兼餐馆老板巴林顿·道格拉斯（Barrington Douglas）成了鲁茨品牌的竞争对手。（参见：http://www.examiner.co.uk/news/west-yorkshire-news/huddersfield-chef-barrington-douglas-launches-5166843.）

19. Phillips, *Belly Up*, 19-20.

20. Levi Roots, *Reggae Reggae Cookbook* (London: Collins, 2008), 184.

21. Ashley et al., *Food and Cultural Studies* (London and New York: Routledge, 2004), 179.

22. 他推出的"阳光餐盒"和宣传语"为你的食物注入阳光"就是一个典型的例子。然而，在《甜品》（Roots, 2012）中，也有一些有趣的例外。例如，他在一道名为"加勒比风味克兰纳坎"（Cranachan, 传统苏格兰甜品，由覆盆子、燕麦、奶油、蜂蜜或糖浆等制成——

译者注）的甜点食谱的引言中详细介绍了自己的家族渊源："我真正的姓氏是格雷厄姆，这是我牙买加的苏格兰奴隶主遗留下来的姓氏，他们把这个姓氏传给了自己的后代。"此处，菜肴的融合性与烹饪作者的混合身份联系在一起，这是一种耐人寻味的族裔文化表达方式。

23. Doris Witt, 'From Fiction to Foodways', in *African American Foodways*, ed. Anne Bower (Urbana and Chicago: University of Illinois Press, 2007), 118.

24. Witt, 'Fiction', 118.

25. Witt, 'Fiction', 118.

26. Pierre Bourdieu, *Distinction: A Social Critique of the Judgement of Taste* (London: Routledge, 1984), 371.

27. Witt, 'Fiction', 104.

28. Witt, 'Fiction', 104.

29. Witt, 'Fiction', 104.

30. 这种转变似乎主要是出于商业目的，因为自那时起，李维·鲁茨每年都会出版一本新的食谱书，由主流"生活方式"出版商米歇尔·比兹利发行。这些图书采用了"传统而朴素的欧式"编排格式和设计风格，包括更柔和的页面色调、精简的图说文字、更加规范化的页面布局和字体，以及经典的左右对开版式（左页为彩色图片，右页为文字）。《甜品》是个例外，它采用了"复古"风格的拼贴设计，以布料实景拍摄为背景，穿插着与食物相关的图像，但即便如此，其风格依然高度程式化，严格遵循当下欧美市场中光鲜的"生活方式"出版物的营销和零售策略。

31. 威特在《从小说到饮食传统》中论述了 20 世纪早期非裔美国人烹饪写作的现象，指出："这一时期的黑人男性烹饪书……在很大程度上反映了作者作为厨师在公共领域所积累的经验……（作者们）通常对个人信息讳莫如深，而将重点放在食谱本身，而非厨师的个人经历。"（Witt，2007：108）

32. Levi Roots, *Spice It Up* (London: Mitchell Beazley, 2011), 8.

33. 例如,《雷鬼雷鬼食谱》(Roots, 2008)中, 牛尾白凤豆炖菜的食谱下方, 出现了谚语"先煎大鱼, 后煎小鱼", 其引申义为"要事优先"(51); 家常肉汁炖鸡的食谱下方, 出现了谚语"山羊爱吃甜的, 最终却会伤了它的胃", 其引申义为"让你最快乐的事情也可能伤害你"(53); 炖牛肉的食谱下方, 出现了谚语"锅满了, 锅盖也能沾到一些", 其引申义为"好运也会惠及身边的人"(111); "空袋子立不起来", 其引申义为"人是铁, 饭是钢"(128)。

34. Roots, *Reggae*, 72.

35. Roots, *Reggae*, 22.

36. Roots, *Reggae*, 153.

37. Pauline Melville, *The Ventriloquist's Tale* (London: Picador, 1997), 2.

38. Brinda Mehta, *Notions of Identity, Diaspora and Gender in Caribbean Women's Writing* (New York: Palgrave Macmillan, 2009), 185.

39. Mehta, *Notions*, 187.

40. Roots, *Reggae*, 8.

41. 'No matter how much you shout I ain't gonna come!'

42. Levi Roots, *Caribbean Food Made Easy* (London: Mitchell Beazley, 2009), 10.

43. 一个例子是克里奥尔谜语。《轻松制作加勒比美食》(Roots, 2009) 中有这样一则谜语: "水怎样进到南瓜肚里?" 答案是: "通向南瓜的长藤。" 这个谜语被作为南瓜饭食谱的引言(123)。

44. Levi Roots, *Food for Friends* (London: Mitchell Beazley, 2010), 8, 11-12.

45. "凑合"在家庭经济中具有重要而特定的功能。通过每天向一锅煮菜肴中添加食材并继续烹煮, 人们能够有效地利用现有食物。

46. Roots, *Food*, 8.

47. Roots, *Food*, 12.

48. 例如:《朋友美食》(Roots, 2010)中, 李维的烤豆子(38)和加勒比香料牧羊人派(95), 都是对英式传统菜肴的"混搭创新"。

49. Roots, *Spice It Up* (London: Mitchell Beazley, 2011), n.p.

50. Roots, *Spice*, 8.

250

51. 另外参见：Austin Clarke, *Pig Tails 'n Breadfruit* (Kingston, Jamaica: Ian Randle, 2000), 4-5.

52. 这些包括他回忆外祖父教他如何采集蜂蜜（Roots，2012：9），以及对"糖果人"的描写——骑着小型摩托车，后座驮着小冰箱，沿街叫卖冰淇淋和糖果（8）。

53. Levi Roots, *Sweet* (London: Mitchell Beazley, 2012), 302.

54. Roots, *Sweet*, 9.

55. Witt, 'Fiction', 104.

Abarca, Meredith E. 'Charlas Culinaris: Mexican Women Speak from Their Public Kitchens'. *Food & Foodways* 15 (2007): 183-212.

Abbott, Edward. *The English and Australian Cookery Book: Cookery for the Many, as Well as for the 'Upper Ten Thousand'*. London: Sampson Low, Son, and Marston, 1864.

Acton, Eliza. *Modern Cookery for Private Families*. London: Longman, [1845] 1858.

Adisa, Opal Palmer. *Caribbean Passion*. Leeds: Peepal Tree Press, 2004.

Agard, John. *Alternative Anthems: Selected Poems*. Newcastle upon Tyne: Bloodaxe, 2009.

Albala, Ken, ed. 2009. *The Routledge International Handbook of Food Studies*. London and New York: Routledge, 2009.

Andre, Maria Claudia. *Chicanas and Latin American Women Writers Exploring the Realm of the Kitchen as a Self-Empowering Site*. Lewiston, NY: Mellen Press, 2001.

Anon. 'The West Indies: The Lure of the Islands'. *Times Literary Supplement* (29 December 1972): 1584.

Anon. 'We Must Use Local Foods'. *The Advocate*, May 23, 1974, 8.

Anthony, Michael. 'Many Things'. In *Cricket in the Road and Other Stories*. Oxford: Heinemann, 1973.

Appadurai, Arjun. 'How to Make a National Cuisine: Cookbooks in Contemporary India'. *Comparative Studies in Society and History* 30, no. 1 (1988): 3-24.

———. 'How to Make a National Cuisine'. In *Food and Culture*, 2nd ed.,

edited by Carole Counihan and Penny Van Esterik, 289-307. London and
New York: Routledge, 2008.

Armitage, Susan, Patricia Hart and Katherine Weathermon. *Women's Oral
History: The Frontiers Reader*. Lincoln: University of Nebraska Press,
2002.

Ashcroft, Bill, Gareth Griffiths and Helen Tiffin, eds. *Postcolonial Studies:
The Key Concepts*, 1st ed. London and New York: Routledge, 1998.

252 Ashley, Bob, Joanne Hollows, Steve Jones and Ben Taylor. *Food and Cultural
Studies*. London and New York: Routledge, 2004.

Aspinall, Algernon. *The Pocket Guide to the West Indies*. London: Sifton,
Praed & Co., 1907.

Barbados Museum and Historical Society. 'Mrs Graham Yearwood's
Cookbook'. June 19, 2013. http://www.barbmuse.org.bb/web/?portfolio
=mrs-graham-yearwood-cook-book.

Barker, Francis, Peter Hulme, and Margaret Iversen. *Cannibalism and the
Colonial World*. Cambridge: Cambridge University Press, 1998.

Barnes, Sandra. 'The Breadfruit in the Caribbean'. St Augustine, Trinidad:
University of West Indies Library, 1993.

Barrow, Errol, and Kendal A. Lee. *Privilege: Cooking in the Caribbean: For
Men Only and Women Who Care*. Basingstoke: Macmillan Education,
1988.

Bayley, F. W. N. *Four Years in the West Indies*. London: William Kidd, 1830.

Beckles, Hilary McD. *Afro-Caribbean Women and Resistance to Slavery in
Barbados*. London: Karnak House, 1988.

———. *Natural Rebels: A Social History of Enslaved Black Women in
Barbados*. London: Zed Books; New Brunswick, NJ: Rutgers University
Press, 1989.

———. *A History of Barbados from Amerindian Settlement to Nation-State*.
Cambridge: Cambridge University Press, 1990.

Beckles, Hilary McD., and Verene Shepherd. *Liberties Lost: Caribbean*

Indigenous Societies and Slave Systems. Cambridge: Cambridge University Press, 2004.

Beckwith, Martha. *Jamaica Anansi Stories*. New York: American Folklore Society, 1924.

Bell, D. 2002. 'From Writing at the Kitchen Table to TV Dinners: Food Media, Lifestylization and European Eating'. Paper presented at Eat Drink and Be Merry? Cultural Meanings of Food in the 21st Century Conference, Amsterdam, June 2001. http://cf.hum.uva.nl/research/asca/themedia-reader.html.

Benghiat, Norma. *Traditional Jamaican Cookery*. Hammondsworth, Middlesex: Penguin, 1985.

Benítez-Rojo, Antonio. *The Repeating Island: The Caribbean and the Postmodern Perspective*. 2nd ed. Durham, NC, and London: Duke University Press, [1992] 1996.

Bennett, Louise. *Anancy and Miss Lou*. Kingston, Jamaica: Sangster's Bookstores, 1979.

———. *Jamaica Labrish*. Kingston, Jamaica: Sangster's Bookstores, 1966.

Berry, James. *Anancy-Spiderman*. London: Walker Books, 1988.

Berti, Ilari. 'Curiosity, Appreciation and Disgust: Creolization of Colonizers' Food Pattern Consumption in Three English Travelogues'. In *Caribbean Food Cultures: Culinary Practices and Consumption in the Caribbean and Its Diasporas*, edited by Wiebke Beushausen, Anne Brüske, Ana-Sofia Commichau, Patrick Helber and Sinah Kloss, 115-132. Bielefeld, Germany: Transcript, 2014.

Bewes, Timothy. 'Shame, Ventriloquy, and the Problem of the Cliché in Caryl Phillips'. *Cultural Critique* 63 (Spring 2006): 44.

Bhabha, Homi. 'Of Mimicry and Man: The Ambivalence of Colonial Discourse'. In *The Location of Culture*, 85-92. London and New York: Routledge, 1994.

Biet, Antoine. *Voyage de la France équinoxiale en l'Isle de Cayenne,*

253

entrepris par les François en l'année MCDLII (Paris), 268-295.

Biswas, Soutik. 'Why India's Food Police Are Kicking Up a Storm'. BBC News, 2016. https://www.bbc.co.uk/news/world-asia-india-37335891.

Bohl, Elizabeth A., and Ian Duncan, eds. *Travel Writing 1700–1830: An Anthology*. Oxford: Oxford University Press, 2005.

Booker, Malika. *Pepper Seed*. Leeds: Peepal Tree Press, 2013.

Bourdieu, Pierre. 'Intellectual Field and Creative Project'. In *Knowledge and Control: New Directions for the Sociology of Education*, edited by M. F. D. Young. London: Collier-Macmillan, 1971.

———. *The Field of Cultural Production*. Cambridge: Polity Press, 1993.

Brathwaite, Kamau. *Folk Culture of the Slaves*. London: New Beacon Books, 1971.

———. *The Arrivants*. Oxford: Oxford University Press, 1973.

———. *Mother Poem*. Oxford: Oxford University Press, 1977.

———. 'Caribbean Cultures: Two Paradigms'. In *Missile and Capsule*, edited by Jürgen Martini, 9-54. Bremen, Germany: University of Bremen, 1983.

Breen, T. H., and Timothy Hall. *Colonial America in an Atlantic World*. New York: Person Longman, 2004.

Breeze, Jean Binta. *On the Edge of an Island*. Newcastle: Bloodaxe Books, 1997.

Bridenbaugh, Carl, and Roberta Bridenbaugh. *No Peace Beyond the Line: The English in the Caribbean 1624–1690*. New York: Oxford University Press, 1972.

'British Food in America'. https://www.britishfoodinamerica.com.

Brodber, Erna. *Jane and Louisa Will Soon Come Home*. London: New Beacon Books, 1980.

———. *Myal*. London: New Beacon Books, 1988.

Brown, Linda Keller, and Kay Mussell. *Ethnic and Regional Foodways in the United States*. Knoxville: University of Tennessee Press, 1984.

Browne, Phyllis. *A Year's Cookery: Giving Dishes for Breakfast, Luncheon and Dinner, for Every Day in the Year, with Practical Instructions for Their Preparation*. London: Cassell, [1892] 1910.

Burke, Virginia. *Eat Caribbean*. London: Simon & Schuster, 2005.

Burnard, Trevor. *Mastery, Tyranny and Desire: Thomas Thistlewood and His Slaves in the Anglo-Jamaican World*. Chapel Hill and London: University of North Carolina Press, 2004.

Carmichael, Mrs. *Domestic Manners and Social Conditions of the White, Coloured, and Negro Population of the West Indies*. London: Whittaker, Treacher & Co., 1934.

Cassidy, Frederic G. *Jamaica Talk: Three Hundred Years of the English Language in Jamaica*. Basingstoke and London: Macmillan, 1961.

Cassidy, Frederic G., and Robert Le Page. *Dictionary of Jamaican English*. Cambridge: Cambridge University Press, 1967.

Chen, Willi. *King of the Carnival and Other Stories*. London: Hansib, 1988.

———. *Chutney Power*. Oxford: Macmillan Education, 1994.

Clark, E. Phyllis. *West Indian Cookery*. Nashville: Thomas Nelson & Sons, 1945.

Clarke, Austin. *Pig Tails n' Breadfruit: Rituals of Slave Food, A Barbadian Memoir*. Kingston, Jamaica: Ian Randle, [1999] 2000.

Cliff, Michelle. *Land of Look Behind*. Ithaca, NY: Firebrand Books, 1985.

Coleridge, Henry Nelson. *Six Months in the West Indies*. Cambridge: Cambridge University Press, [1826] 2010.

Collingham, Lizzie. *Curry*. London: Vintage, 2006.

Colt, Sir Henry. 'The Voyage of Sr Henry Colt Knight to Ye Ilands of Ye Antlleas in Ye Shipp Called Ye Alexander' (1631). In *Colonising Expeditions to the West Indies and Guiana 1623–1667*, edited by Vincent T. Harlow. London: For the Hakluyt Society, 1925.

Cook, Ian, and Michelle Harrison. 2007. 'Follow the Thing: West Indian Hot Pepper Sauce'. *Space and Culture* 10, no. 1 (2007): 40-63.

254

Counihan, C., and P. Van Esterik, eds. *Food and Culture: A Reader*. 2nd ed. London and New York: Routledge, 2008.

Dabydeen, David. 'Teaching West Indian Writing in Britain'. In *Teaching British Cultures: An Introduction*, edited by Susan Bassnett, 135-151. London and New York: Routledge, 1997.

DeLoughrey, Elizabeth. 'Yam, Roots, and Rot: Allegories of the Provision Grounds'. *Small Axe* 15, no. 1 (2011): 58-75.

Dickson, William. *Letters on Slavery*. Westport, CT: Negro Universities Press, [1789] 1979.

Donaldson, Enid. *The Real Taste of Jamaica*. Kingston, Jamaica: Ian Randle, 1993.

Dragon's Den. http://www.youtube.com/watch?v=kQTzLJCUtjk.

Dunn, Richard. Sugar and Slaves: *The Rise of the Planter Class in the English West Indies, 1624–1713*. New York: W. W. Norton, 1972.

Eagleton, Terry. 'Edible Écriture'. In *Consuming Passions: Food in the Age of Anxiety*, edited by Sian Griffiths and Jennifer Wallace, 203-208. London: Mandolin, 1998.

Eckstein, Lars. 'Dialogism in Caryl Philips's Cambridge, or the Democratisation of Cultural Memory'. *World Literature Written in English* 39, no. 1 (2011): 54-74.

Ecott, Tim. *Vanilla: Travels in Search of the Luscious Substance*. London: Michael Joseph, 2004.

Edgell, Zee. *Beka Lamb*. London: Heinemann Educational, 1982.

Edwards, Bryan. *The History Civil and Commercial of the British Colonies in the West Indies*. Vol. I. London: John Stockdale, 1807.

Espinet, Ramabai. 'The Invisible Woman in West Indian Fiction'. In *The Routledge Reader in Caribbean Literature*, edited by Alison Donnell and Sarah Lawson Welsh, 425-430. New York: Routledge, 1989.

———. 'Indian Cuisine'. *Massachusetts Review* (Autumn–Winter 1994): 563-573.

Fitzpatrick, Joan. 'Food and Literature: An Overview'. In *The Routledge International Handbook of Food Studies*, edited by Ken Albala, 122-134. London and New York: Routledge, 2012.

Flannigan, Mrs. *Antigua and Antiguans: A Full Account of the Colony and Its Inhabitants*. London: Saunders & Otley, 1844.

Ford-Smith, Honor. *Lionheart Gal: Life Stories of Jamaican Women*. London: The Women's Press, 1986.

Franklyn, David Omowale. 'Grenada, Naipaul, and Ground Provision'. *Small Axe* 11, no. 1 (2007): 67-75.

Frazer, Carmeta. *Come Cook with Us the Bajan Way*. Bridgetown, Barbados: Barbados Marketing Board, 1981.

Frazier, E. F. *Race and Culture Contacts in the Modern World*. New York: Knopf, 1957.

Fumagalli, Maria Cristina. *Caribbean Perspectives on Modernity*. Charlottesville: University of Virginia Press, 2009.

Garth, Hanna, ed. *Food and Identity in the Caribbean*. London: Bloomsbury, 2013.

Geiger, Susan. 'What's So Feminist about Women's Oral History?'. *Journal of Women's History* 2, no. 1 (1990): 169-182.

Githire, Njeri. *Cannibal Writes: Eating Others in Caribbean and Indian Ocean Women's Writing*. Urbana, Chicago and Springfield: University of Illinois Press, 2014.

Goodison, Lorna. *I Am Becoming My Mother*. London: New Beacon, 1986.

———. *Controlling the Silver*. Chicago: University of Illinois Press, 2004.

———. *From Harvey River: A Memoir of My Mother and Her People*. Toronto: McClelland & Stewart, 2007.

Goucher, Candice. *Congotay! Congotay! A Global History of Caribbean Food*. New York and London: M. E. Sharpe, 2014.

Gragg, Larry. *'Englishmen Transplanted': The English Colonization of Barbados 1627–1660*. Oxford: Oxford University Press, 2003.

255

Grainger, James. *The Sugar Cane*. London: R. and J. Dodsley, 1764.

Grant, Rosamund. *Rosamund Grant's Caribbean & African Cookery*. London: Virago, 1989.

——. *Caribbean*. London: Annness, 1997.

——. 2001. https://sounds.bl.uk/related-content/TRANSCRIPTS/ 021T-OH1CD0300453-0004A0.pdf.

Greene, Jack P. *Imperatives, Behaviours and Identities: Essays in Early American Cultural History*. Charlottesville and London: University of Virginia Press, 1992.

Gregg, Veronica. "'Yuh Know Bout Coo-Coo?" Language Representation, Creolisation and Confusion in "Indian Cusine"'. In *Questioning Creole: Creolisation Discourses in Caribbean Culture*, edited by Verene Sheppherd and Glen L. Richards, 148-160. Kingston, Jamaica: Ian Randle, 2002.

Grey, Winifred. *Caribbean Cookery*. London and Glasgow: Collins, 1965.

Hall, Douglas. *In Miserable Slavery: Thomas Thistlewood in Jamaica 1750– 1786*. London and Basingstoke: Macmillan Caribbean, 1989.

Hall, Stuart. 'Cultural Identity and Diaspora'. In *Colonial Discourse and Post-Colonial Theory: A Reader*, edited by Patrick Williams and Laura Chrisman, 392-401. New York: Columbia University Press, 1994.

Hamilton, Jill. *Taste of Barbados: The Handbook of Local Food and Drink*. Barbados: Letchworth Press.

——. *Women of Barbados: Amerindian Era to Mid-Twentieth Century*. Barbados: Letchworth Press, 1981.

Hamilton, Jill, and Peggy Sworder. *The Barbados Cookbook*. T.M.C.A., 1998.

Hammond, Barbara. *Cooking Explained*. London: Longmans, Green & Co., [1963] 1967.

Hanna, Ed. *Food and Identity in the Caribbean*. London and New York: Bloomsbury, 2013.

256

Harlow, Vincent T. *Colonising Expeditions to the West Indies and Guiana, 1623–1667*. London: Hakluyt Society, 2nd series, no. LVI, 1925.

Harris, Jessica B. *Sky Juice and Flying Fish: Traditional Caribbean Cooking*. New York: Simon & Schuster, 1991.

———. *Beyond Gumbo: Creole Fusion Food from the Atlantic Rim*. New York: Simon & Schuster, 2003.

Harrison, Michelle. *King Sugar: Jamaica, the Caribbean and the World Sugar Economy*. London: Latin America Bureau, 2001.

Herskovits, M. J. *The Myth of the Negro Past*. Boston: Beacon Press, 1941.

Hesse-Biber, Sharlene Nagy. *Feminist Research Practice: A Primer*. London: Sage, 2007.

Higman, B. W. *Slave Population and Economy in Jamaica 1807–1834*. Kingston, Jamaica: University of the West Indies Press, 1998.

———. 'Lady Nugent's Second Breakfast'. *Kunapipi: Journal of Postcolonial Writing* 28, no. 2 (2006): 116-127.

———. *Jamaican Food: History, Biology, Culture*. Mona, Jamaica: University of the West Indies Press, 2008.

Hingston, Caroline. *Jill Walker's Cooking in Barbados*. Barbados: Best of Barbados Ltd., 1983.

———. *Jill Walker's Caribbean Cookbook*. Barbados: Best of Barbados Ltd., 1990.

Hodge, Merle. *Crick Crack, Monkey*. London and Kingston, Macmillan Caribbean, [1970] 1985.

Hodson, K. E. *War Time Recipes*. Bridgetown, Barbados: n.p., 1942.

Hopkinson, Nalo. *The Salt Roads*. New York: Warner Books, 2003.

Houston, Lynn Marie. *Food Culture in the Caribbean*. Westport, CT and London: Greenwood Press, 2005.

Howard, David. *Kingston: A Cultural and Literary History*. Oxford: Signal Books & Kingston, Jamaica: Ian Randle, 2005.

Huggan, Graham. *The Post-Colonial Exotic*. London and New York:

Routledge, 2001.

Irving, Claire. 'Printing the West Indies: Literary Magazines and the Anglophone Caribbean 1920s–1950s'. Unpublished PhD thesis, University of Newcastle, 2015.

Jackson, Peter and the CONANX Group. *Food Words: Essays in Culinary Culture*. London: Bloomsbury, 2013.

James, C. L. R. 'Triumph'. In *The Routledge Reader in Caribbean Literature*, edited by Alison Donnell and Sarah Lawson Welsh, 84-90. London and New York: Routledge, [1929] 1996.

James, Marlon. *The Book of Night Women*. London: Oneworld, 2009.

———. *A Brief History of Seven Killings*. London: Oneworld, 2014.

Jekyll, Walter. *Jamaica Song and Story: Annancy Stories, Digging Sings, Ring Tunes, and Dancing Tunes*. New York: Dover, [1907] 1966.

Jennings, La Vinia Delois. *Toni Morrison and the Idea of Africa*. Cambridge: Cambridge University Press, 2010.

Johnson, Howard, and Karl Watson. *The White Minority in the Caribbean*. Germany: Markus Wiener, 1998.

Kellman, Anthony. *Tracing JaJa*. Leeds: Peepal Tree Press, 2016.

Khan, Ismith. *A Day in the Country*. Leeds: Peepal Tree Press, 1994.

Kingsley, Charles. *At Last: A Christmas in the West Indies*. London: Macmillan, 1882.

Kiple, Kenneth F., and Virginia H. Kiple. 'Deficiency Diseases'. In *Caribbean Slavery in the Atlantic World*, edited by Verene Shepherd and Hilary McD. Beckles, 785-794. Kingston, Jamaica: Ian Randle, 2000.

Krise, Thomas, ed. *Caribbeana: An Anthology of English Literature of the West Indies 1657–1777*. Chicago and London: University of Chicago Press, 1999.

Lakhan, Anu. 'Consider the Camel, a Review of B. W. Higman's *Jamaican Food: History, Biology, Culture* (UWI Press; 2008)'. In *Caribbean Review of Books* (18 November 2008).

257

———. *Caribbean Street Food: Trinidad & Tobago*. Oxford: Macmillan Education, 2009.

Lamming, George. *In the Castle of My Skin*. Burnt Mill, Harlow: Macmillan, [1953] 1983.

Laurie, Peter. *Caribbean Street Food: Barbados*. Oxford: Macmillan Education, 2009.

Lawson Welsh, Sarah. '"A Table of Plenty": Representations of Food and Social Order in Caribbean Writing: Some Early Accounts, Caryl Phillip's *Cambridge* (1991) and Andrea Levy's *The Long Song* (2010)'. *EnterText* 10 (2014): 73-89.

———. 'Performing Cross-Cultural Culinary Discourse: The Case of Levi Roots'. In *Caribbean Food Cultures: Performances of Eating, Drinking and Consumption in the Caribbean and Its Diasporas*, edited by Wiebke Beushausen et al., 153-174. Bielefeld, Germany: Transcript Verlag, 2014.

———. 'Jamie Oliver's Jerk Rice Is a Recipe for Disaster—Here's Why'. *The Conversation*, August 2018. https://theconversation.com/jamie-olivers-jerk-rice-is-a-recipe-for-disaster-heres-why-101879.

Lee, Rustie. *A Taste of the Caribbean*. Epping: Hand E Publishers, 2007.

Levy, Andrea. *The Long Song*. London: Headline Review, 2010.

Lewis, Gordon. 'Pro-Slavery Ideology'. In *Caribbean Slavery in the Atlantic World*, edited by Verene Shepherd and Hilary McD. Beckles, 544-579. Kingston, Jamaica: Ian Randle, 2000.

Lewis, M. G. *Journal of a West India Proprietor*, edited by Judith Terry. Oxford: Oxford University Press, [1834] 2005.

Ligon, Richard. *A True & Exact History of the Island of Barbados*. London: s.n., 1657.

Lindsay, Andrew. *Illustrious Exile*. Leeds: Peepal Tree Press, 2006.

Loichot, Valérie. *The Tropics Bite Back: Culinary Coups in Caribbean Literature*. Minneapolis and London: University of Minnesota Press,

258

2013.

Long, Edward. *The History of Jamaica, or a General Survey of the Antient and Modern State of the Island*, 3 vols. London: T. Lowndes, 1774.

Lyons, John. *Cook-Up in a Trini Kitchen*. Leeds: Peepal Tree Press, 2009.

MacDonald, Antonia. 'Making Room for Tantie: Mothering and Female Sexuality in Crick Crack, Monkey'. In *Feminist and Critical Perspectives on Caribbean Mothering*, edited by Dorsia Smith Silva and Simone A. James Alexander, 183-210. Trenton, NJ: Africa World Press, 2013.

MacKie, Christine. *Trade Winds: A Caribbean Cookery Book*. Bath: Absolute Press, 1987.

———. *Life and Food in the Caribbean*. London: Weidenfield & Nicolson, 1991.

Magnus, Kelly. *Caribbean Street Food: Jamaica*. Oxford: Macmillan Education, 2009.

Mair, Lucille Mathurin. 'Women Field Workers in Jamaica During Slavery'. In *Caribbean Slavery in the Atlantic World*, edited by Verene Shepherd and Hilary McD. Beckles, 390-397. Kingston, Jamaica: Ian Randle, 2000.

Mannur, Anita. *Culinary Fictions: Food in South Asian Diasporic Culture*. Philadelphia, PA: Temple University Press, 2009.

Manoo-Rahming, Lettawatee. *Curry Flavour*. Leeds: Peepal Tree Press, 2000.

Marshall, Emily Zobel. *Anansi's Journey: A Story of Jamaican Cultural Resistance*. Kingston, Jamaica: University of West Indies Press, 2014.

Marshall, Paule. *The Chosen People, the Timeless People*. New York: Harcourt, Brace & World, 1969.

———. 'The Making of a Writer: From the Poets in the Kitchen'. In *Merle: A Novella and Other Stories*, 3-12. London: Virago, 1985.

May, Robert. *The Accomplish't Cook*. Totnes, UK: Prospect Books, [1660] 1990 .

McAnuff, Craig, and Shaun McAnuff. *Original Flava Caribbean Cookbook*.

London: Caradise, 2017.

McCauley, Diana. *Huracan*. Leeds: Peepal Tree Press, 2012.

McPherson, Annika. 2014. '"De fuud dem produus me naa go iit it!" Rastafarian "Culinary Identity"'. In *Caribbean Food Cultures: Performances of Eating, Drinking and Consumption in the Caribbean and Its Diasporas*, edited by Wiebke Beushausen et al., 279-298. Bielefeld, Germany: Transcript Verlag, 2014.

Mehta, Brinda. *Diasporic (Dis)locations: Indo-Caribbean Women Writers Negotiate the Kala Pani*. Kingston, Jamaica: University of West Indies Press, 2004.

———. *Notions of Identity, Diaspora, and Gender in Caribbean Women's Writing*. New York: Palgrave Macmillan, 2009.

Melville, Pauline. *Shape-Shifter*. London: Picador, 1991.

———. *The Ventriloquist's Tale*. London: Picador, 1997.

Mendes, Alfred. *The Beacon*. Trinidad: Christmas, 1929.

Miller, Kei. 'But in Glasgow There Are Plantains'. In *Writing Down the Vision: Essays & Prophecies*, 42-48. Leeds: Peepal Tree Press, 2013.

Miller, Sally. *Bajan Cooking in a Nutshell*. Barbados: Miller Publishing, 2010.

Mintz, Sidney. *Sweetness and Power: The Place of Sugar in Modern History*. 259 London: Viking, 1985.

———. *Tasting Food, Tasting Freedom*. Boston: Beacon Press, 1996.

Mintz, Sidney, and Douglas Hall. 'The Origins of the Jamaican Internal Marketing System'. *Papers in Caribbean Anthropology* 57 (1970): 3-26.

Mintz, Sidney, and R. Price, eds. *Caribbean Contours*. Baltimore: John Hopkins University, 1976.

Monar, Rooplall. 'Massala Maraj'. In *India in the Caribbean*, edited by David Dabydeen and Brinsley Samaroo, 309-314. London: Hansib & University of Warwick, 1987.

Mootoo, Shani. *Cereus Blooms at Night*. London: Granta, [1996] 1999.

Moreton, J. B. *Manners and Customs in the West India Islands*. London: W. Richardson, 1790.

Morley, LaurelAnn. *Caribbean Recipes 'Old & New'*. Barbados: Self-published, 2005.

Murray, Glynne. *Barbados—Customs to Treasure: Early Gems of Bajan Creativity*. Barbados: Spooner's Hill Ventures, 2014.

Naipaul, V. S. *The Mystic Masseur*. London: Andre Deutsch, 1957.

———. *India: A Wounded Civilization*. Harmondsworth: Penguin, 1976.

———. *The Enigma of Arrival*. Harmondsworth: Penguin, 1987.

Nichols, Grace. *I Is a Long Memoried Woman*. London: Karnak, 1983.

———. *The Fat Black Woman's Poems*. London: Virago, 1984.

———. *Sunris*. London: Virago, 1997.

Nimblett, Anton. *Sections of an Orange*. Leeds: Peepal Tree Press, 2009.

Nugent, Lady Maria. *Journal of Her Residence in Jamaica from 1801–1805*, edited by Philip Wright. Kingston, Jamaica: University of West Indies Press, 2000.

O'Brien, Charmaine. *The Colonial Kitchen: Australia 1788–1901*. London and Lanham, MD: Rowman & Littlefield, 2016.

Ortiz, Fernandez. 'Los factores humanos de la cubanidad'. *Revista Bimestre Cubana* 21 ([1940] 1963): 161-186.

Parkinson, Rosemary. *Culinaria the Caribbean: A Culinary Discovery*. Cologne: Koneman, 1999.

———. *Nyam Jamaica*. S.L.: Self-published, 2008.

———. *Barbados B'un B'un*. S.L.: Self-published, 2015.

Parry, John. 'Plantation and Provision Ground: An Historical Sketch of the Introduction of Food Crops into Jamaica'. *Revista de Historia de America* 39 (1955): 1-20.

Pepperpot: Best New Stories from the Caribbean. Leeds and New York: Peekash, 2014.

Persaud, Lakshmi. *Sastra*. Leeds: Peepal Tree Press, 1993.

————. *Butterfly in the Wind*. Leeds: Peepal Tree Press, 2009.

————. *Daughters of Empire*. Leeds: Peepal Tree Press, 2012.

Phillips, Caryl. *Cambridge*. London: Picador, 1991.

Phillips, Riaz. *Belly Full: Caribbean Food in the UK*. London: Tezeta Press, 2017.

Plasa, Carl. *Slaves to Sweetness: British and Caribbean Literatures of Sugar*. Liverpool: Liverpool University Press, 2011.

Pope-Hennessy, James. *West Indian Summer: A Retrospect*. London: B. T. Batsford Ltd., 1943.

Poynting, Jeremy. 'Food and Cooking'. http://peepaltreepress.com/discover/cultural-forms/food-and-cooking.

Pringle, Kenneth. *Waters of the West*. London: Allen & Unwin, 1938.

Ramoutar, Shivi. *Caribbean Modern*. London: Headline Home, 2015.

Rampini, Charles. *Letters from Jamaica: The Land of Streams and Woods*. Edinburgh: Edmonston & Douglas, 1873.

Rattray, R. S. *Akan-Ashanti Folk-Tales*. Oxford: Clarendon Press, 1930.

Richards-Greaves, Gillian. 'The Intersections of "Guyanese Food" and Constructions of Gender, Race, and Nationhood'. In *Food and Identity in the Caribbean*, edited by Hanna Garth, 75-94. London: Bloomsbury, 2013.

Richardson, Bonham C. *The Caribbean in the Wider World, 1492–1992: A Regional Geography*. Cambridge: Cambridge University Press, 1992.

Rohlehr, Gordon. 'Images of Men and Women in the 1930s Calypsos: The Sociology of Food Acquisition in the Context of Survivalism'. In *Gender in Caribbean Development*, edited by Patricia Mohammed and Catherine Shepherd, 235-309. Kingston, Jamaica: University of West Indies Press, 1988.

————. 'I Lawa: The Construction of Masculinity in Trinidad and Tobago Calypso'. In *Interrogating Caribbean Masculinities*, edited by Rhoda Reddock, 326-403. Mona: University of West Indies Press, 2004.

260

Roots, Levi. *Reggae Reggae Cookbook*. London: Collins, 2008.

———. *Caribbean Food Made Easy*. London: Mitchell Beazley, 2009.

———. *Food for Friends*. London: Mitchell Beazley, 2010.

———. *Spice It Up*. London: Mitchell Beazley, 2011.

———. *Sweet*. London: Mitchell Beazley, 2012.

———. *Grill It with Levi: 101 Reggae Recipes for Sunshine and Soul*. London: Ebury Press, 2013.

Roy, Parama. *Alimentary Tracts: Appetites, Aversions, and the Postcolonial*. Durham, NC: Duke University Press, 2010.

Schaw, Janet. *Journal of a Lady of Quality; Being the Narrative of a Journey from Scotland to the West Indies, North Carolina and Portugal, in the Years 1774–1776*, edited by Evangeline Walker Andrews. New Haven, CT: Yale University Press, 1923.

Scranton, Philip, and Warren Belasco. *Food Nations: Selling Taste in Consumer Societies*. London and New York: Routledge, 2002.

Selvon, Samuel. *A Brighter Sun*. Harlow: Longman Caribbean, [1952] 1985.

Sen, Sharmila. 'The Saracen's Head'. *Victorian Literature and Culture* 36 (2008): 407-431.

Senior, Olive. *Working Miracles: Women's Lives in the English-Speaking Caribbean*. Bloomington: University of Indiana Press; London: James Currey, 1991.

———. *Gardening in the Tropics: Poems*. Newcastle upon Tyne: Bloodaxe, 1995.

261 ———. *Encyclopedia of Jamaican Heritage*. St. Andrew, Jamaica: Twin Guinep, 2003.

Shange, Ntozake. *If I Can Cook / You Know God Can*. Boston: Beacon, 1998.

Sheller, Mimi. *Consuming the Caribbean*. London and New York: Routledge, 2003.

Sheppard, Jill. *The 'Redlegs' of Barbados, Their Origins and History*.

366

Millwood, NY: KTO Press, 1977.

Sherlock, Philip. *Anansi the Spider Man*. London: Macmillan, 1956.

———.*West Indian Folk Tales*. Oxford: Oxford University Press, 1966.

Sherlock, Philip, and Hazel Bennett. *The Story of the Jamaican People*. Kingston, Jamaica: Ian Randle & Princeton, NJ: Marcus Wiener, 1998.

Shinebourne, Jan Lowe. *The Last Ship*. Leeds: Peepal Tree Press, 2015.

Smith, Captain John. *True Travels: Adventures and Observations of Captaine John Smith in Europe, Asia, Africa and America, from Anno Domini 1593 to 1629*. London: John Haviland for Thomas Slater, 1630.

Springer, Rita. *Caribbean Cookbook*. London: Evans Brothers, 1968.

———. *Caribbean Cookbook: A Lifetime of Recipes*. Barbados: Miller Publishing, 2007.

Stuart, Andrea. *Sugar in the Blood*. London: Portobello Books, 2012.

Sturge, Joseph, and Thomas Harvey. *The West Indies in 1837*. New York: Cosimo, [1838] 2007.

Sullivan, Caroline. *The Jamaica Cookery Book*. Kingston, Jamaica: Aston W. Gardner & Co., 1893.

Sutton, David. *Remembrance of Repasts: An Anthropology of Food and Memory*. Oxford: Berg, 2001.

Sworder, Peggy, and Jill Hamilton. *The Barbados Cookbook*. Bridgetown, Barbados: Self-published, 1983.

Talburth, Tony. *The Food of the Plantation Slaves of Jamaica*. Victoria, Canada: Trafford, 2004.

Tanna, L. *Jamaican Folk Tales and Oral Histories*. Kingston, Jamaica: Institute of Jamaica, 2000.

Tannen, Deborah. *Talking Voices*. Cambridge: Cambridge University Press, [1989] 2007.

Taylor Sen, Colleen. *Curry: A Global History*. London: Reacktion Books, 2009.

Thome, J. A., and J. H. Kimball. *Emancipation of the West Indies: A Six*

Months' Tour in Antigua, Barbados and Jamaica in the Year 1837. New York: Cambridge University Press, 1838.

Trollope, Anthony. *The West Indies and the Spanish Main*. London: Frank Cass & Co., [1859] 1968.

Walcott, Derek. *Beef, No Chicken*. In *Three Plays*. New York: Farrar, Strauss and Giroux, 1988.

Walker, Alice. *In Search of Our Mothers' Gardens: Womanist Prose*. San Diego, New York, and London: Harcourt Brace Jovanovich, 1983.

Warner-Lewis, Maureen. *Central Africa in the Caribbean: Transcending Time, Transforming Cultures*. Kingston, Jamaica: University of West Indies Press, 2003.

Warnes, Andrew. *Hunger Overcome? Food and Resistance in Twentieth-Century African American Literature*. Athens and London: University of Georgia Press, 2004.

Watson, Karl. *The Civilized Island: Barbados, a Social History*. Barbados: Caribbean Graphic, 1979.

Welch, Pedro L. V. *Slave Society in the City: Bridgetown, Barbados 1680–1834*. Kingston, Jamaica: Ian Randle, 2003.

Wilk, Richard. *Home Cooking in the Global Village: Caribbean Food from Buccaneers to Ecotourists*. Oxford: Berg, 2006.

———. 'Real Belizean Food'. In *Food and Culture*, 2nd ed., edited by Carole Counihan and Penny Van Esterik, 308-326. London and New York: Routledge, 2008.

Williamson, Karina. 'Mrs Carmichael: A Scotswoman in the West Indies, 1820–1826'. *International Journal of Scottish Literature* 4, no. 1 (2008): 1-17.

Witt, Doris. *Black Hunger: Soul Food and America*. Minneapolis: University of Minnesota Press, 2004.

——— 'From Fiction to Foodways: Working at the Intersections of African American Literary and Culinary Studies'. In *African American*

262

Foodways, edited by Anne Bower, 101-125. Urbana and Chicago: University of Illinois Press, 2007.

Wolfe, Linda. *The Cooking of the Caribbean Islands*. New York: Time Life Books, 1970.

Wona. *A Selection of Anancy Stories*. Kingston, Jamaica: Aston W. Gardner, 1899.

Wood, Beryl. *Caribbean Fruits and Vegetables: Selected Recipes*. Trinidad and Jamaica: Longman Caribbean, 1973.

Wynter, Sylvia. 'Novel and History: Plot and Plantation'. Savacou 5 (1971): 95-102.

Yarde, Elaine, and the National Nutrition Centre. 2006. *Memories of the National Nutrition Centre, Ministry of Health, Barbados, 1972–2001*. Barbados: National Nutrition Centre, Ministry of Health, 2006.

Yearwood, Mrs Graham. *West Indian and Other Recipes*. Barbados: The Agricultural Reporter, 1911.

―――. *West Indian and Other Recipes*. Barbados: The Advocate Press, 1932.

Young, Kerry. *Pao*. London: Bloomsbury, 2011.

索　引

条目后的数字为原书页码，即本书页边码；
数字带n者为注释序号。

A

B

265

102

266

D

E

F

G

268

H

I

269

J

Jug Jug　加克加克, 159, 221, 227n56

K

Kabo Tano　卡博·塔诺, 96

kathas　宗教故事叙述会, 119

Kellman, Anthony　安东尼·凯尔曼, 102

Kelly, Ivory　艾沃里·凯利, 117

Kentucky Fried Chicken (KFC)　肯德基, 168, 224

Khan, Ismith　伊斯密斯·汗, 111

Kincaid, Jamaica　牙买加·金凯德, 118

kingfish　国王鱼, 参见 fish

Kingsley, Charles　查尔斯·金斯利, 68-70

Kingston, Jamaica　金斯敦（牙买加）, 26, 27, 48, 59, 61, 65, 247

kitchen gardens　厨房菜园, 153, 172

kitchens　厨房, xiii, 108, 114, 138, 141, 145, 194, 204, 207, 210, 214

'KitchenTalk'　"厨房漫谈", xxiv, xxv, 137-199

Kumina　库米纳, 120, 122

L

labour riots　劳工骚乱, 211

Lakhan, Anu　安努·拉坎, xxiv, xxiv, 128

Lamming, George　乔治·拉明, 102-105

Lawson, Nigella　妮格拉·劳森, xxi

Lee, Caroline　卡罗琳·李, 199

Lee, Easton　伊斯顿·李, 109

Lee, Kendal A.　肯德尔·A. 李, 117, 223

Lee, Rustie　拉斯蒂·李, 234

M

270

N

S

T

W

274

文本中英文对照表

《1837 年的西印度群岛》 *The West Indies in 1837*

《阿南西故事选集》 *A Selection of Anancy Stories*

《阿南西与母牛的坏消息》 'Anancy and Bad News to Cow-Mother'

《阿南西与酸模汁》 'Anansi and Sorrel'

《阿南西在螃蟹国》 'Annancy in Crab Country'

《阿南西蜘蛛人》 *Anansi Spiderman*

《巴巴多斯，一首诗》 *Barbadoes, a Poem*

《巴巴多斯邦邦》 *Barbados B'un B'un*

《巴巴多斯岛真实而准确的历史》 A True and *Exact History of the Island of Barbados*

《巴巴多斯烹饪书》 *The Bajan Cook Book*

《巴巴多斯食谱》 *The Barbados Cookbook*

《巴巴多斯——值得珍视的习俗》 *Barbados—Customs to Treasure*

《饱腹》 *Belly Full*

《暴风雨》 *The Tempest*

《变形者》 *Shape-Shifter*

《伯比斯相亲》 'The Berbice Marriage Match'

《化为己有》 'Make It Your Own'

《橙片》 'Segments of an Orange'

《吃拉巴，喝溪水》 'Eat Labba and Drink Creek-Water'

《出卖身体》 'Sell the Pussy'

《厨房漫谈》 'Kitchen Talk'

《厨房里的诗人》 'From the Poets in the Kitchen'

《从小说到饮食传统：非裔美国文学与烹饪研究的交叉点》'From Fiction to Foodways: Working at the Intersections of African American Literary and Culinary Studies'

《但格拉斯哥有大蕉》'But in Glasgow There Are Plantains'

《抵达之谜》*The Enigma of Arrival*

《帝国的女儿们》*Daughters of Empire*

《对话的声音》*Talking Voices*

《发现庞大、富饶、美丽的圭亚那帝国》*The Discovery of the Large, Rich, and Beautiful Empire of Guiana*

《番石榴（二）》'Guava/2'

《肥胖黑人女性的回忆》'The Fat Black Woman Remembers'

《风中的蝴蝶》*Butterfly in the Wind*

《甘蔗》*The Sugar Cane*

《干头与阿南西》'Dry-Head and Anansi'

《刚古代！刚古代！加勒比美食全球史》*Congotay! Congotay! A Global History of Caribbean Food*

《刚果人》'Congo Man'

《格尼帕果》'Annatto and Guinep'

《给我你的身体》'Gimme Punany'

《给养：加勒比烹饪之源》*Provisions: The Roots of Caribbean Cooking*

《跟李维一起烧烤：101 道阳光和灵魂雷鬼食谱》*Grill It with Levi: 101 Reggae Recipes for Sunshine and Soul*

《更明亮的太阳》*A Brighter Sun*

《公羊肝》'Ram Goat Liver'

《关于奴隶制罪恶的思考与感悟》*Thoughts and Sentiments on the Evils of Slavery*

《贵妇日记》*Journal of a Lady of Quality*

《黑色饥饿：灵魂食物与美国》*Black Hunger: Soul Food and America*

《回顾西印度群岛之夏》*A West Indian Summer: A Retrospect*

《加勒比的现代性》*Caribbean Modern*

《加勒比烹饪法》 *Caribbean Cookery*

《加勒比食谱：新与旧》 *Caribbean Recipes 'Old & New'*

《加勒比食谱：一生的食谱》 *Caribbean Cookbook: A Lifetime of Recipes*

《加勒比食谱》 *Caribbean Cookbook*

《加勒比文集》 *Caribbeana*

《家务礼仪及西印度群岛白人、混血与黑人群体的社会状况》 *Domestic Manners and Social Conditions of the White, Coloured and Negro Population of the West Indies*

《健康的身体》 'Healthy Body'

《飓风》 *Huracan*

《咔嚓咔嚓，猴子》 *Crick Crack, Monkey*

《咖喱风味》 'Curry Flavour'

《坎布里奇》 *Cambridge*

《烤火鸡》 'Roas' Turkey'

《烤鱼、烟草和玉米面包》 *Roast Fish, Collie Weed and Corn Bread*

《库马克树》 'The Coomack Tree'

《狂欢节不只是克里奥尔人的玩意儿》 'Mas Is More Than a Creole Thing'

《狂欢节女郎》 'Carnival Ooman'

《辣椒锅》 *Pepperpot*

《来自哈维河》 *From Harvey River*

《劳特利奇文学与食物指南》 *The Routledge Companion to Literature and Food*

《雷鬼雷鬼食谱》 *Reggae Reggae Cookbook*

《流散（错位）》 *Diasporic (Dis)locations*

《龙穴》 *Dragon's Den*

《鲁宾孙漂流记》 *Robinson Crusoe*

《伦敦与纽约》 'London and New York'

《论当代食品消费的心理社会学》 'Toward a Psychosociology of Contemporary Food Consumption'

《旅行写作 1700—1830》 *Travel Writing 1700–1830*

《马卡夫切特》'Macafuchette'

《玛莎拉·马拉吉》'Massala Maraj'

《美食之旅：发现加勒比》*Culinaria the Caribbean: A Culinary Discovery*

《米粮耗尽》'Rice Gawn'

《面包师的故事》'The Baker's Story'

《诺顿非裔美国文学选集》*Norton Anthology of African American Literature*

《女孩》'Girl'

《朋友美食》*Food for Friends*

《葡萄园派对》'Vineyard Party'

《普兰》'Puran'

《七杀简史》*A Brief History of Seven Killing*

《恰特尼的力量》*Chutney Power*

《轻松制作加勒比美食》*Caribbean Food Made Easy*

《热带园艺诗集》'The Tree of Life'

《僧侣》*The Monk*

《神话学》*Mythologies*

《神秘按摩师》*The Mystic Masseur*

《圣典》*Sastra*

《胜利》'Triumph'

《食物与烹饪》'Food and Cooking'

《特立尼达厨房烹饪》*Cook-Up in a Trini Kitchen*

《特权：加勒比烹饪》*Privilege: Cooking in the Caribbean*

《甜布丁男》'Sweet Pudding Man'

《甜品》*Sweet*

《统一奴隶法案》（牙买加）Consolidated Slave Act (Jamaica)

《托盘》'Pallet'

《为罗西烤玉米》'Roast Corn for Rosie'

《我叫杨宝》*Pao*

《我们必须使用本地食材》'We Must Use Local Food'

《我们所谓的爱》'This Thing We Call Love'

《我想要一块猪肉》'Piece Ah Pork'

《我正在成为我的母亲》'I Am Becoming My Mother'

《西印度及其他食谱》*West Indian and Other Recipes*

《西印度群岛的解放》*Emancipation of the West Indies*

《西印度群岛的圣诞节》*A Christmas in the West Indies*

《西印度群岛民间故事集》*West Indian Folk Tales*

《西印度群岛袖珍指南》*The Pocket Guide Book to the West Indies*

《西印度群岛与西班牙美洲殖民地》*West Indies and the Spanish Main*

《西印度群岛战时食谱》*Wartime Recipes for Use in the West Indies*

《西印度习俗与礼仪》*West Indian Customs and Manners*

《西印度种植园主日记》*A West India Proprietor*

《咸鱼》'Saltfish'

《显赫流放》*Illustrious Exile*

《现代家庭烹饪》*Modern Cookery for Private Families*

《献给母亲的赞歌》'Praise Song for My Mother'

《像灯塔一样》'Like a Beacon'

《消费加勒比》*Consuming the Caribbean*

《小说与历史，自留地与种植园》'Novel and History, Plot and Plantation'

《许多事情》'Many Things'

《血液中的糖》*Sugar in the Blood*

《牙买加岛的过去与现状概览》*A View of the Past and Present State of the Island of Jamaica*

《牙买加来信：蒸汽与森林之地》*Letters from Jamaica: The Land of Steams and Woods*

《牙买加美食》*Nyam Jamaica*

《牙买加烹饪书》*The Jamaica Cookery Book*

《牙买加生活日记（1801—1805）》*Journal of Her Residence in Jamaica from 1801–1805*

《牙买加史》*A History of Jamaica*

《牙买加语：英语在牙买加的三个世纪》*Jamaica Talk: Three Hundred*

of Captaine John Smith in Europe, Asia, Africa and America, from Anno Domini 1593 to 1629

《蜘蛛是如何秃头的》'How the Spider Got a Bald Head'

《治安法》（安提瓜岛）Police Acts (of Antigua)

《中国人的生存之道》'Her Chinaman's Way'

《重复的岛屿》*The Repeating Island*

《猪尾巴和面包果》*Pig Tails n' Breadfruit*

《追踪贾贾》*Tracing JaJa*

《最好的面包果》'Breadfruit at Its Best'

《最后一艘船》*The Last Ship*

《做卡拉萝》'Making Callaloo'

《做炸面包》'Making Bakes'

托马斯·西斯尔伍德的"牙买加日记"Thomas Thistlewood's Jamaican Diaries

"加勒比译丛"简介

  加勒比，这片位于大西洋与美洲大陆之间的岛屿群落，既是帝国殖民、奴隶贸易与全球资本扩张的历史交汇点，也是文化杂糅、身份重塑与思想抗争的独特空间。"加勒比译丛"是国内首个系统性译介加勒比文学与文化的重要出版工程，包括文学、历史、社会文化、批判思想等多个领域，填补了中文世界在该区域研究中的空白。

  译丛以多元开放的视野，回应殖民历史与全球南方知识体系的对话诉求，突破西方中心的话语桎梏，搭建起中国与加勒比之间跨文化、跨文明的思想桥梁。它不仅为学术界拓展全球认知疆域、深化世界文学、文化研究与哲学社会科学体系建设提供新资源，也为广大读者呈现一幅跨越海洋、融合文明的文化图景，激发对历史、身份与世界的更深层思考。

  "加勒比译丛"是一个走近加勒比的窗口，更是一座通向全球思想共建的桥梁。

总主编简介

　　周敏，杭州师范大学外国语学院院长，加勒比地区研究中心主任，国家重大人才工程特聘教授，国家社科基金重大招标项目"加勒比文学史研究"首席专家，教育部新世纪优秀人才。研究领域为加勒比文学、当代英美文学及西方文论等。兼任北京外国语大学王佐良外国文学高等研究院客座研究员，《加勒比地区研究》主编、《英美文学研究论丛》（CSSCI）副主编、*Island Studies*（SSCI）副主编等。此外，担任浙江省外文学会会长、中外语言文化比较学会中英语言文化比较专业委员会会长、中国外国文学学会外国文艺理论分会副会长、中国比较文学学会世界文学与文艺理论专业委员会副会长等。曾任美国哥伦比亚大学"富布莱特"高级研究学者，奥地利克拉根福大学讲座教授，上海外国语大学文学研究院副院长。